전기화재 감식공학

| 김만건 · 김진표 지음 |

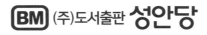 (주)도서출판 성안당

■ 도서 A/S 안내

성안당에서 발행하는 모든 도서는 저자와 출판사, 그리고 독자가 함께 만들어 나갑니다.

좋은 책을 펴내기 위해 많은 노력을 기울이고 있으나 혹시라도 내용상의 오류나 오탈자 등이 발견되면 "좋은 책은 나라의 보배"로서 우리 모두가 함께 만들어 간다는 마음으로 연락주시기 바랍니다. 수정 보완하여 더 나은 책이 되도록 최선을 다하겠습니다.

성안당은 늘 독자 여러분들의 소중한 의견을 기다리고 있습니다. 좋은 의견을 보내주시는 분께는 성안당 쇼핑몰의 포인트(3,000포인트)를 적립해 드립니다.

잘못 만들어진 책이나 부록이 파손된 경우에는 교환해 드립니다.

저자 e-mail : efires@naver.com

본서 기획자 e-mail : coh@cyber.co.kr(최옥현)

홈페이지 : http://www.cyber.co.kr   전화 : 031) 950-6300

머리말

21세기는 기술 전쟁이라는 표현과 같이 무한 경쟁의 시대로 강대국들은 상대국의 기술 시장에 대해 많은 개방을 요구하면서 자국 기술은 보호 장벽을 더 높이 쌓는 정책으로 나아가고 있다.

화재조사 및 감식·감정기술 분야에 있어서도 경쟁국보다 우위의 기술력을 가져야만 국내의 화재를 근원적으로 줄일 수 있는 예방 대책을 제시하고, 또한 외국에 수출한 제품과 발화원과 관련될 경우 화인을 규명할 수 있는 전문 인력을 파견 해결함으로써 우리의 수출 시장을 보호할 수 있을 것이다.

특히 전기 화재의 조사 기술은 전기 설비와 제품 및 부품의 특성을 알고 전기·물리·소방 분야의 전문 지식이 동원되고, 응용되어야 한다는 점에서 고도로 숙련된 과학적인 조사를 필요로 한다.

이 같은 점을 고려하여 전기 화재를 체계적으로 조사하고 화재의 원인을 과학적으로 규명하는 이론과 실무를 정립하는 기본서로, 공과대학교와 대학의 전기, 소방, 안전, 건축·화공학과의 학생과 전기·소방안전관리 분야에 종사하는 관계자는 물론 화재를 연구·감식·감정하는 전문가, 수사 경찰, 보험업계, 법조계와 일반 시민 등 모든 사람들에게 유익한 자료로 활용되고 화재 현장에서 전기 화재의 원인을 밝히는 판단의 열쇠가 되어 전기 화재가 근원적으로 감소되기를 바라는 바이다.

끝으로 이 책을 집필하는 데 많은 도움을 주신 한국전기안전공사, 국립과학수사연구소, 출판사, 참고하였던 국내외의 많은 문헌이나 저서 등의 저자들 그리고 도움을 주신 여러분들에게 진심으로 고마움을 표시하면서 인사를 갈음한다.

저자

제 3 편 화재 조사 장비

제 4 편 전기 화재 감식 요령

제 5 편 사고 사례

제 6 편 부 록

전기화재감식공학

제 1 편

화재의 기초 이론

[Chapter 1. 연소 이론
  Chapter 2. 화재 조사]

Chapter 1

연소 이론

1.1 화재와 연소의 정의

1. 화재의 정의

화재란 "사람의 의도에 반하거나 고의에 의해 발생하는 연소 현상으로서 소화 시설 등을 사용하여 소화할 필요가 있는 것"을 말한다.

여기에서 화재 발생이 사람의 의도에 반한다고 하는 것은 과실에 의한 화재를 의미하며, 화기 취급 중 발생하는 실화뿐만 아니라 규범적으로 기대된 일정한 행위를 하지 않는 부작위(不作爲)에 의한 자연 발화도 포함한다. 또한 고의에 의한다고 하는 것은 일정한 대상에 대하여 피해 발생을 목적으로 화재 발생을 유도하였거나 직접 방화한 경우를 말한다.

소화 시설 등을 사용하여 소화할 필요가 있다는 것은 화재란 연소 현상으로서 소화의 필요성이 있어야 하며 소화의 필요성의 정도는 소화 시설이나 그와 유사한 정도의 시설을 사용할 수준 이상이어야 한다.

2. 연소의 정의

연소 현상에서 연소(combustion)라 함은 가연성 물질이 산소와 결합하여 열과 빛을 내며 급속히 산화되어 형질이 변경되는 화학 반응을 말한다.

즉, "산화 등의 반응에 의해서 열과 빛을 발하는 현상"이라고 하며, 이러한 화학 반응을 일으키기 위해서는 일정한 크기의 활성화 에너지를 필요로 하며 반응 후 에너지를 방출하면서 발열(發熱)과 발광(發光)을 하게 되는 것이다.

따라서 석유가 연소하든지 염소 중에서 수소가 연소하는 것은 연소라고 할 수 있으나 전기 스토브 등의 니크롬선의 적열(물질의 산화가 이루어지지 않음)과 공기 중에 방치한 철

에 녹이 생성(열과 빛을 수반하지 않음)되는 것은 연소라 할 수 없다.

폭발도 본질적으로는 연소와 같으나 연소는 압력이 일정한 환경에서 발생하는데 대해서 폭발은 화학 변화 등에 의해서 생기는 압력 상승 현상이다.

3. 연기의 정의

가) 연기란

연소 및 열분해에 의한 생성물로서 공기 중에 부유한 육안으로 보이는 고체 및 액체 미립자의 집단을 말한다.

입자의 크기는 연소 조건 등에 따라 차이는 있지만 일반적으로 무염 연소인 경우에는 약 $1\mu m$, 유염 연소인 경우에는 $1{\sim}5\mu m$의 것이 대부분을 차지한다.

입자의 크기가 $1{\sim}5\mu m$인 경우에는 매연이라고 부르는 거대한 미립자를 포함하는 것이 있다.

연기는 기체상의 연소·열분해 생성물 즉 연소·열분해에 의해 생성된 가스와 반드시 공존하기 때문에 가스를 포함해서 연기라고 하기도 한다.

나) 연기의 화학적 성질

연기의 조성에 있어서 고체 입자는 탄소 함유량이 큰 고분자의 집합체로 되어있고 액체 입자는 수증기, 유기산, 알데히드, 알코올, 탄화수소, 타르분 등이 응축된 것이다. 기체 입자는 이산화탄소, 일산화탄소 그밖에 상기 액체 입자를 응축하고 있지 않은 것을 포함하는 것이 많지만 연료에 따라서는 염화수소, 암모니아, 이산화황 등을 함유한 것이 있다. 목재의 연기는 유염 연소 하에서는 고체 성분을 다소 함유하지만 무염·유염의 연소를 통해서 기체 및 액체 성분이 점하는 비율이 높다.

한편, 플라스틱 등 합성 고분자 물질의 연기는 일반적으로 무염 연소에 비하여 유염 연소의 경우 고체 성분의 비율이 높고 목재와 비교해도 훨씬 크다. 연기에 포함되어 있는 유해성 유기 물질에는 일산화탄소, 유기산, 알데히드, 시안화수소, 염화수소, 암모니아, 발암성 탄화수소 등이 있다.

합성 고분자 물질의 연기는 목재의 연기와 같은 상태로 일산화탄소 등을 함유하는 이외에 구성 원소에 따라서 염소 함유물은 염화 수소를 함유하고 질소 함유물은 시안화수소, 암모니아 등의 유독 물질을 함유한 것이 많다.

1.2 연소의 조건

1. 연소의 3요소(3 Basic Requirement of Combustion)

연소가 일어나기 위해서는 가연물, 산소, 발화(점화)원이 필요하며, 이것을 연소의 3요소라 한다.(<그림 1-1> 참조)

연소하기 위해서는 이의 3요소가 동시에 존재하는 것이 필요하며 이 중에 하나라도 없으면 연소는 일어나지 않으며, 계속 연소하는 것도 불가능하게 된다.

(a) 연소 3요소(Fire Triangle)

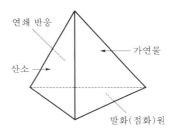

(b) 연소 4요소(Fire Tetrahedron)

<그림 1-1> 연소의 조건

가) 가연물

물질이 산화되기 쉬운 분자 구조를 갖고 있는 것을 말하며, 그 수는 매우 많고 유기화합물의 대부분이 그것이며, 산화와 동시에 발열 반응을 하는 것이다.

따라서 연소가 시작되면 산화·발열 반응에 의해서 부근의 가연물에 연소하므로 가연물을 제거 또는 공기의 공급을 차단하여 질식 상태로 하거나 더 나아가 냉각시켜 연소를 저지하지 않는 한 연소는 확대해 간다.

가연물은 다음에서 예시하는 기체, 액체, 고체의 가연물이 존재한다. 물은 가열하거나 냉각시키면 수증기, 물, 얼음과 기체, 액체, 고체의 3상태로 변화하는 것처럼 다른 가연물도 각각 가열·냉각하면 상온 상태에서 다른 상태로 변화시킬 수 있다.

기체 가연물에는 도시 가스, 프로판, 수소 등이 있고, 액체 가연물에는 가솔린, 등유 등의 석유류나 알코올, 아세톤 등이 있으며 고체 가연물에는 종이, 목재, 석탄, 알루미늄 등이 존재한다.

나) 산소 공급원(Source of Oxygen Supply or Oxidizing Agent)

연소가 일어나기 위해서는 가연성 물질에 대하여 산소가 공급되어져야 한다. 산소 공급원으로서는 유리의 산소, 화합한 형태의 산소가 있다.

① 공기 : 연소에 필요한 산소(O_2)는 공기 중 약 1/5 정도(체적비 21%, 중량비 23%) 존재하고 있으며 개방된 공간에서 가연성 물질을 태우는데 필요한 산소의 공급원 역할을 하게 되며, 밀폐 공간에서는 연소 시 산소가 소비되므로 불완전 연소 또는 질식할 수 있다. 유리의 산소란 공기 중의 산소, 산소 가스이다.

② 산화제 : 소방법상 제1류 위험물(산화성 고체) 및 제6류 위험물(산화성 액체)로 분류되는 염소산 염류 등은 물질 자체에 다량의 산소를 함유하고 있어 외부에서의 산소 공급 없이 혼합되어 있는 가연물을 연소시킬 수 있다.(소방법 별표 1)

③ 자기 반응성 물질 : 소방법상 제5류 위험물(자기 반응성 물질)로 분류되는 니트로화합물 등은 자체 산소를 가지고 있으며, 일단 분해가 될 경우 스스로 연소하게 된다.

다) 발화원(점화원 : Heat or Ignition Source)

연소를 개시하기 위한 활성화 에너지를 주는 것으로 열원으로서는 나화, 고온 표면, 전기 불꽃, 고온 가스 방사열, 충격, 마찰 등이 있다.

① 나화(裸火) : 담뱃불, 성냥·라이터불, 토치 램프, 가스 레인지의 작은 화염, 보일러, 난방·난로 등을 말한다.

② 고온 표면 : 전열기, 가열로, 배기관·연통의 고온부, 금속 용융물, 슬래그, 가스 불꽃에 의한 절단부 등을 말한다.

③ 단열 압축 : 반응기 내 이상 반응(Run-away reaction), 탱크 내 급작 온도 상승에 의한 압력 증가 등을 말하며 경유 차량의 엔진은 이를 이용한 것이다.

④ 자연 발화·저온 발화·분해 발열 착화 : 산화·분해·중합·흡착·흡습 등에 의한 반응열의 축적으로 인해 발화하는 것이다. 기체(포스핀, 실란, 등)와 액체(알킬 알루미늄, 알킬 아연 등 유기 금속 화합물), 고체(황린, 유기 금속 화합물로서 고체 상태의 것)의 가연물은 상온 부근에서 공기 중의 산소와 반응하여 발열하고 결국에는 자연 발화한다. 이런 이유로 황린처럼 수중에 저장해서 공기의 접촉을 차단하여 보관하기도 하고 산화 발열이 축적하지 않도록 하는 등의 특별한 대책을 필요로 한다.

⑤ 정전기 : 가연성 가스·미스트의 분출, 석유류의 유동·이송·여과, 대전 서열이 차이가 나는 물체간 접촉·박리시 발생되는 정전기에 의해 발화하는 것

⑥ 전기 : 절연 열화, 과부하, 스파크, 누전, 단락, 접속부 발열, 지락, 열적 경과, 낙뢰 등

전기적 작용에 의해 발화하는 것을 말한다.

⑦ 복사열 : 태양 광선의 열, 화염의 복사열 등에 의해 발화하는 것이다.

⑧ 충격·마찰 : 주물제 공구에 의한 충격 불꽃, 배관 내면과의 마찰, 회전체의 마찰면, 축열 물질(나무 등)의 마찰 등을 말한다.

이상의 3요소는 연소의 필요 조건이나 연소를 개시하여 계속 연소하기 위해서는 각각에 필요하고 충분한 조건을 가미하여야 한다.

2. 화재의 4면체(Fire Tetrahedron)

불은 열과 빛이라는 형식의 에너지를 방출을 수반하는 가연성 물질의 급격한 산화 작용이라고 정의된다. 연소가 원활하게 진행되려면 발열 반응이어야 하고, 연소되는 물질과 생성 물질은 열로 인하여 온도가 상승하여야 하며, 열복사선이 가시 범위에서 빛을 발생할 수 있어야 한다.

연소의 조건으로서 종전에는 발화(점화)원, 가연물, 산소 공급원으로 표현되는 연소의 3요소(fire triangle)로 설명하였으나, 연소의 지속은 계속하여 분자가 활성화되어 연속적으로 산화 반응을 계속함으로서 진행한다. 이 연쇄 반응을 연소의 3요소에 추가하여 연소의 4요소라고 한다.

1.3 연소의 형태

일반적으로 연소에는 두 가지 유형이 있다. 불꽃을 내며 연소하는 불꽃 연소(Flaming Mode)와 불꽃을 내지 않고 주로 빛만을 내면서 연소하는 작열 연소(Glowing Mode)로 구분한다. 이들은 각각 독립적으로 진행되는 것이 아니며 한 계(系)에서 동시에 일어난다.

기체나 액체 연료에서는 연료에서 발생하는 휘발 성분으로 인하여 전형적인 불꽃 연소가 된다. 기체의 경우는 기체 농도(vol%)가 일정 범위 내에 있어야 연소 현상이 발생하며 이 범위를 연소 범위(Flammable Range)라 한다.

액체의 경우는 액체 자체가 연소하는 것이 아니고 액체 표면에서 증발한 증기가 공기 중의 산소와 혼합되어 연소하는 증발 연소가 된다.

1. 기체, 액체, 고체의 연소

가연성 물질이 기체의 경우, 공기 중에서 몹시 빠르게 확산하기 쉽고 폭발 범위 내에서 화원이 있으면 용이하게 착화한다. 가연성 가스의 연소에는 정상 연소와 비정상 연소의 두 가지 형태가 있으며 가스 기구 등에 의한 연소를 정상 연소라 하고, 공기 중에 가연성 가스를 확산시키면서 안정한 불꽃으로 연소를 계속하여 불꽃의 크기의 조정도 용이하다. 한편 공기 중에 체류한 가연성 가스가 폭발적으로 연소하는 것을 비정상 연소라 하며 화재, 폭발 등의 위험성이 크다.

가연성 물질이 액체의 경우, 그 자체가 연소하는 것이 아니고, 기화한 증기가 연소한다. 액체는 인화점의 고저에 따라 착화성이 크게 다르며 가솔린과 같이 기화하기 쉬운 것은 기체와 같이 취급에 충분한 주의를 해야 한다. 일반적으로 공기 중에서 연소하면 그을음을 내며 불완전 연소하는 것이 많다. 그 때문에 연료로써 사용하기 위해서는 기화시킨 것을 공기와 혼합시켜 그 비율을 조정하여야 한다.

가연성 물질이 고체의 경우, 불꽃 연소와 작열 연소가 동시에 발생하는데, 고체의 성분에 따라서 연소 형태가 다르다.

그러나 어느 것이나 고체가 가열되어서 분해 생성 가스나 가연성 가스를 발생하여 연소한다. 공기 중에서의 연소는 거의가 불완전 연소이며 연기나 유독 가스를 발생하는 것이 많다. 기체와 액체에 비해서 안정한 연소를 계속시키는 것은 어렵고 주로 대규모 열원으로 사용되나 그 이용 범위는 한정되어 있다.

2. 연소 물질에 의한 분류

연소 현상을 1.과 같이 기체, 액체, 고체로 분류하며, 연소 형태는 다음과 같이 된다. 가연물이 연소하는 형태를 기체, 액체, 고체의 연소와는 별도로 산소의 공급이 충분한 상태에서의 완전 연소와 산소의 공급이 불충분한 형태에서의 불완전 연소로 구별할 수도 있다.

가) 불꽃 연소(Flaming Combustion)

(1) 확산 연소

아세틸렌, 수소, 천연·도시 가스, 메탄 등의 가연성 기체가 대기 중에 분출하여 공기와 서로 섞여 확산에 의하여 혼합이 되며, 연소 범위 내에서 점화시키면 계속 연소하게 된다.

(2) 증발 연소

가솔린, 등유 등 액체 그 자체가 연소하는 것이 아니고, 액체 표면으로부터 증발된 가연성 기체와 공기 중의 산소와 혼합된 즉, 기화되는 증기에 착화되어 불꽃을 생성하며 이 불꽃의 온도에 의해 액체 표면이 가열되어 계속 증발하며 연소하게 된다. 또한 나프탈렌, 장뇌, 유황 등 고체 그 자체가 연소하는 것이 아니고 고체가 가열되어서 가연성 가스가 발생하여 공기 중의 산소와 혼합하여 연소하게 된다.

(3) 분해 연소

목재, 석탄, 종이 또는 비점이 높은 액체 가연물을 가열하면 열분해를 일으켜 가연성 가스를 발생하며 이 가스에 착화되어 계속 분해를 일으켜 연소하게 된다.

(4) 자기 연소(내부 연소)

화약, 폭약, 셀룰로이드 등이 열분해에 의해 가연성 기체와 산소를 발생시키며 공기 중의 산소를 필요로 하지 않고, 물질 중에 포함되어 있는 산소에 의하여 내부 연소하는 것으로서 연소 속도가 매우 빨라 폭발적으로 연소한다.

(5) 예혼합 연소(豫混合燃燒)

천연 가스, 도시 가스, 수소 등의 기체 연료를 미리 공기(1차 공기)와 혼합시켜 놓고 연소시키는 것을 말한다. 즉, 미리 가연성 기체와 공기 중의 산소와 혼합한 것이 분출하여 연소하는 것을 말한다.

(6) 분무 연소(噴霧燃燒)

액체 연료를 미세 입자로 분무하고 공기와 혼합시켜 연소시키는 방법을 말한다.

(7) 비정상 연소

천연 가스, 도시 가스, 수소 등 가연성 기체와 공기의 혼합 가스가 밀폐 용기 중에서 점화되어지며 연소의 속도가 급격하게 증가하여 폭발적으로 연소한다.

나) 작열 연소(Glowing Combustion)

표면 연소(Surface Combustion)라고도 하며, 목탄, 코크스 금속분, 나무 등 고체의 표면에서 고온을 유지하면서 연소시 열분해의 결과 탄화 작용이 일어나는 경우 생성된 탄소의 표면에 공기와 접촉하는 부분에서 착화되어 계속 연소한다.

다) 훈소(燻燒 : smoldering)

적열된 상태에서 불꽃을 내지 않고 서서히 타들어 가는 현상으로서, 열분해에 의한 가연성 가스의 농도가 외부 조건에 의해 현저히 희석되든지 혹은 산소 공급이 부족하게 되어 가연성 혼합기가 형성되지 않는 경우, 분해 생성물은 화염이라는 고온의 계를 통하지 않고 직접적으로 계 외로 배출되므로 분자량이 큰 특유의 냄새가 나는 물질이나 독성 물질이 나올 수 있다. 가연물의 물성, 축열 정도, 산소 공급 여건 등 연소 조건에 따라 발염(發焰), 발화의 상태로 전이될 수 있다.

훈소화재의 연소 생성물은 탄소·수소·유황으로 가장 일반적인 것은 탄소와 수소이고 유황도 연료 요소이다. 이는 충분한 산소를 얻고 적당한 연소 온도가 유지될 동안은 완전 연소가 일어나며, 탄소는 연소하여 이산화탄소, 유황은 연소하여 이산화유황, 수소는 연소하여 수증기를 발생시킨다.

이들 가스는 그 발화 온도를 넘을 때까지 가열되며 또한 산소를 함유한 공기에 혼입되면 불이 된다. 이 불이 국한된 건물 내에서 타고 있을 때에는 산소 공급이 서서히 적어지고 그 안에 연소에 의해 발생한 가스로 교체되어 가면서 불꽃을 발생하지 않고 적열 상태를 유지하며 연기 또는 가스를 발생하면서 서서히 타들어 간다.

1.4 인화와 발화

1. 인화점(Flash Point)

가연성 액체나 고체의 표면에 불씨를 붙여 놓고 가연물을 서서히 가열해 가면 표면부터 발생한 증기는 불씨에 의해 화염을 발생하여 연소하기 시작한다.

이 현상을 인화라 하며 물질이 인화되기 위해서는 연소 범위의 혼합기를 형성하는 일정의 온도가 필요하며 이온도를 인화점 또는 인화 온도라 한다.

바꾸어 말하면 인화점이란 가연성 가스의 농도가 폭발 하한계에 달하는 온도를 말하며 또 폭발 하한계에 대응하는 온도를 하부 인화점, 상한계에 대응하는 온도를 상부 인화점이라 하고 통상은 하부 인화점을 인화점이라 한다.

2. 연소점(Fire Point)

가연성 액체가 인화점에 있으면 액면 근처의 증기 농도는 연소 범위에 있으며 화원을 가까이 하면 인화하여 화염을 발생한다. 연소에 의해 액면상의 증기는 소비되어 새로이 액체로부터 증기가 발생하여 공급된다.

그러나 일반적으로 연소 속도보다도 증발 속도가 작은 경우에는 연소에 필요한 조성 조건을 즉시로 만족할 수 없고 연소는 계속 하지 않는다. 즉 인화점과 같은 온도에 있는 액체의 표면에 불씨를 가까이 하면 그 표면에 불이 붙지만 계속 탄다고는 할 수 없다. 인화점부터 더욱 온도를 높여 증발 속도가 연소 속도보다도 높아졌을 때 인화 후에도 잇따라서 연소를 계속하게 되는 것이다. 이 연소가 계속하기 시작하는 온도를 연소점이라 한다.

3. 연소(폭발) 범위

가연성 가스 또는 인화성 액체의 증기가 공기 또는 산소와 일정한 범위의 비율로 혼합해 있을 때 여기에 착화하면 연소한다.

이 범위를 혼합 가스의 연소 또는 폭발 범위라 하고 이 범위의 가스의 최저 농도를 하한, 최고 농도를 상한, 이것들의 한계치를 폭발 한계라 한다. 하한 및 상한은 가연성 가스 또는 증기의 혼합 가스에 대한 용량 퍼센트로 나타낸다.

4. 최소 착화 에너지(MIE : Minimum Ignition Energy)

가연물이 증발하기 쉬운가? 어떠한가는 통상 발화점의 고저를 갖고 판단하고 있으나 발화하는가 하지 않는가는 그 때의 온도만으로 결정되는 것이 아니고 발화시키는데 만족하는 에너지가 있는가? 어떠한가가 문제로 된다.

최소 착화 에너지는 온도, 압력, 농도에 영향을 받는다. 온도가 상승하면 분자 운동이 활발하므로 최소 착화 에너지(MIE)는 작아지고, 압력이 상승하면 분자간의 거리가 가까워지므로 MIE는 작아지며, 또한 농도가 높아지면 최소 착화 에너지는 작아진다.

폭발성 혼합 기체는 가연성 기체의 종류나 공기와의 혼합 비율에 의해 다르나 불꽃을 사용하여 발화시키기 위해 필요로 하는 최소의 에너지를 최소의 착화(발화, 폭발) 에너지라 한다. 가연성 가스 및 공기와의 혼합 가스에 착화원으로 점화시에 발화하기 위한 최소 착화 에너지는 다음과 같이 계산할 수 있다.

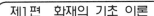

$$E = \frac{1}{2} CV^2$$

단, E : 최소 착화 에너지(Joule)

C : 커패시터 용량(F)

V : 전압(Volt)

통상 최소 착화 에너지는 매우 작으므로 Joule의 $\frac{1}{1,000}$ 인 mJ의 단위를 사용하고, 대부분의 탄화수소의 최소 착화 에너지(MIE)는 약 0.25 mJ이다.

5. 발화점(Ignition Point, 착화 온도)

가연물이 공기 중에서 가열되는 경우에 다른 곳에서 발화 에너지를 주지 않아도 발화하는 최저 온도를 발화점 또는 착화 온도라 한다.

착화 온도는 기체, 액체, 고체의 어느 것에 대해서는 측정되나 물질을 가열하는 용기의 표면 상태 가열 속도 등에 의해 크게 영향을 받으며 고체 물질에서는 그 물리적 상태에 따라 영향을 받으므로 발화 온도는 물질 고유의 정수라고는 말할 수 없다.

<표 1-1> 여러 가지 물질의 발화 온도

물질 종류	발화 온도(℃)	물질 종류	발화 온도(℃)
셀룰로이드	180	초배지	480
역청탄	360	무명	495
무연탄	490	모(毛)	565
나무(목재)	490	명주	650

<표 1-2> 목재의 발화 온도

종 류	발화 온도(℃)	종 류	발화 온도(℃)
후박나무	480	호두나무	490
오동나무	485	자작나무	490
삼나무	485	참나무	495
회나무	485	느티나무	495
라왕	485	너도밤나무	505

1.5 연소에 필요한 공기량

1. 이론 공기량

연료의 연소에 필요한 이론상의 공기량은 연료 중의 가연 성분과 양을 알면 계산으로 구할 수 있다.

연료의 가연 성분은 보통 탄소, 산소, 수소, 유황 등의 분자가 결합한 상태로 존재하고 있으며 연소하는 것에 의해 이산화탄소나 물로 된다.

가) 탄소, 수소, 유황의 완전 연소에 필요한 공기량

$$C + O_2 \rightarrow CO_2$$
$$12 \quad 32 \qquad 44$$

위 식에 의해 탄소 1몰(12 g)을 완전 연소시키기 위해서는 산소 1몰(32 g)을 필요로 한다.

공기 중에는 산소가 중량이 23 % 포함되어 있으므로 1 g의 탄소를 완전 연소시키기 위해서는 $(1/12) \times 32 \times (100/23) = 11.6$ g의 공기를 필요로 한다.

다음에 아보가드로의 법칙에 의해 1몰(12 g)의 기체 용적은 표준 상태(0 ℃, 760 mmHg)에서 22.4 L이므로 1 g의 탄소가 완전 연소에 요하는 공기의 용적은 $(22.4/12) \times (100/21) = 8.9$ L이다.

똑같이 수소, 유황 각 1 g의 연소에 요하는 이론 공기량은 <표 1-3>과 같다.

<표 1-3> 탄소, 수소, 유황이 1g 완전 연소하는 경우에 요하는 공기량

원소명	이론 공기량(L)	이론 공기량(g)
탄소	8.9	11.6
수소	26.7	34.8
유황	3.3	4.3

나) 연료의 완전 연소에 요하는 공기량

탄소, 수소, 산소 및 유황으로 되어 있는 연료 1 g를 완전하게 연소시키기 위해 필요한 공기의 중량 및 용적은 다음 식으로부터 구할 수 있다.

$$L_w = \{11.6 \cdot C + 34.8 \times \left(H - \frac{O}{8}\right) + 4.3 \cdot S\} \cdot \frac{1}{100}(g)$$

$$L_v = \{8.9 \cdot C + 26.7 \times \left(H - \frac{O}{8}\right) + 3.3 \cdot S\} \cdot \frac{1}{100}(g)$$

단, L_w : 연료 1g를 완전 연소하는 데 요하는 공기 중량(g)

L_v : 연료 1g를 완전 연소하는 데 요하는 공기 용적(L)

C : 연료 중 탄소의 중량 비율(%)

H : 연료 중 수소의 중량 비율(%)

O : 연료 중 산소의 중량 비율(%)

S : 연료 중 유황의 중량 비율(%)

2. 실제로 필요한 공기량

가) 과잉 공기

실제로 연료를 연소시키기 위해서는 이론 공기량으로서는 불충분하다.

예를 들면 연료 1g를 연소시키는 데 요하는 이론 공기량을 L_0, 실제로 사용한 공기량을 L_a라 하면 $L_a = mL_0 (m > 1)$의 관계가 성립한다. 이 m을 공기비라 하며 연료의 종류, 연소 상황에 의해 다르게 된다. 또 $m - 1$을 공기 과잉률이라 한다.

나) 과잉 공기량 구하는 방법

실제 연소에 필요한 공기량으로부터 이론 공기량을 감소하는 것을 과잉 공기량이라 하며 증기 가스의 분석 결과로부터 구할 수 있다. 일반적으로 증기 가스 중의 성분은 산소와 질소를 빼면 거의 탄산 가스이다.

$C + O_2 \rightarrow CO_2$이므로 탄소가 완전 연소하면 공기 중의 1용량의 산소로부터 이산화탄소 액체 1 용량이 생긴다. 그러므로 공급된 공기 중의 산소의 전부가 연소에 사용되었다고 하면 전 공기량의 21%의 탄산 가스를 발생한다. 그러나 실제로는 과잉 공기에 의해 연소하는 것이므로 폐기 가스 중의 이산화탄소량은 21% 이하로 된다.

따라서 폐기 가스 중의 이산화탄소 농도를 실측하면 과잉 공기량을 추정할 수 있다.

1.6 화재의 분류

1. 일반 화재(A급 화재, 백색)

연소 후 재를 남기는 화재, 생활 주변에 존재하는 대부분의 가연물에 의해 발생하는 화재를 말한다.

2. 유류 화재(B급 화재, 황색)

연소 후 재가 없는 화재, 유류·가스에 의해 발생하는 화재로서 화재 위험성이 크며 연소 속도가 빠르다.

3. 전기 화재(C급 화재, 청색)

전기적 작용에 의해 발생하는 화재, 산업화 사회에서 전기는 에너지원으로 사용되므로 이에 대한 철저한 관리가 중요하다.

4. 금속 화재(D급 화재, 무색)

가연성 금속류의 화재, 소방법상 금속분, 수소화물, 금수성 물질 등에 의한 화재를 말한다.

5. 가스 화재(E급 화재, 황색)

산업용 및 난방용으로 사용되는 액화 석유 가스, 천연 가스 등의 누출, 누설 등에 의한 화재(또는 폭발)를 말하며 I.S.O에서 E급 화재로 분류하였다.

6. 식용유 화재(F급 화재)

주방에서 각종 요리 시 식용유를 사용하는 빈도가 증가함에 따라 식용유 화재가 급증하게 되어 종전 B급 화재에서 식용유에 의한 화재를 F급(NFPA : K급)으로 분류하고 있다.

1.7 여러 가지 연소 현상

1. 플룸(plume)

개방 공간에서 화재로부터 생성되는 열은 플룸(plume)이라고 불리는 고온의 가스 기둥을 일으킨다. 그 결과로 일어나는 기류는 사방에서 화재의 밑바닥으로 차가운 공기를 유입시킨다. 차가운 공기는 뜨거운 공기의 유동 물질에 의해 바닥 위 플룸으로 굴어 모아진다.(<그림 1-2> 참조)

이러한 플룸 안으로 차가운 공기의 유입을 인트레인먼트(entrainment)라고 부르고, 불꽃의 높이가 높이 상승하면 온도가 감소되는 결과를 가져온다.

화재 확산은 근처 연료의 복사 열원에 의해 주로 이루어진다. 고체를 통한 확산 속도는 공기의 유동(바람) 또는 경사면에 의한 도움(드라프트 효과) 없이는 대체적으로 느리다.

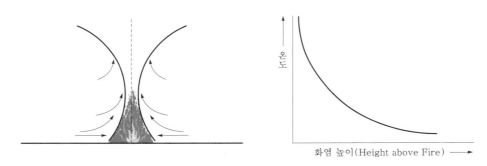

<그림 1-2> 개방 장소에서의 화재 플룸(plume)과 온도

2. 개방 공간 화재

화재 시 천장이 없고 화재가 벽으로부터 멀리 떨어져 있을 때 고온 가스와 연기 플룸은 수직적으로 계속해서 일어난다. 이런 상태는 옥외에서 화재가 일어났을 경우이다. 이와 같은 상태는 아트리움(atrium) 같이 높은 천장을 가진 큰 공간 내에서 화재가 났을 때 또는 플룸이 작을 때 바로 초기 단계에 건물 내에서 일어나는 화재에서 볼 수 있다.

개방 공간의 플룸으로부터 화재 확산은 가까이 있는 연료의 복사 발화에 의해 주로 결정되어진다. 고체 물질의 확산 속도는 공기의 유동(실외 화재의 경우에 있어서 바람) 또는 연료 예열을 허용하는 경사면에 의한 도움 없이는 대체적으로 느리다.

3. 밀폐 공간 화재

화재 플룸이 구획실의 천장 또는 벽과 상호 작용할 때 연기와 고온 가스의 흐름과 화재 성장에 영향을 준다. 침상의 뒷면 같이, 다른 경계면 또는 벽과 멀리 있는 열방출률이 낮은 화재는 화재가 개방 공간에서 일어난 것처럼 진행한다.

4. 천장에 의해 제한된 화재

천장이 화재 난 곳의 위에 존재하거나 화재가 벽으로부터 떨어진(離隔된) 곳에서 일어났을 때 발생하는 플룸(plume) 내의 고온 가스와 연기는 막고 있는 벽에 의해 차단될 때까지 천장면에 부딪히고, 모든 방향으로 확산된다. 고온 가스가 천장 아래의 플룸의 중심선에서 멀리 유동하기 때문에 얇은 층이 형성되어진다.

열은 이 층으로부터 위의 좀 더 차가운 천장으로 전파되고 차가운 공기는 밑으로부터 유입된다. 이 층은 플룸의 중심부로 가까이 갈수록 더 짙어지고 뜨거워지며 플룸의 중심선으로부터의 거리가 멀어질수록 더 엷어지고 차가워진다. 개방 공간에서 화재가 난 경우처럼, 온도는 불의 상부로 올라갈수록 낮아진다.

더욱이 인트레인먼트(entrainment : 플룸 안으로 차가운 공기의 유입)와 천장으로의 열 손실에 의해 차가워지기 때문에, 그 층의 온도는 플룸 중심선으로부터의 멀어짐에 따라 감소하게 된다.

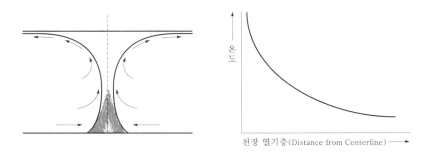

온도

천장 열기층(Distance from Centerline)

〈그림 1-3〉 큰 실내에서 천장에 의해 제한된 화재와 천장 열기층 온도

천장에 의해 제한된 플룸과 더불어 화재 확산은 가연성 천장 또는 벽 재료의 착화와 실내 수용물 또는 창고 저장물과 같은 가연성물로의 착화나 이 메커니즘의 조합된 연소에 의해 이루어질 것이다.

위쪽(연기) 층의 가스는 열을 대류나 복사열로서 상층의 물체로 전달한다. 연기층 밑에서의 열전달은 복사열에 의해서 이루어진다. 화재 성장은 플룸이 천장에 의해 제한되어질 때 플룸이 제한되어 지지 않을 때보다 더 빠르다.

천장의 높이와 플룸으로부터의 거리와 같은 요소는 열 및 연기 감지기와 자동 스프링클러와 같은 소방 설비의 작동 시간에 중요한 영향을 끼친다. 주어진 장치와 화재의 크기 (HRR)에 대한 장치의 작동 시간은 천장이 높을수록 장치로부터 멀수록, 화재로 생성되는 열이 클수록 커질 것이다. 이런 요소는 경보기 또는 스프링클러의 작동 시간을 예상했던 것보다 그 불이 왜 더 크게 일어났는가를 이해하려고 할 때에 고려하여야 한다.

5. 드라프트 효과(Draft Effect)

연소열에 의하여 기체가 더워지면 체적은 증가하나 단위 체적당 중량이 감소되어 더워진 공기는 상승하고 압력의 평형을 이루고자 하는 원리로 연소실 내의 연소 가스는 바깥 공기보다 가벼워지므로 부력이 생겨 바깥으로 빠져나가고 연소실 내에는 압력이 낮아져 새로운 공기가 흡입된다.

이와 같이 일정한 실내(또는 연통)가 갖는 통기력을 드라프트 효과(Draft Effect)라고 한다. 연소 효과는 드라프트 효과에 따라 좌우되며 내부의 배기 가스 온도가 높을수록 연통의 경우 직경이 굵고 높이가 높을수록 커진다.

인위적으로 드라프트 효과를 높이기 위해서 연통 끝에 뚜껑(Top)을 장치하는 것은 역풍에 의한 드라프트 효과의 저하를 억제시키는 역할과도 중복이 된다. 드라프트 효과가 저하되면 연통의 균열 부분에서 불꽃이 새어나오고 연통 내부의 온도는 이상 상승하여 새로운 화재의 위험을 유발시킬 수 있어 통기력을 좋게 해야 한다.

드라프트 효과의 저해 요인은 다음과 같다.
① 연통의 수평 길이가 길 경우(수직 길이가 수평 길이의 1.5배 이상일 것)
② 굴곡이 많거나 예각으로 구부러져 통기 저항이 클 경우
③ 균열이나 파손된 곳으로 외부의 찬 공기가 들어올 경우
④ 통내에 그을음이 많이 쌓여 단면적이 감소되는 경우
⑤ 통의 밑 부분에 습기가 많거나 연기의 온도가 떨어지는 경우

6. "V"자 형태("V"-Shaped Pattern)

화재에서의 "V"자 형태란 불길이 그 발화점으로부터 위로 그리고 밖으로 타므로 생기는 형태를 말한다.

불이 타면 연소 가스가 발생되어 그 주위의 공기를 뜨겁게 데우고 이 뜨거운 공기와 연소 가스는 위로 올라가게 되며 더불어 불(화염)도 위로 향하는 현상으로 이렇게 위로 상승하면서 주위 양쪽을 또 뜨겁게 데우게 된다. 그러므로 화재가 벽 아래쪽에 있는 아우트렛(Outlet)에서 시작하였다면 화재의 피해 형태가 V자를 그리게 된다. 즉, V자의 뾰족한 부분이 아우트렛을 가리키며 위로 V자를 그리는 형태가 되는 것이다. 하지만 이 V패턴이 명확하지 않는 것이 있고 또 계속된 화재 진행에 의하여 없어지기도 하여 화인 규명은 쉽지 않다. 화재 감정에 있어 V패턴은 자주 이용되고 있으며 잘 활용하면 화재에 대한 많은 정보를 얻을 수 있다.

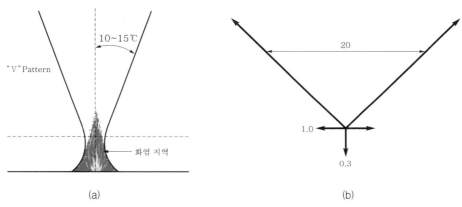

<그림 1-4> V패턴(a)과 각 방향의 연소 속도비(b)

7. "U"자 형태("U"-Shaped Pattern)

"U"자 형태는 "V"자 형태와 유사하지만 완만한 경계선의 형태를 가지며, 이는 "V"형태가 나타나는 표면보다 열원에서 더 먼 위치의 수직면에 복사열의 영향으로 생긴다.

8. 모래시계 형태(Hourglass Pattern)

화재 위에 생성된 고온의 가스 plume은 "V"형태의 화염 구역으로 구성된다. 화재가 수직면에 매우 가깝거나 접해 있을 때 생기는 형태로 이러한 형태를 "모래시계" 형태라고 한다. <그림 1-5>는 모래시계 형태(b)

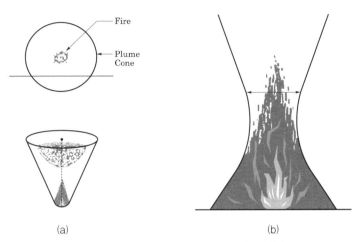

<그림 1-5> U패턴(a)과 모래시계 형태(b)

9. 역원추 형태(Inverted Cone Pattern)

이 형태는 상부보다는 밑바닥이 넓은 삼각형 형태로서 수직 벽면상에 온도와 열의 경계선으로 나타난다. 일반적으로 휘발성이 강한 연료(화성 액체, 가연성 액체, 천연 가스)와 관련이 있으므로 역원추 형태는 인화성 액체 화재의 증거로서 해석되어 왔다.

10. 끝이 잘린 원추 형태(Truncated Cone Pattern)

이 형태는 다른 형태와는 달리 수직면과 수평면 모두에 나타나는 3차원의 화재 형태이다. 천장이나 다른 수평면에 원 형태와 벽과 같은 수직면에 2차원 형태인 V자 형태 또는 화살모양을 결합한 형태로서 나타난다.

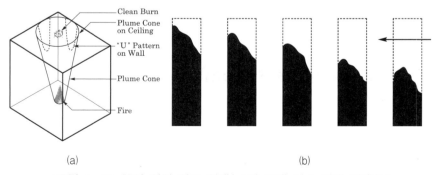

<그림 1-6> 끝이 잘린 원추 형태(a)와 목재 연소 진행 형태(b)

11. 포인터 또는 화살 형태(Pointer or Arrow Pattern)

일반적으로 화재가 발생하여 그 표면 피복이 파괴되었거나 피복이 없는 벽의 수직의 목재 샛기둥에서 나타나는 형태로서 더 짧고 더 심하게 탄화된 샛기둥이 긴 샛기둥 부분보다 발화 지점에 더 가깝다고 판단할 수 있다.

12. 경계선 또는 경계 영역

어떤 물질이 화재시 발생되는 열과 연기에 의해 영향을 받은 정도를 나타내 주는데 이 경계선 또는 경계 영역은 열 또는 연기에 의해 영향을 받은 부분과 영향을 받지 않았거나 덜 받은 부분과의 사이에서 나타난다. 이런 경계선은 화염의 확산 방향 및 연료의 양과 특성을 결정하는데 도움을 준다.

13. 수평면 관통부

수평면에서의 관통부는 복사열, 화염에의 직접 접촉 또는 국부적인 훈소에 의해서 발생될 수 있다. 수평면 연소로 인해 발생된 구멍이 아래 방향으로부터의 연소로 생겼는지 윗 방향으로부터의 연소로 생겼는지는 구멍의 경사면을 조사함으로써 확인할 수 있다. 보통 윗 방향에서 아래 방향으로의 관통부 발생은 흔하지 않은 연소 현상이다.

수평면 관통 개구부에 의한 연소 확대는 전선이나 케이블이 그룹화되어 각 층과 층을 연결되는 부분에서 층간 방화 구획인 바닥을 통과하므로 바닥 부분의 틈새는 시멘트, 모르타르 등으로 메워 주어야 하지만 잦은 구조 변경, 이설, 수리 등으로 방치되는 경우가 많으므로 관통 부분에서 화재나 연기의 통과를 차단하기 위한 관통 부분의 마감 처리에는 주의를 기울여야 한다.

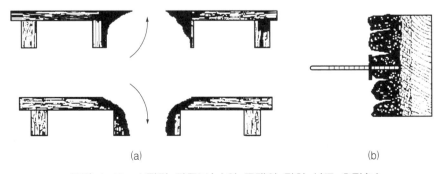

(a)   (b)

<그림 1-7> 수평면 관통부(a)와 목재의 탄화 심도 측정(b)

14. 탄화 표면 효과

대부분의 표면은 화재 시 열에 의해 분해되어 변색되거나 탄화된다. 변색과 탄화의 정도는 가장 많이 타버린 부분을 찾는 데 활용할 수 있다. 또한 탄화물의 상대적인 깊이를 측정함으로써 물질 또는 구조물의 어느 부분이 열원에 가장 오래 노출되었는지를 결정할 수 있다. 열원으로부터 멀리 떨어져 있는 탄화물은 깊이가 감소되므로 화염의 확산 방향을 추정할 수 있다. 탄화물의 깊이는 가끔 화재의 지속 시간을 추정하는데 이용하기도 한다. 그러나 단지 탄화 깊이만으로 특정 연소 시간을 판정할 수 없다는 점에 주의해야 한다.

15. 물질의 용융

용융은 열에 의한 작용으로 생기는 물리적 변화로서 용융 부분과 고체 사이의 경계에는 화재 형태를 규정할 수 있는 온도와 열에 형성한다. 용융 온도는 각 물질들의 특성치로서 화재 현장에 남은 금속 등 잔류물을 통하여 화재 온도와 관련된 임의의 추론을 유도할 수 있다. 유리, 플라스틱, 도가니와 같이 융점이 다양하게 변할 수 있는 물질들은 샘플을 채취하여 시험을 통해서 용융점을 규명하는 것이 가장 좋다.

16. 물질의 손실

일반적으로 나무 또는 가연물의 표면이 타면 그 물질과 질량을 잃게 된다. 남아 있는 가연물의 형태와 양은 그 자체로 경계선을 생성할 수 있고 이를 화재 형태 분석에 사용할 수 있다.

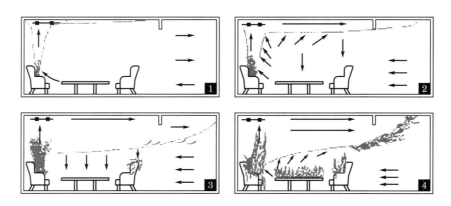

<그림 1-8> Flash-Over 1~4단계 현상

17. Flash-Over 현상

목재 건물의 화재시 실내에서 어느 부분이 무염 연소 또는 연소 확대되는 과정 중 시간이 3~5분 경과함에 따라 가연성 증기의 농도가 짙어져 가연성 혼합 기체로 되어가며 실내의 온도가 점점 높아진다. 마침내 실내의 온도가 가연성 혼합 기체의 인화점 또는 착화점보다 높게 되면 순간 폭발적으로 혼합기가 연소되며 실내의 가연물에 착화된다.

건물 내의 내장재인 기구 등의 연소에 의한 화염이 천장면에 달하면 급속히 천장면을 따라 수평 방향으로 확대되어 천장 전체에 화염이 회오리치면 실내 전체가 화염에 휩싸인 상태가 된다.

이러한 현상을 Flash-Over 현상이라고 하며 실내가 밀폐되어 있을수록 가연성 가스를 낼 수 있는 가연물이 많을수록 잘 일어난다. 목조 건물의 경우 대략 실내 온도가 600℃ 전후에서 일어나며 Flash-Over 후에 급격히 900~1,100℃로 급상승한다.

플레임 오버(flame over)란 물체의 표면에 불꽃이 급속하게 확산되는 현상을 말하며, 롤오버(roll over)는 플래시 오버 현상이 발생하기 직전에 작은 불들이 연기 속에 산재해 있는 상태를 말한다.

18. Back-Draft 현상

이 현상은 역화(逆火) 현상으로서 통기력(Draft Effect)이 좋지 않은 상태 하에서 연소가 계속되어 산소의 부족이 심한 상태가 된다. 이때 개구부를 통하여 산소가 공급되면 실내의 가연성 혼합기에 공급되는 산소의 방향과 반대로 흐르며 급격히 연소하는 현상을 말한다. 이때 일반적으로 화염이 산소의 공급 통로로 분출되는 현상을 눈으로 확인할 수 있다.

19. Boil-Over 현상

원유와 같이 성분이 비점 범위가 넓은 혼합물로 되어 있으면 특이한 온도 분포를 가지고 있어 온도가 높은 부분이 상당히 아래까지 내려간다. 이것은 액면에서 증유(蒸油)가 일어나고 액 내에서는 물질의 이동이 생기기 때문에 가능한 것으로 고온층(熱波 또는 heat wave)이라 한다.

고온층의 온도는 약 250~315℃로 물의 비등점보다 훨씬 높으므로 용기의 밑이 모여 있던 물과 기름의 유상액(乳狀液 : Emulsion)이 있으면 물의 비등(沸騰)에 의해 갑자기 팽창되어 연소되고 있는 기름이 다량으로 탱크 밖으로 비산 분출하는 현상을 말한다.

20. Slop-Over 현상

중질유(重質油) 화재 시 고온의 열유층(熱油層)이 유면의 밑쪽에 형성되며 이 열유층을 고온층(heat wave)이라 하고 이때 표면 온도보다 비등점이 낮은 소화수 등 액체가 주입되면 급격한 기화의 압력으로 연소하고 있는 기름을 밖으로 비산·분출하는 현상을 말한다.

21. 불꽃 방전(Sparking Discharge)

공기 중에서 양극과 음극을 약간의 거리를 두고 전압을 인가하고 전압값을 점차적으로 높여 가면 대전 물체와 접지 도체의 형상이 비교적 평활할 때에 강한 파괴음과 동시에 대기 중에서 갑자기 발생하는 방전으로 대전 물체가 도체일 때에 일어나기 쉽다.

불꽃 방전은 방전 에너지 밀도가 크고 정전기 장해의 원인이 되는 것을 말하며 전극간에 인가하는 전압을 증대해 가면 전리 작용이 활발하게 되어 암류가 흐르고 코로나 방전이 일어나며 이것이 지속 방전으로 진행되어 공기의 절연이 파괴되면서 일어나는 방전을 불꽃 방전이라 한다.

22. 수렴 화재(收斂火災)

<그림 1-9> 수렴 화재 재현 상황

투명 용기, 물이 담긴 PET(Poly Ethylene Terephthalate)병 또는 빈 유리병 등과 같이 렌즈 상이 될 수 있는 볼록면, 구면, 오목면 상의 물체를 매개체로 태양 광선이 굴절 또는 반사할 때 열에너지에 의해 출화하는 현상을 수렴 화재라 하며 의외로 화재가 겨울철에 많

이 발생하고 있다.(태양의 고도가 낮은 겨울에는 태양광의 입사각이 예각이 되기 때문에 발화에 적합한 초점 형성이 용이하여 출화의 가능성이 높다)

1.8 폭발(爆發 : Explosion)

폭발을 정의하면 "압력의 급격한 상승으로 폭발음을 동반하고 이 압력 상승의 결과 용기가 파열하든지 기체가 급격히 팽창하여 폭발음이나 파괴 작용을 수반하는 현상"이라 말하고 있으나 과학적으로는 명확한 정의는 어렵다. 폭발은 화재와 달라 이미 폭발이 시작하였을 때에는 이것을 저지하는 것은 곤란하다. 예를 들면 가스 폭발의 경우에는 이미 가연성 가스와 지연성 가스가 폭발 범위 내에 혼합된 가스에 폭발원을 주므로 화염의 전파는 지연성 가스의 공급 등의 외부 요인의 영향을 받지 않고 일순간에 완결된다.

1. 폭발 기구

폭발을 그 과정으로 분류하면
(1) **원자 핵폭발** : 핵융합, 핵분열 반응
(2) **물리적 폭발** : 수증기 폭발, 도선 폭발 등
(3) **화학적 폭발** : 혼합 가스 폭발, 분해 폭발 등으로 된다.
또 화학적 폭발을 반응 속도에 의해 분류하면 폭굉과 폭연(폭발적 연소)로 분류된다.

2. 폭굉(爆轟 : Detonation)

정지하고 있는 폭발성 물질 또는 혼합물 중을 전파하는 반응의 파가 그 물질의 음속보다 더 빠른 속도로 이동하는 것을 폭굉이라 한다. 가스 중의 음속은 압력에는 무관하며 분자량의 평방근에 반비례하고 절대 온도의 평방근에 정비례한다. 일반적으로 가스 폭굉은 음속의 4~8배 정도 된다.

초음속의 파는 충격파라 부르지만 폭굉은 연소를 수반한 충격파라 할 수 있다. 연소가 가속되는 조건으로서 주위에 고체의 벽이 있을 때나 표면에 요철(凹凸)이 있는 물질상이나 틈 등을 통과할 때 즉 연소의 전파 과정에 교란이 생기는 것 등이 있고, 속도가 클 경우에는 폭굉으로 발전한다.

3. 폭연(爆煙 : Deflagration)

폭발 중에 반응이 일어나는 면이 정지 매질(媒質)에 대해 거기서의 음속보다 더 빠른 속도로 이동하는 것을 폭굉이라 하고 음속보다 느린 경우에는 폭굉에 대해 폭연이라 한다.

일반적으로 폭굉이 아닌 때 화염 전파(음속 이하) 중에 폭발적인 인상을 주는 경우로 0.3 ~10 m/sec 정도이다. 로켓 추진약 등은 표면으로부터 수직으로 들어가는 선연소 속도가 1 mm/s와 같은 낮은 값이나 작은 갈라짐이 많이 형성되어 표면적이 증가하면 질량 연소 속도는 표면적이 증가한 만큼 또 국부적으로 압력이 상승하면 그에 대응하여 증가하므로 폭연 상태로 된다. 분말상의 흑색 화약은 그러한 상태로서 폭발한다.

1.9 열전달(熱傳達 : Heat Transfer)

열전달은 전도 · 대류 · 복사로 이루어진다. 열은 화재 현상에 있어서 가장 기본적인 요소이나 화재 현상을 해명할 경우 발열과 전열에 대해 그 기구를 생각하는 것이 거의 전부이다. 구획 내의 화재 초기에 있어서 대표적인 열전달 기구는 전도, 대류, 복사(방사)로 분류된다.

1. 전도(傳導 : Conduction)

물체 내를 열 또는 전하(전기)가 이동하는 현상이다. 열이 이동하는 것이 열전도이고 전기가 이동하는 것이 전기 전도이다. 일반적으로 전도라 함은 하나의 물체에서 두 개 부분의 온도가 다르면 고온부에서부터 저온부로 열이 옮겨간다.

또 다른 온도의 두 개의 물체를 접촉시킬 때도 이 현상이 일어난다. 이 현상을 열의 전도라고 한다. 전도는 온도차에 비례하여 전해지고 단위 시간에 등온면의 단위 면적을 통하여 흐르는 열량은 온도에 비례한다. 물질에 따라 열 또는 전기 이동 속도가 다른데, 빨리 이동하는 물질은 도체, 더디게 이동하는 것을 부도체라고 한다.

물질은 이동하지 않고 열에너지만 이동하는 현상을 열전도(heat conduction, thermal conduction)라고 한다. 온도가 높은 물체와 낮은 물체를 접촉시켜두면 시간이 지남에 따라 결국 열평형에 이른다. 이 현상은 고온의 물체에서 저온의 물체로 이동함으로써 일어난다.

열의 전도량을 구하는 식은

$$Q = S \cdot \frac{a}{d} \cdot (t_1 - t_2) T$$

단, Q : 열전도량(kcal/hr), S : 전열 면적(m^3)

    a : 열전도율(kcal/m · hr · ℃), d : 열의 흐름 거리(m)

    t_1 : 고온체의 온도(℃), t_2 : 저온체의 온도(℃)

    T : 시간(hr)

고체, 액체, 기체의 열전도율의 대표적인 것은 <표 1-4>와 같다.

<표 1-4> 열전도율

금 속	온 도(℃)		고 체	온 도(℃)	$W \cdot m^{-1} \cdot K^{-1}$
	0	100			
아연	117	112	아스팔트	상온	1.1~1.5
알루미늄	236	240	소다 유리	상온	0.55~0.75
금	319	313	리놀륨	20	0.08
은	428	422	연질 고무	상온	0.1~0.2
탄소강(0.8%)	50	49	콘크리트	상온	1.00
수은	8	9	자기	상온	1.5
주석	68	63	석면	상온	0.06
철	84	72	공업용 흙	20	0.14
동	403	395	펠트(felt)	상온	0.04
납	36	34	목재(건조)	18~25	0.14~0.18
니크롬	13	14	면·포	40	0.08
니켈	94	83	모포	30	0.04

[비고] 열전도율은 두께 1 mm 판의 양면에 1K의 온도차가 있을 때 그 판의 면적 1 m^2의 면을 통해서 1s의 간격으로 흐르는 열량으로 나타낸다.

2. 대류(對流 : Convection)

유체 자신의 운동에 의한 열전도 방식으로써 유체의 일부를 가열하면 가열된 부분은 팽창하여 밀도가 적어서 상승하고, 밀도가 크고 저온인 윗 부분이 내려오므로 유체는 순환하여 그 전체 온도가 변화하게 된다.

통상적으로 액체 및 기체는 그 일부를 가열하면 그 부분은 팽창하고 가볍게 되어 상승하며 다른 차가운 부분은 강하한다.

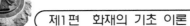

이와 같은 현상을 대류라 하며 액체나 기체는 대류에 의해 가열된다. 열교환기, 가열기, 냉각기와 같이 액체나 기체가 관계되는 열의 이동은 대류가 주이므로 대류 현상은 가장 중요한 열전달 기구이다. 유체간의 열전달 관계식은 다음과 같다.

$$Q = S \cdot h \cdot (t_1 - t_2)$$

단, Q : 열대류량(kcal/hr), S : 전열 면적(m^3)

h : 열전달 계수(kcal/$m^2 \cdot$ hr $\cdot$ ℃), d : 열의 흐름 거리(m)

t_1 : 고온체의 온도(℃), t_2 : 저온체의 온도(℃)

3. 복사(輻射 : Radiation)

전자기파를 방출하는 현상 또는 물체로부터 방출되는 전자기파의 총칭으로 방사라고도 한다. 복사란 고온 물체로부터 저온 물체에 중간 물질의 매개 없이 열이 전해지는 현상을 말하며 복사에 의해 전달된 열을 복사열이라 한다.

고체는 절대 영도로 되지 않는 한 분자 운동에 의해 방사선을 내고 있다. 이 방사선은 일종의 전자파이며 물체 표면에 도달하면 일부는 반사하고 일부는 투과하고 기타는 그 물체에 흡수되어 열로 된다. 흑색의 물체는 백색의 물체에 비해서 방사선을 잘 흡수하므로 빨리 가열된다. 또 방사선 흡수의 난이는 물체의 표면의 매끄럽기에도 관계된다.

복사는 공간 매개물과는 관계없이 직접 열이 이동하므로 진공 중에서도 행해진다. 화재 시 가연물의 접염없이 연소되어 가는 것은 복사열에 의한 영향이 크다. 복사는 직진하고 물체에 닿으면 흡수되어 온도를 높게 된다.

복사는 스테판-볼츠만 법칙에 의해 절대 온도의 차의 4제곱에 비례하고, 열전달 면적에 비례하며, 그 관계식은 다음과 같다.

$$Q = a \cdot S \cdot F \cdot (t_1^{\,4} - t_2^{\,4})$$

단, Q : 복사 에너지, a : 스테판-볼츠만 상수

S : 전열 면적(m^3), F : 기하학적 factor

t_1 : 고온체의 온도(K), t_2 : 저온체의 온도(K)

복사열 그 자체는 육안으로 식별되지 않으므로 당장 그 작용이 격렬하게 진행되어도 대상물이 발화될 때까지는 판별을 못하여 결국 화재 방어에 실패하는 때도 있다. 복사열은

본래 열원의 작용이며 그 작용은 열원의 상방에서 사방으로 파급된다. 화재의 경우 보통 풍상측이 풍하측보다도 공기가 맑아 강력하게 나타난다. 그러므로 중간에 장애물이나 차단물이 있으면 거의 안전하다.

4. 접염 연소

불꽃이 물체에 접촉, 연소되는 현상으로 불꽃의 온도가 높을수록 물체는 타기 쉽다. 불꽃이 직접 닿는 곳이나 가까운 곳은 전도와 복사, 먼 곳은 대류가 각각 작용한다. 그러나 불꽃은 끊임없이 움직이므로 결국 전도·대류·복사가 복합적으로 작용하는 것이다.

화재에 있어서는 불꽃의 규모가 크고 그 접촉되는 범위도 넓어서 사람들에게 공포심을 느끼게 한다. 육안의 착각으로 주간에는 완전 연소 부분으로부터 발생하는 고열이나 열도가 낮은 불꽃은 잘 보이지 않으나 야간에는 불꽃에 직접 닿은 부분의 불빛을 반사시키고 있는 연기를 불꽃으로 착각하는 경우도 생긴다.

5. 비화(飛火)

불티가 바람에 날리거나 튀어서 멀리 떨어진 곳에 있는 물건 등에 착화하여 연소되는 현상이다. 착화에 이르기까지의 단계는 불티의 열이 직접 전도에 의하여 전달 확대되는 것이다.

비화에 대한 화재 방어상 관심사는 화원에서 상당한 거리에 있는 장소에 다수의 새로운 발화이다. 불티는 크고 작은 것이 있어, 그것이 크면 클수록 착화의 위험률이 높다는 점이다. 그러나 작은 불티라도 바람, 습도 등에 따라 화재에 이르기도 한다.

또한 불티의 비화 거리와 범위는 연소 중인 물질, 발화부의 화세, 풍력 등에 따라서 다르다. 더욱이 불티는 주간에는 검은 물체로 보이나 야간에는 미세한 것까지도 빨갛게 보이므로 주간에는 위험을 경시하기 쉽다.

MEMO

Chapter 2

화재 조사

2.1 화재 조사의 목적

1. 화재 원인 조사

화재 원인 조사는 화재가 발생한 후 화재 현장에 임하여 연소 현상에 따른 관찰, 이재관계자들로부터 출화 전후의 제반 상황 청취를 기초하여 화재의 원인을 밝히는 것으로서 궁극적인 목적은 화재를 예방, 억제하는데 있다. 화재 원인 조사는 수사기관과 소방기관, 전기·가스전문기관, 보험회사 등에서 실시한다.

소방기관은 화재에 대하여 사회적인 책임을 지고 있는 부서로서 화인 조사는 소방예방대책 계획에 대처하기 위한 것이며 형사적으로는 방화와 실화죄에 있어서 방·실화에 대한 책임의 소재를 분명히 하기 위한 것으로 조사와 예방의 방법상 차이는 있어도 목적은 같다.

또한, 화재 조사 활동의 효율화를 높이기 위하여, 소방 정보나 소방 통계 자료를 작성하는 것도 조사를 행하는 목적의 하나이다. 소방기관은 화재의 연소 상황으로부터 화재의 전모를 파악할 수 있는 것, 화재에 대해서 전문 지식, 경험을 기초로 하여 방화 및 실화를 조사하는데 협력하는 것도 부수적인 목적이다.

화재 원인 규명의 목적은 동종 및 유사 화재의 재발 방지에 있지만 그 방법상 수사기관은 형사적 처벌에 의한 경각심 제고에 있으며, 소방은 철저한 예방 대책, 전문기관이나 대학은 재난 예방과 연구에 있다는 점에 차이가 있고, 보험회사나 이재관계자들은 민사적 책임의 전가나 보상 문제에 큰 비중을 두고 있으나, 화재란 그 자체가 증거의 인멸을 의미하고 있어 간단하게 표현하기에는 어려움이 있다.

2. 화재 용어

① 수사란 검사나 사법 경찰관이 공소 제기·유지를 위해 범인이나 범죄에 관한 증거를 발

견 또는 수집하는 활동이거나 또는 범죄 사실을 확정하기 위해 피의자, 피해자 기타 사건 관계인들로부터 사실의 진상을 발견하는 수사기관의 활동이다.

② 조사란 화재 원인을 규명하고 화재로 인한 피해를 산정하기 위하여 자료의 수집, 관계자 등에 대한 질문, 현장 확인, 감식, 감정 및 실험을 하는 일련의 행동을 말한다.

③ 감식이란 화재 원인의 판정을 위하여 전문적인 지식, 기술, 경험 등을 활용하여 주로 시각에 의한 종합적인 판단으로 구체적인 사실 관계를 명확하게 규명하는 것을 말한다.

④ 감정이란 화재와 관계되는 물건의 형상, 구조, 재질, 성분, 성질 등 이와 관련된 모든 현상에 대하여 과학적 방법에 의한 필요한 실험을 행하고 그 결과를 근거로 화재 원인을 밝히는 자료를 얻는 것을 말한다.

⑤ NFPA(미연방방화협회) 921 '화재 및 폭발 원인 조사 가이드'에 소개된 정의는 좀 더 분명하다.

㉠ 화재 원인 조사(Fire Investigation)란 발화부, 발화 원인 및 화재(또는 폭발)에 이르게 된 경과를 결정하는 일련의 작업 과정이다.

㉡ 발화부(Point of Origin, Area of Origin : 발화점, 화원부)란 열원(Heat Source : 점화원, 착화원)과 가연물(Fuel : 연료)이 상호 작용을 하여 최초 발화하기 시작한 부위, 장소를 말하며, 좀 더 넓은 의미로서 방이나 지역을 나타내기도 한다.

㉢ 발화 원인(Fire Cause : 발화원)이란 가연물, 점화원(Ignition Source) 및 산소 공급원(Oxidizer : 공기 또는 산소, 산화제 등) 등에 의해 화재나 폭발의 결과를 발생시킨 환경, 조건, 또는 행위를 말한다.

⑥ 현장 조사란 화재가 진화된 후에 그 현장에 출동하여 발화 장소와 발화 원인을 밝히는데 있어 연소 상황과 흩어져 있는 물건들을 채취 검사하는 것을 말한다. 화재 원인 조사는 범죄 수사와 같은 강제력이 없는 임의 조사이므로 현장 조사에 있어서는 화재 건물의 소유자나 관리자 등의 사전 양해를 받아 실시하여야 하며 조사하는데 있어서도 관계자의 참여가 필요하다.

3. 방화와 실화

방화(放火)란 고의로 불을 붙여 물질을 태우는 것으로 목적물이 연소하는 원인을 부여하는 행위를 말하거나, 화재를 소화하여야 할 의무를 가진 자가 소화 조치를 하지 않고 목적물을 소훼(燒燬)하게 하는 행위를 말한다.

방화죄는 화재의 연소 등에 의해 불특정 다수인의 생명·신체 및 재산에 대한 침해의 가능성이 있어 사회적 질서에 대한 공공위험죄이다.

실화(失火)란 과실에 의해 화재를 발생시키고 물질을 소훼케 하는 것으로 부주의한 행위에 의해 화재에 이른 것을 말한다. 실화죄도 방화죄와 같이 공공 위험죄로서 주의·과실의 정도에 따라 실화·중실화·업무상 실화로 구분한다.

2.2 화재 조사의 범위

화재 조사는 화재의 원인 조사와 화재 및 소화에 의해 받은 손해 조사로 나누어진다.

1. 화재 원인 조사

화재 원인 조사의 주된 것은 발화 원인 조사와 연소 확대의 원인 및 사상자 발생의 원인도 중요한 조사의 범위이다.

화재는 일반적으로 발화로 시작하여 연소 확대되고, 그 결과, 물적 또는 인적 피해가 발생된다. 그래서 이들의 사고에 대응하여 소방용 설비의 작동, 사용, 발견, 통보, 조기 소화, 및 피난 등의 일이 발생하며, 이러한 것들에 대해서 조사하는 것은 당연하지만, 다시 그 결과를 소방 행정에 충분히 반영하기 위해서는 방화 대상물의 용도, 위험물 등의 시설 구분, 업태, 방화 관리 상황, 건물의 관리 상황, 발화 시 상태, 발화 시 인적 사항 등에 부가하여 평소 화재 예방 사찰 결과 등도 같이 행하는 것이 아주 중요하다.

이와 같은 것으로부터 연소 확대가 저지된 원인, 소방용 설비 등의 작동 원인, 초기 소화 성공의 이유 및 피난이 적절하게 행해진 이유 등, plus의 원인을 조사하는 일도 중요한 것으로 화재 원인 조사의 범위이다.

2. 화재 손해 조사

화재 손해 조사는 화재라는 연소 현상 자체 및 피난 등으로 받은 인적, 물적 손해가 화재의 소화, 진압 활동 시 받은 인적, 물적 피해의 조사를 하는 것으로 현재는 직접 손해를 조사하는 것이다.

따라서 소화에 의한 중요한 경비, 정리비, 화재 때문에 휴업한 손해 등(간접 손해)은 포함되어 있지 않은 것이다.

2.3 화재 원인 조사의 특수성

1. 화인 조사의 특수성

화인 조사는 조사자가 화재 현장에서 파악하는 제반 현상에 대하여 합리적으로 자료의 가치와 의미를 부여하면서 어떻게 화재가 발생한 것인가를 객관적으로 타당성 있게 체계화하는 것이다. 화인 조사를 과학적으로 조사하는 것이라고 말하는 것은 합리성을 의미하는 바, 하나하나의 현상에 대하여 과학적으로 해석하고 체계화하여 전체적인 타당성을 제시하는 것이라고 할 수 있다.

사람이 있는 곳에서는 언제 어디서나 발화의 잠재적 요인이 있게 되므로 재해의 양상이 헤아릴 수가 없는 것이다. 따라서 수없이 많은 화재의 원인을 조사·분류·분석해야 하는 관계로 물리·화학·전기·기계·건축 등 학문에 대한 지식과 여러 가지 화재의 현상을 관찰, 확인하는 등 현장 조사 경험을 쌓는 것이 중요하다.

2. 조사결과서

화재 현장 조사가 끝나면 조사의 내용과 결과를 정리하여 조사결과서를 작성한다. 아무리 현장 조사가 실시되었다 하더라도 조사서의 내용이 충실하고 적정하지 못하고서는 그 효과를 기대하기 어렵다. 즉 충실하고 적정한 조사서야 말로 화재 예방 대책의 모든 분야에 걸쳐 귀중한 자료로 제공될 수 있고 이를 반영시킬 수 있다.

화재는 사람이 생활하는 주택, 사무실, 공장 등 건조물에서 일어나는 것이기 때문에 직접적인 화재 예방은 일반 국민이 담당하는 것이다. 그러나 이를 계도, 지도하는 것은 관계기관인 것이다. 이와 같이 계도하는 경우에 있어서 활용되는 자료 중에 화인조사결과서가 차지하는 비중은 절대적인 것이라 할 수 있다.

3. 조사자의 자세

화인 조사는 현장의 분위기나 조사 여건이 여느 조사보다도 나쁜 관계로 많은 자료를 수집, 조사할 때까지 참고 견뎌야 하는 어려움도 있고 조사자로서 법정에 증인으로 출두하여야 하는 번거로움도 있다. 그리고 정확히 파악, 수집된 자료는 여러 각도에서 도출한 것을 사회 각 분야에 걸쳐 효율적으로 계도, 홍보하여야 할 책임도 있고 조사 결과로 알게 된

관계자의 명예나 권리 등에 관한 일들을 누설해서는 안 된다. 현장 조사시 소유자나 관리자, 거주자 또는 이재관계자들은 부득이한 경우(사망자가 있을 경우나 이해 당사자들끼리의 언쟁 등 조사의 불필요한 요인이 있을 경우 등)를 제외하고는 참여가 필요하며 자료를 수집 보존할 필요가 있을 때에는 절차에 따라 소유자의 승낙을 받아야 한다.

4. 화인의 판단

형사소송법 제307조에는 '사실의 인정은 증거에 의하여야 한다.'라고 명기되어 있다. 화재의 원인 조사도 당연히 증거에 의하여 원인이 인정되어야 하나 화인 조사의 특수성을 고려할 때 어려운 점이 있다.

화재의 원인 조사는 과학적 진실 조사를 뜻하고 여기서는 사실의 인정을 증거에 의한다고 하였으니 이들 의미의 동일성 여부는 증거라는 것을 객관적 현상으로 파악하면 될 것이다. 증거라 하더라도 어떠한 물건이 증거로 제시되어야 한다고 거기에 구애를 받게 되면 화재가 지니는 체질적인 특성에 벗어나게 되고 오히려 화재 원인의 인정에 있어 타당성을 잃게 되는 결과가 될 수도 있게 된다.

2.4 예비 조사

화재 현장에 임할 때는 먼저 어느 곳부터 조사를 시작해야 할 것인지 막연할 때가 허다하다. 화재 현장은 화재 원인을 밝히는데 매우 중요하고 손상되기 쉬운 증거 물건이 많이 남아 있기 때문에 화재 현장을 조사하기 전에 화재 발생 전후의 제반 상황에 대하여 치밀한 예비 조사를 실시할 필요가 있다.

1. 건물의 구조, 용도, 사용자

건축물은 그 구조에 의해서 구별하는 데는 그것을 구성하고 있는 주재료를 가지고 구별하는 것이 보통으로 목조, 내화조이지만 구조 기술면에서는 가구식, 일체식, 조적식으로 구분한다. 연소의 경로, 대피나 소화 행적 등을 검토하기 위해 건물의 구획, 방위, 중요방이나 실의 위치, 건물의 주구조재, 양식, 높이(층수), 용도 구분, 주위 건물 높이(층수), 이격 거리, 통행로 등을 거주자, 시공 및 설계자 등을 상대로 하여 도면을 작성토록 하고 또 화재 전

건물의 사진이 있으면 첨부하고 화원부로 추정되는 부분에 대하여는 가급적 내부의 집적 상황까지 소상히 그려 두어야 한다.

2. 기상 관계

화재와 기상은 밀접한 관계가 있다. 일반적으로 화재는 건조한 상태나 바람이 많을 때 화재 위험도가 커져서 실효 습도 50% 이하이고 당일 최저 습도 20% 이하로서 이 상태가 2~3일 더 계속될 것이 예견되거나 풍속 10 m/s가 1시간 이상이 되고 최대 풍속 15 m/s가 예견될 경우 화재 경보를 발하게 된다.

자연 발화에 의한 화재 여건은 무풍 상태에서 습도 80%이어야 하고 정전기는 습도 45% 로서 건조한 날에 발생할 위험이 커지며 낙뢰에 의한 발화 위험은 집중 호우에 동반되는 낙뢰에 기인되므로 특수 화재의 여건이나 누전, 인화 물질에 의한 발화 위험 등의 경우에 대비하여 화재의 원인 조사가 진행되는 과정에 있어서 화재 당일은 물론 화재전 수일 분의 풍속, 풍향, 기온, 기압, 습도 등의 기상 자료를 기상청에서 알아둘 필요가 있다.

2.5 피해 상황과 보험 관련

1. 피해 상황

이재관계자로 하여금 화원부 내 집적 배열 조건의 배치 상황을 소상히 그리도록 하고 재 산상 가장 고가인 물건의 종류, 위치, 수량 등의 목록과 추산 피해액을 메모하여 현장 조사 시 물건의 존재 여부, 정도 등을 구체적으로 대조할 수 있게 하는 등 각종 조사의 기초가 될 수 있도록 해야 하고 소사자나 부상자가 있을 경우 위치를 옮기더라도 소훼 상태, 탄화 상태, 화상 또는 부상 부위를 촬영하고 부상자의 경우 부상 경위를 조사함으로써 화인의 직접 판단 요인이 될 수도 있다.

2. 보험 관련

이재관계자의 재산 관계, 은행 및 개인간의 부채나 신용 관계를 조사하고 화재 보험 관계 를 조사해야 하는데 사망자가 있을 때는 사망자의 생명 보험 가입 여부와 사인도 부검에 의해 조사할 필요가 있다. 이재관계자가 화재 보험에 가입하였다면 가입자의 화재 이력, 보험 가입 경력, 보험의 종류, 목적물, 보험 금액, 가입 동기, 가입 회사, 가입 일시, 만기 일시, 납입액과 납입 방식, 화재 당시 불입 회수, 중복 또는 초과 보험 관계 등을 조사하고 보험 가입자나 당해 상점, 회사 등의 영업 실적이나 전망 등이 조사되어야 한다.

여기서 이재관계자라 함은 화원 건물과 연소 피해를 입은 주위 건물 소유자들을 모두 포함한 이재자들을 말하는 것이며 중복이나 초과 보험 가입의 경우는 가입을 권유했거나 주선한 보험 회사원에 대해서도 가입자와 관계는 물론 권유의 동기나 이유, 보험 회사에서 사전 인지 여부 등이 조사되어야 한다.

2.6 화재 원인 조사 요령

1. 현장 보존

화재 조사 중에서 진화 후에 화재 현장에 있어서 실시하는 조사가 가장 중요하다. 현장에 있는 연소된 물건은 모두 화재 조사를 실시한 결과 판정 자료로 되고 거기에 존재하고 있는 자체가 상황 증거로 되는 것이다. 따라서 그것 때문에 현장을 현상의 그대로 보존하는 것이 필요하다. 또 현장 보존은 소화 활동 중으로부터 행해지는 것이며, 특히 남아 있는 불의 정리 시에 주의하여 진화 후의 증거물 보존에도 힘쓴다.

2. 현장 관찰 조사 요령

소손 정도 및 상황에 대한 관찰 조사의 기본은 불에 탄 것을 비교 대조하는 것이다. 대상 물건의 질·형상이 동일하지 않다면 명확한 비교는 곤란하지만 소손의 강약과 수열의 방향 등을 관찰하고 연소 확대한 불꽃의 흐름을 따라서 귀납적으로 발화 지점을 판정한다.

가) 관찰시 유의 사항

① 관찰 장소는 비화 화재, 경계 벽면에 시설된 뜨거운 열에 전도 가열에 의한 발화 등 불탄 현장 이외도 있으니 이에 주의해야 한다.

② 소훼(燒毁) 상황의 관찰은 적게 탄 부분에서 강하게(强燒) 탄 방향으로 관찰점을 이동하면서 관찰한다.

③ 구조 재질상으로 나타나는 연소 특성의 차이점에 대해 주의한다.

④ 물리적 조건에 의한 낙하 전도물에 유의한다.

⑤ 연소에 의한 멸실물이나 이동 물건에 주의한다.

⑥ 소화 시 주수된 부분에 대하여는 전체적인 소훼 상황으로 미루어 연소 경로에 부합되는지의 여부를 검토한다.

⑦ 탐문 사항이나 예비 조사 사항을 염두에 두고 조사한다.

나) 관찰 순서와 요령

소손 정도 및 상황 조사에 있어 자칫하면 일면만을 보고 발화 지점을 결정하는 사례가 있으나 그것은 종합적인 면에 있어서 오류를 범하기 쉬우므로 여러 방면으로 관찰하여 초기부터 정확하게 연소 방향을 파악하여 발화 장소와 발화 지점을 찾아야 한다.

(1) 화재로 불에 탄 건물의 전체적 관찰

현장 조사에 착수하기 전에 화재 현장 전체를 볼 수 있는 높은 곳, 인근 건물의 옥상이나 빌딩 등에 올라가 화재 건물 전체를 관찰한다.

(2) 화재 건물의 전체적 소훼(燒燬) 상황의 관찰

화재가 발생된 건물의 바깥 주변부터 중심부로 향하여 전체적으로 소훼 상황을 관찰한다.

(3) 연소 확대 경로의 관찰

앞의 ①, ②항의 전반적인 소훼 상황의 관찰에 의하여 화염의 유동 상황이나 연소 확대의 경로를 판단한다. 이때 건물 구조 소훼 정도를 상·하, 좌·우 등 입체적으로 비교 관찰하는 것이 중요하다.(탄화가 약한 곳에서 강한 쪽으로, 부분적으로 역방향도 있다)

(4) 도괴 방향에 의한 연소 경로의 관찰

낙하물, 도괴물의 집중 장소, 지붕, 서까래 등이 타서 떨어진 곳, 도괴 방향으로부터 화염의 유동 내지 진행 경로를 관찰한다.

(5) 연소(燃燒) 탄화 상황에 의한 귀납적 연소 경로의 관찰

화재 건물의 내·외벽, 가구류 등의 소절(燒切), 세연화(細燃化), 탄화 정도, 소실 등을 상·하, 좌·우로 관찰하여 연소 경로를 고찰한다.

(6) 목재 연소의 강약

탄화면의 거친 상태(凹凸)가 많고, 홈의 폭이 깊으며, 넓을수록 연소가 강하다.(주수 시의 수압에 의해 갈라지거나 쪼개지는 경우는 그 부분이 비교적 넓고 평탄하며 윤기가 있다.)

(7) 도색된 금속의 색변화

금속에 도색된 경우 온도가 낮을 때는 검정(黑)색에서 온도가 높을수록 → 발포 → 백색 → 가지색(금속 바탕)순으로 변화한다.

(8) 기타

강하게 탄 부분, 건축 구조물 등의 접합부가 불에 타서 떨어져 나간 것(拔燒) 및 열을 받아 변화된 콘크리트 박리 등의 상태를 관찰한다.

3. 현장 발굴

출화 범위 및 그 주변에는 다량의 소손된 잔해가 쌓여 있다. 그 중에는 발화원이나 착화물, 연소 매체인 가연물 또는 이것들의 실마리로 되는 흔적이 매장되어 있으므로 발굴이 필요하다. 발굴 작업은 화염의 발생과 연소 확대 요인으로 된 자료를 채취하는 것과 함께 이것들이 평면적, 입체적으로 어떠한 위치 관계로 존재하고 있는가를 명확하게 하기 위해서 행하고 출화 원인과 그 후의 화재의 진전 상황을 실증적으로 파악하기 위한 수단이다. 현장 발굴의 순서는 다음과 같이 한다.

① 상부 낙하물의 제거
② 외측에서 발화 지점 방향으로 진행
③ 수작업으로 수행
④ 발화전 상황을 알 수 있도록 복원을 생각하면서
⑤ 기록과 사진 촬영 등을 병행

4. 복원

화재 현장 조사의 기본적인 수단의 하나이다. 예를 들면 전소되어 있는 현장에 대해서는 건물 등을 복원하여 고찰의 대상으로 되게 하는 것이 필요하다. 우선 그 건물의 평면도를 작성하여 현장의 타고 남아 있는 기둥 등에 의해 처마 높이를 추측하여 지붕의 형, 지붕을 이은 재료를 밝혀서 대략 건물이 어떻게 세워져 있었던가를 판단할 수 있도록 한다. 더욱이 주된 가구나 건구 등의 소재를 밝혀서 생활 상황을 알 수 있도록 복원하면 어떻게 연소 확대해 갔는가를 알 수 있는 단서가 된다.

또 소화로 끝난 화재에 대해서도 예를 들면 가스 난로의 가열에 의해 철판을 붙인 벽의 뒷면으로부터 연소하기 시작하였다고 추정되는 경우, 가스 난로를 조리대에 놓여진 위치에 복원해 보지 않으면 출화에 도달한 메커니즘을 이해하여 검증할 수 없다.

5. 질문의 녹취

질문의 녹취는 현장 조사시에 복원할 수 없는 출화 시의 상황이나 생활 환경 조건, 출화에 달한 행위나 발견 시의 연소 상황 또, 발화원으로 추정되는 물건의 기구, 구조 등에 대해서 실시하며 화재 원인 판정상의 인적 자료로 된다. 질문하는 관계자와 청취하는 내용은 다음과 같다.

(1) 출화 행위자

화재를 발견한 자 또는 화재의 발생에 직접 관계가 있는 자로, 출화에 이르게 된 인과관계에 대해 모든 각도로 질문을 하여 구체적인 사실이 얻어질 수 있도록 할 필요가 있다.

(2) 화원 책임자

화재가 발생한 장소 또는 화재가 발생한 물건의 점유자, 관리자 또는 소유자 등으로부터 출화한 건물의 구조, 설비, 작업 내용, 화기 관리 상황, 화재 직전의 상황, 화재 보험의 가입 상황 등에 대해 질문하여 화재의 발생 요인이나 환경 등을 알아낸다.

(3) 발견자 및 통보자

소방기관이 화재를 인지하기 이전에 화재를 목격한 자 및 무엇인가의 방법이나 수단을 사용하여 소방기관에 화재를 알린 자를 말하며, 이 사람들은 화재의 초기 단계에서 화재의 상황을 목격하고 있었던 것이므로 출화 개소의 판정, 출화원이나 연소 확대의 원인 등을 알아내기 위해서 필요한 화재 발생 초기의 유력한 단서를 얻을 수 있다.

(4) 초기 소화자

소방대가 현장에 도달하기까지의 사이에 소화 작업에 종사한 자로서 연소 상황이나 사람의 행동 등에 대해 청취하여 출화 당시의 상황을 알아낸다.

(5) 기타 화재에 관계되는 자

화재의 원인이나 손해의 조사에 있어서 직접, 간접을 불문하고 무엇인가의 정보를 갖고 있다고 생각되는 자에 대해서 청취할 필요가 있을 경우도 있다. 예를 들면 화기 취급 설비나 소방용 설비 등의 제작업자, 시공자, 점검자 등을 들 수 있다.

● 질문의 녹취에 당면하여 다음 사항을 유의할 것

① 발견자, 통보자, 초기 소화자 등 중에 직접 화재의 발생에 관계없는 자에 대해서는 될 수 있는 한 화재 현장에서 청취한다.

② 출화 행위자, 화원 책임자라도 중점으로 되는 사항에 대해서는 화재 현장에서 청취하는 것과 동시에 상세한 것에 대해서는 질문 조서를 작성한다.

③ 조사원뿐만 아니라 화재 조사에 관한 중요한 정보를 청취하였을 때에는 탐문 상황 조서 등을 작성한다.

④ 관계자에게 질문할 경우, 사전에 질문할 사항을 정리하여 중복하거나 부족한 사항이 없도록 한다.

⑤ 관계자에 질문할 경우의 법적인 권한과 준수하여야 할 사항을 충분히 습득해 둔다.

6. 발견자로부터 정보 수집

화재의 특성에 따라 물어야 할 사항도 각기 약간씩 차이가 있겠으나 통상적으로 평가해야 할 사항은 다음과 같다.

가) 발견 시각

일반적으로 소방관이나 경찰관은 화재가 발생하면 시간을 보아두는 것이 습관처럼 되어 있으나 일반인에게는 대개 그러한 습관이 없으므로 텔레비전 시청 시간이나 라디오 내용 등과 같은 객관성을 띠어서 물어보거나 또는 다른 발견자와 관련시켜서 확인하는 방법을 취한다.

나) 목격 위치

초기 발견자의 진술은 목격 위치에 따라서도 자연히 달라진다. 5층 건물인 경우 동쪽 3층 사무실에서 출화했을 경우 동쪽에서 발견한 사람이 일찍 발견했다고 하면 3층 사무실이라는 것을 정확히 할 수 있으나 서쪽편에서 목격한 사람의 경우 일찍 발견했다. 하더라도 천장 지붕에서 올라오는 화염밖에 목격할 수가 없을 것이다. 따라서 실제로 그 위치에 가서 물어서 발견 상황을 조사하기 위한 조기 발견자를 여러 각도에서 알아봐야 한다.

다) 불꽃의 크기 및 빛깔

불꽃의 크기란 일정하게 결정되어 있는 것이 아니고 외부적 조건에 따라서 변화하는 것이다. 통상적으로 화재는 위쪽으로 빨리 타오르고 옆이나 아래쪽으로 타는 속도는 비교적 느리다.(수직 20 : 수평 1 : 직하 방향 0.3)

그러나 화재 현장에 도착한 때 또는 그 이후의 확대 현황에 있어서 위쪽보다는 아래쪽이나 옆이 이상하게 확대 속도가 빠른 경우에는 그 곳에 인화성 물질을 다량 집적(集積)해 놓았다던가? 또는 다른 그러한 장치가 있었다는 것을 시사해 준다. 그리고 불꽃의 빛깔로서 그 물질을 판단할 수도 있는데, 예를 들면 알코올이 타면 푸른 불꽃을 낸다는 등이다.

<표 2-1> 색에 의한 근사적(近似的) 온도

온 도(℃)	화염의 색
500~700	암적색
900	연분홍색
1100	오레인지색
1300	백열색
1500	눈부신(백) 색

라) 연기의 빛깔

① 수증기를 포함한 연기

일반적으로 수증기를 포함한 백색(白色) 연기를 보았다면 수분이나 습기를 가진 물질이 고온의 가연 물질과 접촉되었다고 하는 것을 알 수 있다.

② 백색의 연기

수증기를 포함하지 않고서 완전한 백색 연기가 나오는 경우는 방화제(防火劑)로서 흔히 쓰이는 인(燐)이 탈 때이다.

<표 2-2> 물질이 연소될 때의 불꽃과 연기의 색

연소 물질	불꽃의 색	연기의 색
벤젠(benzene)	노란색에서 흰색	회색에서 흰색
아세톤(acetone)	파란색	검은색
윤활유	노란색에서 흰색	회색에서 갈색
라커 희석제	노란색에서 붉은색	회색에서 갈색
휘발유	노란색에서 흰색	검은색
나프타(naphtha)	엷은 노란색에서 흰색	갈색에서 검은색
니트로셀룰로스(nitrocellulose)	적갈색에서 노란색	
식용유	노란색	갈색
종이	노란색에서 붉은색	회색에서 갈색
섬유	노란색에서 붉은색	회색에서 갈색
파라핀(paraffin)	노란색	검은색
인	흰색	흰색
고무		검은색
나무	노란색에서 붉은색	회색에서 갈색

③ 흑색의 연기

　통상적으로 연기는 대부분 검은 연기가 많은데 이것은 모든 물질이 불완전 연소를 할 때 검은 연기가 올라오게 된다. 고무·석탄·석유 등이 탈 때는 더욱 현저하다.

④ 회색의 연기

　회색의 연기가 나오는 것은 농촌 같은 곳에서 건초 또는 퇴적된 짚이 연소될 때에 많이 발생한다.

⑤ 황색 또는 홍갈색(紅褐色)의 연기

　다이너마이트 또는 트리니트로톨루엔(TNT)와 같은 물질이나 셀룰로이드 초화선 (硝火線) 같은 니트로셀룰로오스기(基)를 갖는 물질이라면 황색이나 홍갈색(붉은 빛깔의 거무스름한 주황빛)의 연기가 나온다.

⑥ 냄새

　처음 발화 당시에 나는 냄새에 대해서도 알아봐야 한다. 일반적으로 전기로 인한 화재는 처음에 고무 타는 냄새가 나며 그 이외 어떤 물질이든 탈 때는 그 물질의 특유한 냄새가 난다. 알코올, 석유·휘발유 등 모두 각기 다른 냄새를 내고 있다.

⑦ 불꽃의 위치

　불꽃을 어디서 처음 보았느냐 하는 것은 목격 위치라던가 불꽃의 크기와 더불어 물어야 할 일이다. 만약 한 화재 사건에 있어서 전연 독립된 불꽃을 2개 이상 인지했다고 한다면 그것은 방화의 의심을 갖게 하는 것이다.

이 외에도 그 화재 사건의 성격에 따라 이상하던가? 확인해야 할 것은 여러 사람에게 물어 정확한 확인을 하는데 주력해야 한다.

7. 입회인

타고 남은 현장으로부터 화재 발생 전에 있어서의 상태가 파악되지 않는 경우가 많으며 또 현장 조사 전에 얻은 관계자의 진술도 반드시 현장의 탄 자리와 일치하지 않는다. 따라서 현장 감식에 있어서 필히 관계자를 입회인으로 하여 설명을 듣는 것이 출화 원인을 규명하는 과정 중의 중요한 의의를 갖고 있다.(발화 건물의 도면 작성, 설비나 화기 기구의 위치, 작업 상황, 사람의 출입 등)

입회인의 선정은 출화한 장소 또는 소손 물건에 대해서 권한을 가지고 있는 사람(소손 물건의 점유자, 관리자 또는 소유자)으로 하지만 이외에 출화 범위의 상황을 가장 잘 알고 있는 자(종업원, 작업 책임자 등) 등 복수 입회인을 입회시키는 것이 필요한 경우도 있다.

8. 보조 조사

현장 조사에 있어서 출화 원인을 판정할 수 없을 경우 또는 판정될 수 있어도 그 뒷받침을 위해 감정, 실험, 각종 문헌 데이터의 결과로부터 과학적 타당성을 도출하여 출화의 가능성을 증명할 필요가 있을 경우도 있다.

가) 감정

현장으로부터 자료를 채취하여 화재 원인의 판정을 보조하기 위해 전문적인 지식, 기술 및 실험을 구사하여 화재에 관련된 물건의 형상, 구조, 재질, 성분, 성질 및 이들에 관련한 현상에 대해서 과학 기술적 수법에 의해 필요한 실험을 행하는 것을 말한다.

감정의 종류로서는 적외선 분광 광도계에 의한 재질의 분석, 가스 그로마트그래프에 의한 기체, 액체의 성분 분석, 질량 분석법, 현미경 분석, 시차열-천평에 의한 발화점 측정 등 여러 가지 방법이 있다.

나) 실험

화재 발생에 대해서는 과학 이론적으로 해명되지 않는 부분이 많으며, 과학적으로 입증하는 수단으로서 재현 실험 등이 있다. 현장 조사에서 얻어진 각종 자료에 의거하여 추정된 발화원의 출화의 가능성 등에 대해서 재현 실험을 하여 그 결과를 가해서 판정 자료로 한다. 실험 예로서는 각종 약품의 혼합 발화 실험, 기름이 묻은 포 등의 발열 실험, 정전기 발생 상황의 측정, 건물 등의 일부 및 전부를 재현한 연소 실험 등이 있다.

9. 사진 촬영 및 도면 작성

현장 조사시에 현장의 상황을 촬영한 사진은 현장 상황 조서를 작성하기 위한 필요 불가결한 보조 자료로서 중요한 증거 자료이다. 따라서 사진이 첨부되어 있지 않은 조서는 조사 사실의 일부를 잃은 것과 같은 것이라고 할 수 있다. 현장 사진은 있는 그대로의 현장이 선명하게 찍혀 있을 것이 필요하다.

가) 사진 촬영상의 유의할 점

사진은 소손 상황, 물건의 존재 및 상태를 정확하게 포착할 수 있으며, 촬영자가 독자적으로 판단해서 촬영해도 현장 조사자가 필요한 개소와는 관계없이 조서의 첨부 자료가 될 수 없는 사진이 되는 수가 있다. 따라서 현장 조사자가 요구하고 있는 사진은 어떤 목적을 하고 있으며, 그것 때문에 어디를 어떻게 촬영하면 좋은가를 충분히 배려함과 아울러 현장 조사자의 지시에 따라서 피사체를 선정하여 촬영한다.

소손된 건물 내부를 촬영한 사진은 후에 어떤 부분을 촬영한 것인가를 알기 곤란하게 되는 경우가 많아서, 일정 범위의 부분을 확대해서 촬영하는 경우에는 기둥, 가구 등의 일부를 넣어서 촬영함으로써 피사체의 존재 위치를 알기 쉽게 된다. 근접 장소에 이와 같은 목표 물건이 없을 경우에는 촬영하려고 하는 범위를 넓혀서 1장을 추가하여 2장으로 구성하도록 한다.

사진 촬영에 의한 현장 보존은 전체를 조사하여 부분을 명확히 한다는 조사의 법칙에 따르기 위해서도, 진화 후 가급적 빨리 소실 현장 전체의 상황을 알 수 있도록 촬영하여 둔다. 타다 남은 부근에 주의하여야 하며 헐리게 되면 건물이나 그 부분의 구조를 알 수 없게 될 우려가 있거나 또 타다 남은 출입구나 창문 등도 촬영하여 둔다.

도괴 위험이 있는 부분은 촬영 후 헐도록 한다. 또 위험물의 저장 상태나 일시적인 보관물에 대하여도 이동시키기 전에 촬영하여 둔다. 그밖에 계량기나 배·분전반, 시설물의 발화와 직접·간접으로 관련이 있거나 연소 확대의 매개가 되었다고 생각되는 전기 제품이나 전선 등은 정리 작업 중에 제거되는 경우도 있으므로 미리 촬영해 두는 것이 좋다.

나) 사진 내용

① 연소 및 연소 경로를 명확히 하는 내용

② 원인 판정상 입증이나 반증을 해 줄 수 있는 내용

③ 기타 화재 감식에 필요한 것과 일반적인 소훼 상황

다) 촬영할 때 주의 사항

조사 보고서를 유형적으로 보완할 수 있는 내용이 되도록 찍는다.

① 기준이 되는 것을 함께 찍는다. 예로써 목적물이 되는 피사체의 위치 상태를 명확히 하기 위하여 잔존 불연물, 고정물, 기둥 등을 넣어 찍거나 다른 물건과 구별할 필요가 있는 경우에는 로프, 끈 등으로 표시하거나 둥근 표지, 화살표 같은 지시물을 넣어 찍는다.

② 촬영 장소, 방향을 명시해 둔다.

③ 현장 조사 당일에 촬영하여야 한다.

④ 변색 상황을 찍을 때는 밝기와 광선에 주의하고 그림자는 넣지 않는다. 피사체의 크기, 거리를 객관화하기 위하여 자를 대고 찍는다.

⑤ 소손된 전기 계기구나 물건은 정면과 측면 및 뒷면을 촬영한다.

⑥ 분해하였다면 안쪽의 소손 상황도 확인 할 수 있도록 촬영한다.

⑦ 전기 용흔 등 발화원인 판정상의 물증이 확인될 경우는 화살표 등의 표식을 적극적으로 이용한다.

⑧ 화면에 인물을 넣지 않는다. 다만 현장 복원 시에 행위자의 상황을 함께 넣는 경우는 예외로 한다.

라) 조사 서류에 첨부할 사진

① 높은 곳에서 찍은 전경(1장으로 안될 때는 여러 장을 이어서 전경으로 한다.)

② 전반적인 연소 상태에서 연소 경로를 알 수 있게 찍는다.

③ 반대 방향에서도 찍어 둔다.

④ 연소 상태의 끝난 부분이 잘 알 수 있도록 찍는다.

⑤ 발견 상황에 관계 있는 목표물이나 물건 등을 설명하는데 필요한 것이 있으면 포함하여 찍는다.

⑥ 초기 연소 부분 특히 발화 부분에서 수직으로 화세가 상승된 부분을 찍는다. 낙하물이 있는 상태와 제거한 뒤 소훼 상태를 들어낸 것을 각각 비교될 수 있게 찍는다.

⑦ 발화 위치를 "0"또는 "~"표를 하여 찍는다. 소실한 경우에는 동일 품목의 사진도 참가한다.

⑧ 기타 현장 복구 시는 타고 남은 부분과 탄 부분이 확실하게 구별되게 찍고, 일련의 시설물, 기계 등은 그 기구가 설명되도록 찍는다. 또 인명 피해가 있는 경우에는 머리·등·배의 방향, 주위의 소훼 상황 등과 생활 반응과의 관련 상황 등을 알 수 있게 찍는다. 그리고 화재 출동하여 현장 도착 시의 화재 상황(소방차가 도착 즉시라는 것이 알 수 있게)을 찍는 것을 잊지 말아야 한다.

마) 첨부 도면

① 현장 안내도
② 소손 건물 배치도
③ 출화 건물 평면·입면도
④ 출화 개소 부근 평면·입면·단면도
⑤ 발화원 및 관계 물건의 평면·입면·단면·전개도
⑥ 사진 촬영 위치도
⑦ 기타 참고 도면 등

바) 현장 조사를 위해 준비할 물품

화재 현장에 출동할 경우에는 미리 준비하여 둔 준비물을 가지고 나가는 것이 여러 가지로 좋은 점이 많다. 준비해야 할 물품을 다음과 같다.

① 갱지, 봉지, 방안지 및 봉투(대, 중, 소) 약간
② 필기 용구, 인장, 풀, 각 1개
③ 카메라 및 부속품 일체
④ 줄자, 확대경, 자석 각 1개
⑤ 보자기, 유지 및 셀로판지, 노끈, 번호판, 유리병, 유리 접시(시계용)
⑥ 핀셋, 칼, 가위, 톱, 이식용 삽, 양동이, 비 각 1개
⑦ 탄화 심도 측정용 소척 및 백묵
⑧ 지문 및 발의 흔적 채취 용구
⑨ 회중 전등
⑩ 관내 지도

MEMO

전기화재감식공학

제 2 편

전기 화재 발생 현상

Chapter 3

화재 통계와 전기 화재 발생 과정(Process)

3.1 화재 통계

통계(統計 : statistics)란 어느 분야이건 어떤 사건의 결과를 눈으로 직접 확인하고, 이해할 수 있도록 구체적인 숫자 등으로 표현하는 기법이다.

화재 통계는 원인과 장소별로 발생 건수와 피해 내역 등을 숫자로 나타내는데, 통계는 집단에 관한 것으로서, 사회의 발전과 함께 발달해 왔으며, 오늘날의 사회 생활과 과학은 통계 없이는 존재할 수 없다 해도 과언이 아닐 정도로 그 중요성이 깊게 인식되어 있다.

통계는 그 결과에 따른 원인을 분석한 후 대책을 제시함으로써, 국가나 단체의 정책 방향이나 목표를 설정하는데 활용되고, 미래에 일어날 수 있는 사태를 예측하기도 한다. 이렇듯 중요한 의미를 갖기 때문에 통계는 정확하여야 하며, 그 수집 방법에 있어서도 객관적이고 과학적이어야 한다.

통계 자료를 수집할 때는 개인의 주관적인 요소가 작용하여서는 안 되며, 진실을 규명하겠다는 진솔함이 깃들여질 때 비로소 시책에 활용할 수 있는 통계가 될 수 있다. 화인은 가연물, 공기, 점화원과의 상관 관계를 어떻게 밝히느냐에 성패가 달려 있으며, 정확한 화재 조사의 산물이 화재 원인 조사 통계이다.

통계 작성의 정확성과 함께 원인별 분류 내용이 화재 예방 자료, 교육 자료, 연구 자료 및 대국민 홍보 자료 등으로 활용할 때 매우 중요한 요소이므로 미국이나 일본 등 선진국의 화재 통계는 조사 과정에서의 정확성과 과학적인 방법으로 집계됨으로 신뢰도가 매우 높아 화재 예방 대책을 세우는데 중요한 지표로 활용되고 있다.

1. 총괄(總括)

<표 3-1> 최근 10년 전기 화재 피해 현황

(단위 : 건)

구 분	총 화재	전기 화재(%) (점유율)	전기 화재 인명 피해(명)		재산 피해액 (백만 원)
			사 망	부 상	
2011	43,875	10,662(24.3)	27	245	57,938
2012	43,247	10,481(24.2)	48	364	72,747
2013	40,932	10,100(24.6)	43	285	73,720
2014	42,135	9,445(22.4)	31	304	75,080
2015	44,435	8,979(20.2)	36	273	77,173
2016	43,413	8,962(20.6)	47	296	70,671
2017	44,178	9,264(20.9)	32	201	111,763
2018	42,324	10,452(24.7)	86	464	122,984
2019	40,103	9,459(23.6)	41	331	231,321
2020	38,659	9,329(24.1)	39	359	133,600
평균	42,330	9,713(22.9)	43	312	102,699

※ 출처 : 국가화재정보시스템

2. 최근 10년 전기 화재

<표 3-2> 전기 화재 통계 그래프

(단위 : 건)

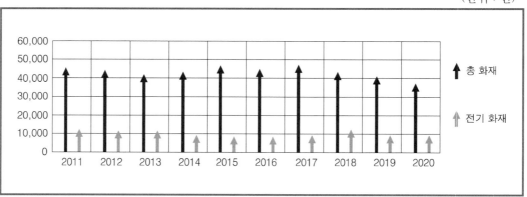

3. 최근 10년 전기 화재 현황

<표 3-3> 전기 화재의 발화 형태별 현황

(단위 : 건)

구 분 \ 발화형태	계	단락(短絡 : short circuit)					과부하	누전지락	접촉불량	반단선	기타
		절연열화	트래킹	압착손상	층간	미확인					
2011	10,664	2,665	691	743	125	2,608	1,259	509	957	176	931
2012	10,488	2,457	726	717	112	2,722	1,196	486	954	153	965
2013	10,103	2,561	715	670	111	2,540	1,094	415	981	138	878
2014	9,445	2,492	750	568	96	2,396	926	386	892	176	763
2015	8,897	2,290	799	606	97	2,170	871	326	950	151	719
2016	8,962	2,334	923	571	96	2,091	928	329	980	173	537
2017	9,264	2,362	894	582	92	2,455	870	317	994	184	514
2018	10,452	2,609	1,169	644	95	2,540	1,073	390	1,140	223	569
2019	9,459	2,238	1,068	558	106	2,512	779	321	1,058	200	619
2020	9,329	1,969	1,211	463	113	2,665	744	340	949	212	663

※ 출처 : 국가화재정보시스템(자동차, 선박, 항공기 등의 전기화재 포함)

결과적으로 화재 감소 목표와 예방 대책을 세울 때 지표로 삼은 화재 통계는 화재 발생 시 정확한 원인 조사로 화재의 원인을 규명한 후 검증된 조사 결과가 통계되어야만 그 수치를 신뢰할 수 있고 그것이 정책 자료로 반영될 때 시행착오 없이 화재가 감소할 수 있다.

화재 조사 시 화인으로 추정한 수치나 검증되지 않은 건수가 통계 수치로 집계된다면, 그와 같은 통계 수치를 분석하여 화재 예방 대책을 수립하므로 그에 따른 시책(時策)에 커다란 시행 착오가 발생할 수밖에 없다.

우리나라의 전기 시설이나 설비 등에 대한 설계, 감리, 시공 및 안전 관리 기술은 선진국 수준에 근접하였으나 전기 화재 사고의 원인 규명과 예방 대책은 그렇지 못하다.

특히 전기 사고 중 가장 피해가 심각한 전기 화재 사고는 주택이나 아파트, 공장 점포 등에서 주로 많이 발생하고 있으며, 1972년 이후 최근 49년 동안 평균 약 30%로 전체 화재 중 가장 많이 발생하여 귀중한 국민의 생명과 소중한 재산을 앗아갔고, 국가 경제 발전의 발목을 잡고 있는 복병으로 작용하고 있다.

우리나라의 현행 화재 조사 제도는 조사기관이 다원화되어 있고 그 기준과 방법이 다르며 정통한 조사 이론이나 지침이 없어서 조사 기술 정보와 정밀 과학적 조사 분석 능력에 한계를 드러내고 있을 뿐만 아니라 너무 성급히 결과와 대책만을 강요하는 문제점을 안고 있다.

반면에 선진국에서는 국가 차원에서 화재 조사 요원을 양성하고, 화재 조사용 기자재의 첨단화와 사용의 극대화로 화재 원인을 명확히 규명한 후 그에 따른 예방 대책을 구체적으로 제시, 정책에 반영하여 화재를 근원적으로 예방하여 전기 화재를 감소시키고 있다.

<표 3-4> 주요 국가의 전기 화재 점유율 비교(2018년)

국 가	총 화재(건)	전기 화재(건)	전기 화재 점유율(%)	전기 화재 /인구(만 명)	비 고
일 본	37,981	7,373	19.4	0.58	–
대 만	27,922	2,971	10.6	1.24	–
영 국	26,537	3,541	13.3	0.51	주거시설 화재
한 국	42,337	9,240	21.8	1.79	–

※ 자료 : (일본) 소방청의 '火災年報'
　　　　(대만) 내정부통계처의 '內政部統計月報'
　　　　(영국) 정부의 'Fire Statistics Great Britain'
　　　　(한국) 소방청 국가화재정보센터, 통계청 국가통계포털

2018년 우리나라 전기 화재 점유율은 21.8%이었다. 주요 국가의 화재 현황은 표와 같으며, 일본은 우리나라와 비교하면 화재 건수, 전기 화재 점유율 및 인구대비 등 전반적으로 낮다. 대만은 전기 화재 점유율이 10.6%로 가장 낮은 수치를 나타내고 있으며 우리나라와 비교한 인구대비 전기 화재 또한 낮은 수치를 나타내고 있다.

영국은 주거용 전기 화재 점유율 13.3%로 우리나라보다 8.5% 낮으며, 인구대비 전기 화재 또한 우리나라보다 낮게 나타났다.

2018년 우리나라는 전반적으로 화재가 많이 발생하였으며, 전기 화재 점유율 및 전기 화재 인구대비 등 높은 수치를 나타내고 있다.

국가마다 통계 수집 절차 및 분류 방법은 경제적, 산업여건에 따라 그 나라 특성에 맞는 다각적인 분석 방법으로 우리나라의 통계 분석 방법과는 차이가 있다.

※ 출처 : 2020년 한국전기안전공사 전기재해통계분석

3.2 전기 화재 발생 과정(過程 : process)

전기 화재란 전기적 원인이 발화원으로 되는 화재를 말하며, 전기 화재의 발생 과정을 살펴보면 전기 에너지가 변환되어 발생한 열이 발화원(發火源)이 되어 일어난 화재와 절연물의 도체로의 변질, 네온사인의 고압부에서의 누설 방전이나 낙뢰 등 천재 지변에 의한 절연 파괴, 노후, 자연적 원인뿐만 아니라 취급 부주의나 방화 등 인위적인 원인에 의해 발생되는데, 전기 기기 기구의 제작 불량에 의한 화재와 설계·구조적 결함으로 인한 화재, 불안전한 시공에 의한 누전이나 열 발생, 안전 장치의 부작동(不作動) 등 고장 및 사용자의 부적절한 사용 방법이 요인이 되어 발생한 화재로 분류할 수 있다.

전기 에너지가 변환되어 발생한 열의 종류에는 줄열(Joule's heat)이나 방전 스파크 및 아크(Arc)로부터 발생된 열속(熱束) 등이 있으며, 줄열이 발생하는 가장 큰 요인으로는 단락이나 지락 등과 같이 전기 회로(電氣回路) 외(外)로의 누설에 의한 경우로 전압이 인가된 충전 부분(充塡部分)에 도체 접촉 등이 있고, 그 다음으로는 중성선 단선과 같은 배선의 1선 단락(一線 短絡 즉, 地絡)이나 전동기(motor)의 과부하 운전 등 부하의 증가, 배선의 반단선(半斷線)에 의한 전류 통로의 감소와 국부적인 저항치의 증가, 각종 개폐기·차단기류 등을 고정하는 나사가 느슨해져 국부적인 저항이 증가하여 줄열에 의해 발열하는 경우 등이다.

전기 배선 또는 코드가 가구 등의 무거운 물건에 깔리거나 진동에 의해 피복이 손상되어 회로 외로의 누설에 의한 경우, 전기 제품의 플러그와 콘센트의 사이에 먼지가 쌓여 습기를 포함하면 전기 통로가 형성되는 트래킹(tracking) 현상과 부품의 열화 등에 의한 누설 전류가 흘러 발생하는 전기적 조건의 변화 등이 있다. 또한 전기 설비가 규격 미달이나 노후된 경우, 전기 설비를 변경할 경우, 혹은 전기 설비가 잘못 사용되거나 기기와 맞지 않을 경우에 화재가 발생할 수 있다.

방전 스파크나 플래시오버(flashover)가 발생하는 요인으로서는 절연 파괴, 정전기, 뇌(雷) 등이 있다. 고장에 의한 화재는 주로 안전 장치가 작동하지 않거나(不作動) 기기의 손상(損傷) 등에 의한 것이며, 부적절한 사용 방법에 의한 화재는 안전 장치를 고쳐서 도리어 그 기능을 나빠지게 수리하는(改惡) 것과 취급 부주의 등에 수반되는 것이 있다. 본문에서는 전기의 열 변환에 의해 발생한 전기 화재에 대해서 기술하며, 전기 화재 발생까지의 경과 과정은 <표 3-5>와 같다.

<표 3-5> 전기 화재 발생까지의 프로세스

전기화재	줄열	전기적 조건의 변화	배선의 1선 단선	3상 3선식 배선의 1선 단선	3상 모터의 단상 운전
				단상 3선식 배선의 중성선 단선	중성선 단자부 체결 불량
			국부적인 저항치의 증가	아산화동 증식 반응	전선 등 동(銅)도체가 스파크 등으로 인해 발생
				접촉 저항의 증가	코드, 단자 등의 접촉 불량, 체결 불량
				반단선(半斷線)	코드의 굽히거나 접힘 등으로 소선 10% 단선. 1선 단선 등
			부하의 증가		모터의 과부하 운전
					코드류의 과부하 통전
					고조파에 의한 과전류
			임피던스의 감소		코일의 층간 단락
					커패시터의 절연 열화
					반도체 등의 전기적 파괴
		회로외로 누설	충전부에 도체 접속	지락·누전(주로 비접지측 충전부에 도체 접촉)	코드·케이블류의 피복 손상 후 건물·구조물 등의 금속부에 접촉
				단락(양극 충전부에서의 도체 접촉)	코드의 바닥 깔림, 접히거나 굽혀짐, 스테이플 손상(찔림)
	절연파괴	절연물의 도체로 변질. 절연물 표면에 도체 부착		트래킹 현상	각종 스위치류 양(兩)극간
				보이드(void)에 의한 절연 파괴	고압 전기 설비의 단자판, 고압 부품
				은(銀) 마이그레이션	직류 기기의 단자간
		전기 기기의 고압부로부터의 누설 방전			고압 변압기, 네온 배선, 충전부 등으로부터의 방전
		정전기 방전			유동 액체, 유동 분체, 인체 등
		뇌(雷; 낙뢰)		간접뢰(유도뢰)	지락 경로에서의 과전류 통과
				직접뢰(직격뢰)	낙뢰 지점에서의 용융, 지락 경로에서의 과전류 통과
	고장	사용방법 부적절	개조불량(改惡)	전류·온도 퓨즈	동선 등 부적합한 퓨즈 등으로 교체
			기구의 사용방법 부적절	잘못 생각함. 오작동	다른 기기와 착각하여 플러그·스위치 잘못 넣음. 잘못하여 스위치가 ON됨.
				스위치 끄는 것(OFF) 망각	과열. 물 없는 포트 등을 통전 방치(목욕통에 불을 때는 것)
			가연물과의 위치, 관리 부적절	조명 기구	백열 전구 등에 가연물 접촉, HID·할로겐 램프 소손 시 파편 낙하 등
				전열 기구	기구 위에 의류 등의 낙화 접촉
			이물 혼입	금속물의 혼입	전기 기기 내에 도전물 혼입
				액체물 적하(滴下; 액체가 방울져 떨어짐)	전기 기기 내에 도전성 액체의 혼입

Chapter 4
전기 기초 지식

4.1 전기(電氣 : Electricity)란?

전기(電氣)를 영어로 electricity라고 하며, 이것은 그리스어의 'elektron'에서 유래한 말로 본래는 호박을 의미하고 있다. 그리스의 자연 철학자였던 탈레스(Thales)는 이 불가사의한 호박을 비롯하여, 신비의 광석으로 알려졌던 마그네스(magnets)에 대해서 자세히 연구했다. 탈레스 이후 2천여 년이 지난 16세기 말에 영국의 엘리자베드 여왕의 시의(侍醫)였던 W. 길버트는 자철광이나 호박에 대하여 여러 가지 실험을 한 끝에 자기(磁器)나 마찰 전기에 대해서 알아냈다. 이것은 최초의 과학적인 연구로 전기라는 학문은 이때부터 탄생되었다고 할 수 있다.

또한 번개도 구름에 모인 마찰 전기가 일으키는 불꽃 현상으로 동양에서 쓰는 전기(電氣)의 "電"자는 번개를 뜻하는 "雷"자에서 유래한 것이며, "氣"라는 말에는 눈에 보이지 않는 기운이 존재하는 뜻으로 電氣로 사용하고 있다.

1. 우리나라에서 '전기(電氣)'라는 용어가 사용된 유래

1866년 혜강 최한기(惠岡 崔漢綺) 선생이 '신기천험(身機踐驗)'을 편수하면서 벤자민 홉슨(Benjamin Hobson)이 저술한 '박물신편(博物新編)'의 전기론(electricity)을 '電氣'라는 제목으로 초기(抄記, 抄錄)하여 수록하면서부터 사용하게 되었다.

2. 우리나라 최초의 전기 사용

1887년 3월 6일 경복궁 건청전 향원전 연못의 물을 끌어올려 증기 발전기 3(kW) 2대를 돌려 16(촉광) 아크등 점등. 1900년 4월 10일 한성전기가 종로에 가로등 3등을 점등하면서 최초로 민간 점등이 시작된 후 점차 가정에 보급되었다.

3. 전기의 속도는 빛의 속도

전기의 속도는 전파나 빛의 속도와 같으며, 1초에 300,000킬로미터(km)로 지구를 7.5바 퀴나 진행할 수 있다.(300,000 km/s)

4.2 전류 · 전압 · 저항 등 전기 이론의 기초

1. 전하(電荷 : electric charge)란?

모든 전기 현상의 근원이 되는 실체(實體)로 대전(帶電)되어 있는 물체는 전하를 가진다 고 하고, 하전(荷電) 상태에 있다고 한다. 전하의 크기를 전기량이라고 하며 항상 기본 전 하량(基本電荷量 $e = 1.6021 \times 10^{-19}$C)의 정수배가 된다.

전하는 음양(陰陽)의 구별이 있으며, 양전하(陽電荷 : proton), 정전하(靜電荷 : positive charge), 전자(電子 : electron), 부전하(negative charge)로 분류되고, 그 분포에 따라 여 러 가지 전기 현상이 일어나는데, 분포 상태가 변하지 않을 때가 정전하(positive charge) 이며, 전하가 이동하는 현상이 전류이다.

2. 전류(電流 : electric current)

전하(電荷)가 연속적으로 이동하는 현상으로 전류를 흐르게 하는 원동력이 되는 전원의 능력을 기전력(起電力), 전류가 흐르는 통로를 전기 회로, 전류에 의하여 에너지를 공급받 는 장치를 부하(負荷)라 한다.

전류의 세기는 도선(導線)의 임의의 단면적을 1초 동안 1C(쿨롬)의 정전하(靜電荷)가 통 과할 때의 값을 단위로 하여 1A(암페어)라 하며, 정전하의 이동 방향을 전류의 양(陽)의 방향으로 정한다. 도선을 흐르는 전류에는 그 크기 및 방향이 변하지 않는 직류(直流)와 크기와 방향이 시간과 더불어 변하는 교류(交流)가 있으며, 사인파 교류(正弦波交流)인 경 우 전류의 세기는 1주 기간의 제곱평균값인 실효값으로 표시한다.

즉, 교류 전류의 최대값이 I_m일 때 실효값 I는 $I = I_m / \sqrt{2} = 0.707 I_m$ (A)이다.

전류는 전원에서 공급받은 전위(potential) 에너지를 부하로 전달해 주는 작용을 하는데, 이 과정에서 발생되는 중요한 현상으로 발열 작용 · 자기 작용 및 화학 작용을 들 수 있다.

전류의 발열 작용은, 전류가 지나는 도선 내에서 자유 전자가 도선 내의 원자 또는 전자와 충돌하여 열(줄열)을 발생하는 현상을 말한다.

이 때 열은 $H=0.24I^2R=0.24V^2/R(\text{cal/s})$로 표시되며, 이 관계를 줄의 법칙(Joule's law)이라 한다. 여기서 $R(\Omega)$는 도선의 전기 저항, $I(\text{A})$는 전류의 실효값, $V(\text{V})$는 도선의 양끝에 가해진 전압의 실효값이다.

이 열은 백열 전구·전기 밥솥·전기 다리미·전기 저항로 등에 이용되지만, 일반 전기 기기에서는 이 열의 발생으로 전력의 손실을 가져오며, 기기 내의 절연성이 떨어지는 원인이 되기도 한다. 따라서 각종 배선에서는 이로 인한 사고의 방지를 위해 전선의 지름 및 피복 종류에 따른 안전한 상태를 나타내는 안전 전류 또는 허용 전류를 규정하고 있다.

3. 전압(Voltage)

전기장 또는 도체 내 두 점 사이의 전기적인 위치 에너지 차(差)를 말하며, 전위차라고도 한다. 실용 단위는 볼트(V)이며, 1쿨롱(C)의 전하가 전위차가 있는 두 점 사이에서 이동하였을 때에 하는 일이 1줄(J)일 때 그 두 점 사이의 전위값, 즉 전압을 1V로 한다.

4. 저항(抵抗 : Resistance)과 옴(Ohm)

금, 은, 동과 같이 자유 전자가 많은 물질은 전류가 흐르기 쉽고, 유리, 고무, 도자기와 같이 자유 전자가 적은 물질은 전류가 흐르기 어렵다.

<표 4-1> 전압 · 전류 · 저항의 단위

양(量)	단위	읽는 방법	단위의 관계
전압	kV	킬로볼트	$1\,\text{kV}=1,000\text{V}=10^3\text{V}$
	V	볼트	V
	mV	밀리볼트	$1\,\text{mV}=0.001\text{V}=10^{-3}\text{V}$
	μV	마이크로볼트	$1\,\mu\text{V}=0.000001\text{V}=10^{-6}\text{V}$
전류	A	암페어	A
	mA	밀리암페어	$1\,\text{mA}=0.001\text{A}=10^{-3}\text{A}$
	μA	마이크로암페어	$1\,\mu\text{A}=0.000001\text{A}=10^{-6}\text{A}$
저항	Ω	옴	Ω
	kΩ	킬로옴	$1\,\text{k}\Omega=1,000\text{A}=10^3\Omega$
	MΩ	메가옴	$1\,\text{M}\Omega=1,000,000\,\Omega=10^6\Omega$

이와 같이 전류가 통과하기 어려운 정도를 표시하는 것을 전기 저항(電氣抵抗 : electric resistance) 또는 간단히 저항이라고 한다. 저항은 전기 전도율의 역수(逆數)로 실용 단위는 옴(ohm)이고, 기호는 R, 단위 기호는 Ω을 사용하며, "1Ω이란 1V의 전압을 가했을 때 1A의 전류가 흐르는 도체의 저항"을 말한다.

5. 전력(電力 : electric power)과 전력량(電力量)

전류가 1초 동안에 하는 일, 즉 전기적 일률을 전력이라 하고 기호는 Power의 머리글자를 따서 P를 사용하며, 단위로는 와트(W), kW, MW 등을 사용한다. 실용 단위는 와트(W : Watt) 또는 킬로와트(kW)가 쓰이고, 전력량의 단위에는 와트초(Ws) 또는 킬로와트시(kWh)를 사용한다. 즉, 1A(암페어)의 전류가 1V(볼트)의 전위차(電位差)가 있는 곳을 흐를 때에 소비되는 전력은 $1V \cdot A(W)$가 되며, 이 전류가 t초간 흘렀을 때에 소비되는 전력량은 $V \cdot A \cdot t(Ws)$로 된다.

한편 교류에 의해서 공급되는 전기 에너지는 시시각각 변화하므로 보통 1주 기간에 공급되는 전전력(全電力)을 주기로 나눈 평균 전력으로 표시하며, 전압·전류의 실효값을 $V_w \cdot I_w$로 하고 전압과 전류의 위상차(位相差)를 θ로 하면, 전력 $P = V_w \cdot I_w \cos\theta$로 된다. 이런 경우 $\cos\theta$는 전기 기기(電氣機器)의 역률(力率)이라 하고, 저항만을 갖는 회로에서는 $1(\theta=0)$이고 평균 전력은 전압과 전류 실효값의 곱이 된다.

와트(Watt)는 일률의 단위로 1볼트의 전압으로 1암페어의 전류를 통할 때의 전력의 크기에 해당하며, 영국의 기계 기술자인 와트(Watt James)의 이름에서 따온 것으로 기호는 W를 사용한다.

6. 기전력(起電力 : electromotive force)

전압을 일으킬 수 있는 근원이 되는 능력이라고 말할 수 있다. 도체(導體)의 내부에 전위차(電位差)를 생기게 해서, 그 사이에 전하(電荷)를 이동시켜 전류를 통하게 하는 원동력이 되는 것을 말한다. 단위는 Volt를 사용하고 기전력을 일으키는 작용에 따른 종류로써 자속의 변화에 따라 발전기의 전자 유도 법칙에 따른 유도 기전력, 열 기전력, 전지의 화학적 기전력, 광전지(光電池)의 광 기전력 등이 있다. 전지나 발전기 등은 다른 형태의 에너지를 전기 에너지로 바꿈으로써 지속적으로 기전력을 얻을 수 있도록 고안되어 있으며, 회로를 열었을 때의 단자(端子) 사이의 전위차로 정의한다.

7. 역률(力率, PF ; Power Factor)

　교류 회로에 있어서 유효 전력(有效電力)과 피상 전력(皮相電力)과의 비를 뜻하며, 직류 회로에 있어서는 전압과 전류와의 곱이 전력이 되나, 교류 회로에 있어서는 전류와 전압의 실효치와의 곱(積)이 반드시 전력으로 되지는 않는다.

　전선에 전류가 흐를 때 여러 가지 요인으로 에너지화하지 못하고 축적 내지 방출을 되풀이하여 전력 손실을 발생시키는데, 전선 밖으로 누설될 수 있는 전류도 있고 전선이 함유하고 있는 불순물로 인해 전류가 제대로 흐르지 못할 수 있기 때문이다. 이렇게 아무 쓸모 없이 사장되어 버리는 전류를 빼고 남은 나머지에 전압을 곱한 것을 유효 전력이라고 한다.

　교류에서는 전압과 전류와의 곱을 피상 전력이라 하고, 이에 역률을 곱해야 비로소 전력이 된다. 즉, 실제 전압 및 전류에 어떤 인수(factor)를 곱한 것으로 이 인수는 회로의 종류에 따라서 다르며, 인수를 그 회로의 역률이라 한다. 또한 전력을 소비하는 부하에 대해서는 부하의 역률이라 한다. 교류 회로에 있어서는 전압이나 전류는 정현파(사인파) 모양으로 변동하여 양자의 정현파 위상이 반드시 일치하지 않는 경우도 있기 때문이다.

　위상각의 차이를 θ로 표시하고, 전압을 V, 전류를 I라 하면, 유효 전력 $P = VI\cos\theta$로 된다. 따라서 전류와 전압이 정현파인 경우 역률은 그 사이의 상차각의 여현으로 표시된다.

　이와 같은 이유로 θ를 그 회로 또는 부하의 역률각이라 한다. 피상 전력은 VI이므로, 유효 전력을 피상 전력으로 나눈 $VI\cos\theta/VI = \cos\theta$가 역률이고, 보통 퍼센트로 표시된다. $\theta = 0$이면 $\cos\theta = 1$이 되어 전력은 최대가 되는데, 이것은 역률이 대부분 1보다 작다는 것을 의미하고, 최고가 1이고 최저는 0이 된다.

　한편, 전류의 흐름을 방해하는 저항의 경우는 전류를 열로 발산하여 전기 에너지를 전부 소비한다. 이와 같이 무효 전력이 발생하지 않고 에너지로 모두 소비하는 전열기나 백열 전구와 같이 전기 에너지를 열 에너지로 바꾸는 것에서는 역률은 1이 되나, 전동기나 변압기와 같이 철심을 갖고 철심에 교류 전원으로부터 흘러들어 온 전류의 일부에 의하여 자속(磁束)을 발생시켜 에너지를 자기(磁氣)적으로 저장함으로써 작동하는 것 및 커패시터와 같이 정전(靜電)적으로 에너지를 저장하는 것에서는 역률이 저하한다.

　역률이 나쁘다는 것은 그만큼 에너지화하지 못하는 전류가 많아진다는 의미이고 같은 전력을 효과적으로 쓰지 못한다는 의미도 된다. 이를 개선하는 역할을 하는 기기를 커패시터(Capacitor)라고 한다.

　역률을 개선하면 전기 기기나 배선의 능력을 충분히 발휘할 수 있게 만들고 전력 손실도 적어져 전기 절감 효과가 있다. 역률이 떨어진 상태에서 전력을 기기에 일정량 공급하기 위해서는 더 많은 유효 전력을 전선으로 공급해야 하지만, 역률을 개선하면 유효 전력 비율이 증가하므로 전보다 적은 전력을 보내도 기기를 작동시킬 수 있다는 의미가 된다. 또한 역률 개선에 의해 에너지화할 수 있는 전류가 많아지면 기기 능력에 여유가 생겨 증설하지 않아도 부하를 늘릴 수 있다.

8. 각종 전기 관련 단위와 기호

가) 인덕턴스(Inductance)

회로를 흐르고 있는 전류의 변화에 의해 전자기 유도로 생기는 역(逆)기전력의 비율을 나타내는 양으로, 인덕턴스의 실용 단위이며, 기호는 H(henry)를 사용한다. 역기전력으로서 자기 자신의 것을 취하는 자체 인덕턴스와 결합되어 있는 상대방의 것을 취하는 상호 인덕턴스가 있다. 매초 1A의 비율로 일정하게 변화하는 전류를 흘렸을 때, 1V의 기전력을 일으키는 자체(自體) 인덕턴스와 상호 인덕턴스의 값을 1H라고 한다.

1H은 10^9 cgs 전자기 단위와 같다. 자기 감응 현상(自己感應現象)을 발견한 Joseph.헨리의 이름을 따서 붙인 것이다.

이들 크기의 기호는 L(Self-Inductance : 자체 인덕턴스)과 M(Mutual Inductance : 상호 인덕턴스)이다. 1893년의 국제전기학회에서 승인되었다.

나) 리액턴스(Reactance)

회로 요소(回路要素)가 가지는 전기적 특성의 하나로 회로를 흐르는 사인파(sine波) 교류에 대하여 그 전압과 전류 사이에 진폭 변화와 함께 위상차를 생기게 하는 작용을 말한다. 일반적으로는 복소수(複素數)로 나타낸 교류 저항(임피던스)의 허수부(虛數部)로 정의된다. 커패시터나 코일은 이러한 성질을 나타내는 대표적인 것이다. 전압에 대해서 전류의 위상이 뒤지는 것을 양(陽) 또는 유도 리액턴스(誘導- : inductive reactance), 앞서는 것을 음(陰) 또는 용량 리액턴스(容量- : capacitive reactance)라고 한다. 리액턴스에서는, 전력은 전기장 또는 자기장의 에너지로 축적·방출되어 저항과는 달리 손실이 생기지 않으므로 무효 전력(無效電力)이라고 한다.

다) 임피던스(Impedance)

전기 회로에 교류를 흘렸을 경우에 전류의 흐름을 방해하는 정도를 나타내는 양으로, 임피던스 Z는 전압을 V(V), 전류를 I(A)라고 하면 단위는(Ω) 기호는 Z가 쓰이며, 전압 E에 의해서 흐르는 전류를 I라고 하면 $Z = E/I$(Ω)로 구해진다. 임피던스는 주파수에 관계

없는 저항 R과 주파수에 따라 크기가 변화하는 리액턴스 X로 나뉜다.

다만 전압·전류도 실효값을 사용하며, 그 크기 외에 위상(位相)을 나타낼 필요도 있으므로, 일반적으로는 벡터량으로 다루며 복소수 $Z=R+jX$(j는 허수 단위)로 표시한다. 이 경우를 복소 임피던스라고 하며, 보통 임피던스라고 하면 이것을 가리키는 경우가 많고 실수부분 R을 저항, 허수 부분 X를 리액턴스라고 한다. 복소 임피던스를 사용하면 교류 회로의 계산은 직류 회로와 마찬가지로 할 수 있다.

예컨대 f(Hz)의 주파수에 대하여 저항 R(Ω)과 자기 인덕턴스 L(H)의 코일 및 커패시턴스 C(F)의 축전기가 보이는 직렬 복소 임피던스(impedance)는

$$Z=R+j\omega L+(-j\times 1/\omega C)=R+j(\omega L-1/\omega C)\ (\Omega)$$

이 된다.

라) 줄(Joule)

에너지와 일의 MKSA 단위이며 기호는 J를 사용하고, 1(J)$=1$(N·m)$=10^7$(erg)이다. 1J은 1N의 힘으로 물체를 1m 움직이는 동안에 하는 일 및 그 일로 환산할 수 있는 양에 해당하며, 1W의 전력을 1초간에 소비하는 일의 양과 같다. 영국의 물리학자 J. P. 줄의 이름을 딴 것이다.

마) 쿨롬(Coulomb)

전기량의 실용 단위로 1암페어(ampere)의 전류가 1초 동안 운반하는 전기량(電氣量)을 나타낸다. 전기량의 MKSA 단위이며, 기호는 C를 사용한다. 국제 단위로는 1가(價)의 은(銀)이온 0.00111807 g이 가지고 있는 전기량이라 정의된다. 1쿨롬은 정전기적으로는 상당히 많은 양이며, 3×10^9 cgs 정전 단위에 해당한다. 이 전기량은 프랑스의 토목공학자이자 물리학자인 C. A. 쿨롱의 이름에서 연유되었으며, 1881년에 개최된 국제 전기회의에서 채택되었다.

바) 패럿(Farad)

1쿨롬의 전기량으로 대극간(對極間)에 1볼트의 전위차를 내는 양으로, 전기 용량의 실용 단위이며 기호는 F를 사용한다. 패럿은 영국의 화학자·물리학자인 패러데이(Faraday, Michael)의 이름에서 연유되었다.

패러데이의 전자기학 연구는 다방면에 걸쳐서 진행되었는데, 전류의 자기 작용(磁氣作用)을 조사, 전자기 회전과 전자기 유도 및 전기 분해 법칙 등을 발견하였다.

9. 도체 · 부도체 · 반도체

금, 은, 동(銅), 알루미늄, 철 등은 전기가 통하기 쉽지만, 운모, 유리, 고무는 전기가 통하기 어렵다. 이와 같이 전기를 통하기 쉬운 물질은 "도체", 전기를 통하기 어려운 물질을 "부도체(또는 절연체)"라 한다. 이 도체와 부도체의 차이는 "자유 전자"를 갖고 있는 물질인가 아닌가에 따라 구분되며, 자유 전자는 원자핵에 얽매이지 않고 물질 중을 자유로이 돌아다니고 있다. 그 물질에 전압이 가해지면 자유 전자는 마이너스에서 플러스를 향해 힘을 받아 움직이기 시작하여 전기가 흐른다.

한편, 부도체는 원자핵과 전자가 단단히 서로 손을 잡고 있으므로 전압이 걸려도 이동을 개시하지 않는다. 따라서 전류는 흐르지 않는다.

반도체란 전기를 통하기 쉬운 도체와 전기를 통하기 어려운 부도체(또는 절연체)의 중간 물질로, 반도체는 일반 금속과는 역으로 고압이 됨에 따라 저항률($\Omega \cdot m$)이 작아진다. 또한 빛을 대면 기전력(起電力)이 발생하거나 불순물을 섞으면 저항률이 크게 변화하는 등의 특징이 있다.

10. 소선의 용단 특성(W. H. Preece의 실험식)

용단(溶斷 : Fusion)이란 전선 · 케이블 · 퓨즈 등에 과전류가 흘렀을 때 전선이나 퓨즈의 가용체가 녹아 절단되는 현상을 말한다.

<그림 4-1> 전선의 용단

용단 전류 $I_s = \alpha d^{3/2}$ (A)

　　　d : 선의 직경(mm), α : 재료 정수, α의 값 : 동(銅) 80

　　① Al 59.3, 철 24.6, 주석 12.8, 납 11.8

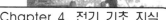
② 비닐 코드(0.75 mm²/30本) 0.18 mm 한 가닥 용단 전류는?

$I_s = \alpha d^{3/2}$ (A)로부터

$$I_s = 80 \times 0.18^{3/2} = 80 \times \sqrt{(0.18 \times 0.18 \times 0.18)} = 6.1 \,(\mathrm{A})$$

③ 2.0 mm 연동선 한 가닥의 용단 전류 $I_s = \alpha d^{3/2}$ (A)로부터

$$I_s = 80 \times 2.0^{3/2} = 80 \times \sqrt{(2.0 \times 2.0 \times 2.0)} = 226.24 \,(\mathrm{A})$$

11. 금속의 용융점

주석 230℃, 납 327.5℃, 아연 420℃, 알루미늄 660℃, 놋쇠 900℃, 은 960℃, 금 1,063℃, 동 1,083℃, 니켈 1,450℃, 철 1,535℃, 텅스텐 3,410℃

4.3 옴의 법칙, 줄의 법칙

1. 옴의 법칙(−法則 : Ohm's law)

도체 내의 2점간을 흐르는 전류의 세기는 2점간의 전위차(電位差)에 비례하고, 그 사이의 전기 저항에 반비례한다.

즉, "저항이 일정하면, 전류는 전압에 비례하고, 또한 전압이 일정하면 전류는 저항에 반비례한다."는 법칙으로 전위차를 V, 전류의 세기를 I, 전기 저항을 R이라 하면, $V = I \cdot R$(V), $I = V/R$(A), $R = V/I$(Ω)의 관계가 성립한다. 균일한 크기의 물질에서 R는 길이 l에 비례하고 단면적 S에 반비례하며 $R = \rho(l/\mathrm{S})$(Ω)이다.

여기서 ρ는 물질 고유의 상수이며 고유 저항이다.

2. 줄의 법칙(Joule's Law) : 전류(電流 : Current)와 그 작용

대전체를 도선으로 연결하면 순간적으로 전하가 이동되어 전위차가 없어진다. 그러나 전원에 의해 끊임없이 전하가 보충되어 전위차가 일정하게 유지되어 있으면 세기가 변하지 않는 계속적인 전류가 흐른다.

이와 같은 전류를 정상 전류(定常電流)라 하며, 전류의 세기는 단위 시간에 이동하는 전하량으로 실용 단위는 암페어(A)이다. 이것은 도선의 단면을 1초 동안에 통과하는 전하가 1C일 때의 전류의 세기를 1A로 한 것이다.

도선을 흐르는 전류의 세기 I는 도선의 양쪽 끝의 전위차 V에 비례하므로 $V = I \cdot R$되어 옴의 법칙이 성립한다. 이때의 비례 상수 R은 전류가 흐르기 어려운 정도를 나타내는 것이므로 전기 저항이라고 한다. 그 값은 도체의 재료나 형태, 크기 등에 의해 결정되며, 1V의 전위차로 1A의 전류가 흐르는 전기 저항을 1Ω이라고 하고 전기 저항의 실용 단위로 한다. 전하가 축적하고 있는 전기 에너지는 전류로서 흐를 때만 외부에 방출된다.

즉 전위차 V_1과 V_2 사이를 I(A)의 전류가 흐르면 1초마다 $I \cdot (V_1 - V_2)$(J)의 에너지가 발생한다. 이 '전위차×전류'로 주어지는 전류에 의한 일률을 단위 와트(W)로 표시하는데, 어느 시간 내에 발생하는 전기 에너지는 이 와트 수에 전류가 흐른 시간을 곱한 것이 된다. 보통 전력량(電力量)의 단위로 사용되는 킬로와트시(kWh)는 1 kW의 전력을 1시간 사용하여 얻을 수 있는 에너지를 단위로 한 것으로 3.6×10^6(J)에 해당한다.

가) 전류가 흐르면 전선에 열이 발생한다.

전류가 흐르기 쉬운 전선이라 하더라도 모든 전선에는 저항이 존재하므로 전선 속을 전기가 흘러 전자가 저항체 속을 이동하면 전자가 원자와 충돌하기 때문에 발생하는 열 진동 에너지에 의해 줄열이 발생한다.

전류가 흐르면 도선에 열이 발생하는데, 이것은 전기 에너지가 열로 바뀌는 줄열(-熱 : Joule's heat) 현상이다. 발열(發熱) 이외에 전력이 소비되는 경우는 전동기를 제외하면, 발열량 Q는 전류 I(A)의 제곱과 전기 저항 R(Ω) 및 전류가 흐른 시간 t초에 비례한다. 이것을 식으로 표시하면 $Q = I^2 \cdot R \cdot t$(J)이 된다. 즉, 1(J)=1/4.2(cal)=0.24(cal)의 관계가 있으므로

$Q = 0.24 I^2 \cdot R \cdot t$(cal)=$0.24 V \cdot I \cdot t$(cal)로 된다. 전력을 줄의 법칙에 적용하면 $P = E \cdot I = E^2/R = I^2 \cdot R$(W = J/s)로 나타낼 수 있다.

따라서 전류가 일정하면 전기 저항이 클수록 발열량은 많아진다. 예컨대 여러 가지 전기 저항을 가진 도선을 직렬로 연결한 회로에서는 전기 저항이 가장 큰 부위가 가장 높은 온도로 되므로 전열기 등에는 저항값과 녹는점이 높고, 쉽게 산화되지 않는 니크롬선이 사용된다. 또 금속과 금속의 접촉부는 산화되거나 아크(Arc)에 의해 접촉 저항이 커지기 때문에 여기에 큰 전류를 흘리면 접촉부가 녹는 현상은 전기 용접에 이용된다.

출화 개소에서 단위 시간당 줄열이 증가하는 경과에는 줄의 법칙에 의하면 회로의 전류

치 또는 저항치 어느 하나의 증가가 있을 것이다. 보통의 경우 전원 전압은 일정하므로 옴의 법칙으로부터 저항치가 감소하면 전류치가 증가하며, 그 전류치의 2승에 비례하여 줄열이 증가한다.

이와 같은 경과를 거쳐 실제로 많은 화재가 발생하고 있다. 또한 옴의 법칙에서 저항치가 증가하면 전류치는 감소하며 줄열은 전류치의 2승에 비례하여 감소하므로 회로 전체의 줄열은 감소한다. 그러나 회로의 1부분이 다른 부분에 비해 높은 저항치를 갖고 있을 경우, 그 부분에 전류가 흐르면 국부적으로 다량의 줄열이 발생하였을 때도 전기 화재는 발생하고 있다.

이외에도 전압치가 증가하는 사상(事象 : 어떤 사정 밑에서 일어나는 현상)도 있기는 하지만 전기적 요인에 의한 줄열의 화재는 이 두 종류의 것이 대부분이다.

나) 전류 주위에는 자기장이 발생한다.(앙페르의 법칙)

자기장의 세기는 도선으로부터의 거리에 반비례하고 방향은 전류 방향에 오른 나사를 돌릴 때의 회전 방향으로 향하는 자기장이 나타난다. 또한 도선을 원통형으로 감은 코일의 경우는 코일이 자석과 동등하게 되고, 철심을 넣으면 자기장의 세기가 더욱 커진다. 이 경우 자기장의 세기는 전류의 세기와 코일의 형상이나 길이, 감은 수 및 철심의 자기 투과율 등에 의해 정해지며, 자기장의 방향은 전류의 방향으로 회전하는 오른 나사의 진행 방향과 일치한다.

이 형식은 전자석이나 변압기 등에 사용된다. 전류의 자기 작용은 전하의 운동에 의해 자기장이 발생되는 현상이지만, 이와 반대로 자기장이 변화하면 그 속에 놓인 도선으로 전류를 흐르게 하려는 기전력이 나타난다. 도선의 회로가 닫혀 있으면 전류가 흐른다. 이 현상이 전자기 유도이며, 발전기나 변압기 등의 원리이다.

다) 자기장 속의 도선에 전류를 흐르면 이 도선에는 힘이 작용한다.

자기장 속에 놓은 도선에 전류를 흐르게 하면 이 도선에는 힘이 작용한다. 이 힘은 전류와 자기장의 방향이 평행일 때에는 나타나지 않고, 직교(直交)하고 있을 때 자기장의 세기와 자기장 안에 있는 부분의 도선의 길이 및 전류의 세기의 곱에 비례하는 크기를 가지며 플레밍의 왼손 법칙에 의해 정해지는 방향으로 작용한다. 즉 왼손의 가운뎃 손가락을 전류 방향으로, 집게 손가락을 자기장 방향으로 향하게 하고 엄지 손가락을 이와 직각으로 벌리면, 엄지 손가락 방향이 힘의 방향을 가리킨다. 이 자기장이 전류에 미치는 힘은 전기 에너지를 역학적 일로 변환시키는 전동기 등에 이용된다.

라) 전류는 어떤 종류의 용액을 통과할 때 화학 작용을 일으킨다.

식염수에 전류를 통하게 하면, 음극에서 수소가 발생하고 양극에서 염소가 발생한다. 이것은 염화나트륨이 전류에 의해 분해되어 생기는 것으로 이와 같은 현상을 전기 분해, 전류의 작용에 의해 분해되는 물질을 전해질이라 한다.

전기 분해에 의해 전극에 석출되는 물질의 양은 전해질을 통과한 전하의 전기량에 비례한다. 또 전하 1C의 통과에 의해 용액에서 석출되는 물질의 질량은 물질의 종류에 따라 정해지므로 이것을 그 물질의 전기 화학당량(電氣化學當量)이라 하고, 전류의 이 작용은 구리(銅)·알루미늄 등의 제조와 전기 도금 등에 이용된다.

4.4 교류(交流 : Alternating Current)와 직류(直流 : Direct Current)

1. 교류(交流 : Alternating Current)

흐름의 방향이 시간에 따라 주기적으로 변하는 전류나 전압을 말하며, 교번 전류(交番電流) 또는 교번 전압(交番電壓)이라고도 한다.

대표적인 교류는 사인파의 파형을 가지는 전류나 전압이며, 1개의 파형이 끝나는 시간을 주기(週期 : 단위 초) T라 하고, 주기의 역수인 1초 동안의 파형의 수를 주파수(周波數 : 단위 Hz 또는 cycle)라 하며, 파형이 최대가 되는 값을 최대값 또는 진폭(振幅)이라 한다. 파형은 사인파 모양으로 변화하는 사인파 교류와, 그렇지 않은 비(非)사인파 교류, 직류와 같이 왕복 1쌍의 도체로 송전할 수 있는 단상 교류(單相交流), 3개 이상의 도체를 사용하지 않으면 송전할 수 없는 다상 교류(多相交流), 방향 변화의 주기가 일정한 것과 그렇지 않은 것 등이 있다.

주파수가 높은 교류를 고주파라 하고, 사인파 이외의 파형의 것을 왜형파 교류(歪形波交流)라고 한다. 이 파형은 직류 성분과 주파수가 다른 많은 수의 사인파 교류 성분의 집합으로 이루어졌다. 교류를 직류와 비교하면, 변압기를 사용해서 효율적으로 자유롭게 전압을 바꿀 수 있다는 점이 최대의 장점이다.

또 교류용의 전동기·발전기에는 정류(整流)가 필요하지 않고, 전기 화학 작용이 적으며, 도선(導線)의 부식 등이 잘 일어나지 않는 등의 이점이 있다. 대체로 사용되는 전기 에너지의 대부분이 50 Hz 또는 60 Hz의 사인파인 3상 교류로서 발전되고, 송·배전되어 이용하는 말단에서는 3상 또는 단상 교류를 사용하며, 전기 철도나 전기 화학 공업에서는 대부분 직류로 바꾸어서 사용한다.

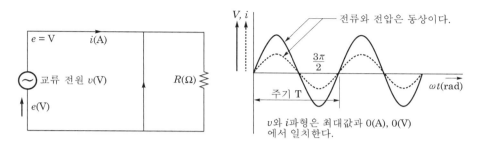

<그림 4-2> 저항만 있는 회로에서 전압·전류의 파형과 주기의 관계

저항 $R(\Omega)$의 저항기에 기전력 $e(V)$의 교류 전원을 접속하였을 때 $R(\Omega)$의 양단에 발생한 전압 $v(V)$와 회로에 흐르는 전류 $i(A)$의 관계는 교류 기전력의 순시값 $e = \sqrt{2E} \sin \omega t \, (V)$이다.

여기서 전원의 양단과 $R(\Omega)$의 양단은 같기 때문에 $e = v$이므로 $E = V$가 된다.

2. 직류(直流 : Direct Current)

건전지(乾電池)에서의 전류와 같이 항상 일정 방향으로 흐르는 전류를 말하며, 문자 기호로는 DC(Direct Current)로 나타낸다. 직류를 얻으려면 건전지나 축전지가 가장 좋으나, 고전압이나 대전류를 얻으려면 어려워진다.

일반적인 전지 1개에서는 대략 2V의 전압밖에 얻을 수 없으며, 흐를 수 있는 전류도 전지의 용적이 제한됨에 따라 일정 한도가 있다.

따라서 대용량의 직류는 직류 발전기를 이용하거나 교류를 정류(整流)하는 방법으로 만드는데, 전기의 이용 측면에서 보면 전지의 충전이나 전기 분해의 전원, 전자 회로의 전원 등은 직류가 아니면 안 되지만 전열이나 전등은 교류라도 무방하므로, 변압기를 사용하는 송전선이나 배전선 및 회전 자기장을 발생시키는 전동기 등은 교류로 사용한다.

전기가 실용화된 초창기에는 직류가 주로 사용되었고, 도시의 배전도 일부에서는, 직류가 사용되었으나 직류에서는 변압기가 사용되지 않아 전압을 쉽게 높이거나 또는 낮출 수 없으므로 단상 교류와 3상 교류가 실용화됨에 따라 발전·송전·배전은 모두 교류로 이루어지게 되었다.

동력으로서의 전기의 이용에는 직류나 교류도 사용되지만 교류 전동기와 달리 직류 전동기는 속도 조절이 자유롭다는 장점이 있다.

한편 정류기의 발달로 교류에서 직류를 쉽게 만들 수 있으므로 전동기의 전단까지는 교류로 보내고, 전동기는 정류기를 통해 직류 전동기를 운전하는 경우도 있다. 직류 송전은 리액턴스에 의한 전압 강하가 없다는 장점은 있으나 송전 전압이 충분히 높지 않으면 경제적인 문제가 있고, 교류 고전압을 정류하여 직류로 송전하고 그것을 받는 쪽에서 다시 교류로 바꾸는 기술에 많은 문제가 있다.

4.5 전기 재료 · 부품 : 도전 재료, 절연 재료, 저항기, 커패시터, 코일 등

1. 도체(導體)와 부도체(不導體)

많은 물질 중에는 전기를 잘 흐르게 할 수 있는 성질의 물질(구리, 은, 알루미늄, 금, 철 등)이 있는 반면, 통과하기 어려운 것도 있다. 고무나 대리석, 유리 같은 물질은 전기가 잘 통하지 않는다. 전기가 잘 흐르는 물질을 도체라고 하고, 유리나 대리석, 고무, 플라스틱 등과 같이 전기가 통과하기 어려운 물질을 부도체 또는 절연체(絶緣體)라고 한다.

순수한 물은 부도체이나 여기에 염분이나 산, 알칼리 등이 용해되어 있으면 도체가 된다. 예를 들면 소금($NaCl$)을 물에 녹이면 Na^+라는 (+)이온과 Cl^-이라는 (−)이온으로 분해된다. 이와 같은 액체를 전해액(電解液)이라고 하며, 전해액에 전압을 걸면 (+)이온은 음극 쪽으로, (−)이온은 양극 쪽으로 이동하게 되어 전류가 흐르게 된다.

기체는 본래 부도체이지만, 아주 높은 전압이 걸리면 절연이 파괴되는 현상이 일어나 전류가 흐르는데, 이런 현상을 기체 방전(氣體放電)이라고 하며, 형광등이나 수은등은 바로 이 기체 방전을 이용한 것이고, 벼락이 떨어지는 것도 절연 파괴에 의한 기체 방전의 한 현상이다.

도체와 부도체의 차이점은 금속과 같은 도체에서는 원자핵에 구속을 받지 않고 자유로이 움직일 수 있는 자유 전자가 많이 있지만, 전체로 보면 모든 방향의 전자 이동은 서로 상반되어 전류는 흐르지 않지만, 일단 금속에 전압을 인가하면 자유 전자는 (−)극에서 (+)극으로 향하는 힘을 받아서 움직이므로 전류가 흐르게 된다. 하지만 유리나 고무와 같은 부도체에서는 원자핵과 전자의 결합이 굳게 되어 있어서, 전자는 원자핵으로부터 벗어나지 못해 쉽게 움직일 수 없다. 이 때문에 전류가 흐르기 힘든 것이다.

2. 절연 재료(絶緣材料 : Insulating Material)

전기나 열이 목적하는 이외의 곳으로 전달되지 않도록 하기 위해 사용하는 재료로 기체·액체·고체로 나눌 수 있다. 공기·산소·질소·수소 등과 같은 기체도 양호한 기체 절연 재료가 되며, 액체로 된 절연 재료는 석유계 절연유·실리콘유 등이 있고, 고체 절연 재료는 무기질 재료(마이카(mica)·석면·대리석·황 등), 자기계 재료(애자와 애관), 유리계 재료(석영 유리·소다 유리·납유리 등), 섬유질 재료(목재·종이·면사·견직물·마사(麻絲)·폴리에스테르·폴리에틸렌 등의 합성 섬유), 수지계 재료(폴리스티렌·폴리프로필렌·폴리에틸렌·폴리염화비닐·나일론 등), 고무계 재료(천연 고무·에보나이트·부틸 고무·클로로프렌 고무·실리콘 고무 등), 니스(varnish)계 재료(니스를 침투시켜 사용하는 니스크로스·니스페이퍼 등 이외에도, 합성수지계 니스로서 에폭시수지니스·포르말수지니스·실리콘니스 등)가 있다. 절연 재료의 내열성에 관한 국제 규격은 다음과 같다. 기존의 C종이 없어졌다.

<표 4-2> 절연재료의 종류(KS C 4004, IEC 60085에 의한 내열 구분)

내열(耐熱) 크라스	허용 최고 온도(℃)	내열(耐熱) 크라스	허용 최고 온도(℃)
Y	90	H	180
A	105	200	200
E	120	220	220
B	130	250	250
F	155	250℃ 이상은 25℃ 간격으로 규정	

3. 저항기(抵抗器 : Resistor)

금속이나 비금속의 저항체에 단자를 붙여 고정·가변 저항을 얻는 장치로 금속제의 것은 전동기의 속도 제어용이나, 부하의 전류 제어용으로서 가변 저항으로 만들어 사용하는 것이 많고, 저항의 크기 및 흘릴 수 있는 전류의 크기에 따라 그 형태나 크기가 다양하다. 저항체로는 니크롬·망가닌·콘스탄탄 등의 저항선을 감은 권선 저항과, 탄소 피막에 의한 탄소 저항, 금속의 도금층이나 금속 산화물의 막을 사용한 박막 저항(薄膜抵抗), 탄소분과 수지를 소결(燒結)한 솔리드 저항, 반도체를 사용한 저항 등이 있다.

저항기는 공급된 전압이나 전류를 트랜지스터나 직접 회로(IC)가 필요로 하는 크기로 조정하고, 커패시터와 결합하여 잡음 제거 및 신호 지연 작용을 하는 전자 제품의 필수 부품으로 저항값과 허용차에 따라 그 종류가 다양하다.

저항값의 표시는 숫자로 표시하기에는 부품이 너무 작고 한 눈에 알아보기 힘들기 때문에 컬러 코드(color code)로 표시하며 읽는 법은 다음과 같다.

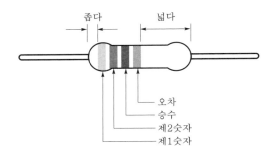

<그림 4-3> 저항기의 컬러 코드

저항기가 소형화되면서 몸체에 저항값을 나타낼 수 있는 색띠를 입히게 된 것으로 색띠는 보통 저항기 몸체에 4~5줄의 띠로 표시하며, 리드선에 가장 가까이 있는 색띠가 1번 색이고, 12가지 색(무색이 포함되면 13색)으로 표시한다.

위 그림에서 저항기의 저항값은 황=4, 자(보라)색=7, 등(주황)=3, 금=±5%이므로 저항은 $47×10^3=47\,k\Omega$이고, 정밀도=±5%이다.

띠가 4개일 경우 3번째까지는 저항값을 의미하는데 1번 색은 십자리, 2번 색은 단 자릿수를 나타내며 3번 색은 앞의 제 1, 2색대의 숫자에 곱하는 숫자를 나타낸다. 마지막 4번 색은 표시된 저항값의 허용차를 뜻한다.

예를 들어 띠가 노랑·보라·빨강·금색 순으로 칠해져 있다면 1색대인 노랑은 4, 2색대인 보라는 7이므로 47이 되고, 3색대의 빨강이 표시하는 1백을 곱하면 이 저항기의 저항값은 $4.7\,k\Omega$이 되며 허용차인 4색대가 금색이므로 ±5%이다. 이 저항기는 $4.7\,k\Omega$용으로 허용차가 ±5%이므로 $4.5~4.9\,k\Omega$ 사이의 제품에 사용할 수 있음을 의미한다.

<표 4-3> 저항기 컬러 코드(color code)

구 분		검정	갈색	빨강	주황	노랑	초록	파랑	보라	회색	흰색	금색	은색	무색
제1색대	1번째 수	0	1	2	3	4	5	6	7	8	9			
제2색대	2번째 수	0	1	2	3	4	5	6	7	8	9			
제3색대	1·2번째의 수에 곱한다.	$×$ 1	$×$ 10	$×$ 100	$×$ 1000	$×$ 10^4	$×$ 10^5	$×$ 10^6	$×$ 10^7	$×$ 10^8	$×$ 10^9			
제4색대	오차(%)		±1	±2			±0.5	±0.25	±0.1			±5	±10	±20

4. 커패시터(Capacitor)

커패시터는 전력·전자 분야에서 저전압 및 무효 전력 보상, 제어 신호 발생, 주파수 선택, 정류용 필터, 분압 장치, 개폐 서지 흡수 등 그 사용 목적에 다양한 용도로 사용한다.

커패시터의 기본 구조는 <그림 4-4> (a)과 같이 2개의 평판 전극과 전극 사이에 절연물(유전체)을 넣은 형태이며, 실제의 커패시터는 될 수 있는 대로 금속판의 면적을 넓게 하고 소형화하기 위해 금속판이 아니라 얇은 금속박이며, 극히 얇은 절연물을 사이에 넣어 그림 (b), (c)와 같이 롤(roll) 모양으로 감거나, 샌드위치처럼 여러 층으로 쌓은 구조로 되어 있다.

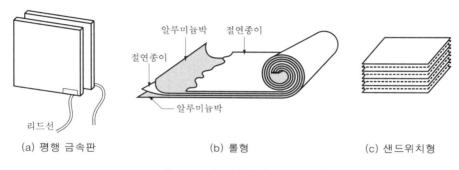

(a) 평행 금속판   (b) 롤형   (c) 샌드위치형

<그림 4-4> 커패시터의 기본 구조

시판되고 있는 전력용 커패시터의 외부 및 내부의 형태는 단상용, 3상용, 접지용과 전압의 종별에 따라 다소 차이는 있으나 기본적인 구조는 <그림 4-4>와 같이 유사하다.

커패시터의 원리와 특성을 살펴보면 전기 회로에는 저항과 같이 에너지를 소비하는 소자와 용수철이나 플라이휠과 같이 에너지를 저장할 수 있는 기능을 갖는 소자가 있다. 전기장은 전장과 자장으로 구분되고, 이를 총칭하여 전자장(電磁場 : Electromagnetic Field)이라 하고, 코일과 같이 전자석에 의한 자장이 가지는 에너지를 저장할 수 있는 소자를 유도성(誘導性 : inductive) 소자, 커패시터와 같이 전하의 축적에 의한 전장이 가지는 에너지를 저장할 수 있는 소자를 용량성(容量性 : capacitive) 소자라 한다.

가) 커패시터의 기본 특성

전력 계통에 이용되고 있는 커패시터는 전하의 축적과 급방전 작용, 고주파 통과 작용, 진상 작용을 하는 특성이 있다.

<표 4-4> 커패시터의 종류

종 류	용 도	특 징
종이 커패시터	산업용 전기·전자 기기 사용	신뢰성, 안정성 우수
금속 종이 커패시터 (MP 커패시터)	텔레비전의 수평 회로, 세탁기 및 냉장고 전동기의 분상용	소형, 경량, 자기 회복 작용. 신뢰성이 높다.
플라스틱 필름 커패시터	텔레비전, 비디오 등의 전자 회로에 널리 사용	소형, 경량. 신뢰성이 높다. 전기적 특성이 좋다. 유전체로 한 필름 종류로 호칭이 다르다.
금속 플라스틱 필름 커패시터		
자기 커패시터 (세라믹 커패시터)	텔레비전, 비디오 등의 고주파 회로 및 온도 보상을 필요로 하는 회로 등에 사용	고주파 특성이 좋고 유전체 종류로 온도 특성이 다른 것을 얻을 수 있다. 가장 소형, 경량이다.
마이카 커패시터	산업용 전자 기기 및 용량의 정밀도를 요하는 회로에 사용	경년 열화 적고, 온도 특성 좋다. 용량의 정밀도 좋다.
알루미늄 전해 커패시터	텔레비전, 비디오의 전원 회로, 결합 회로, 바이패스 회로 무극성 타입은 냉장고·세탁기 등의 커패시터 시동 모터의 시동용에 사용	다른 것과 비교해 전기적 특성이 나쁘지만, 소형으로 대용량의 것이 가능하다.
알루미늄 고체 전해 커패시터		상기의 전해 커패시터와 비교하여 저온 특성이 좋다.
탈탄 전해 커패시터 (전해질 액체)	텔레비전, 비디오 등 결합 회로, 바이패스 회로 등에 사용	상기의 전해 커패시터와 비교하여 전기적 특성이 좋다.
탈탄 고체 전해 커패시터		전해 커패시터 중에서 가장 수명이 길다.

나) 전하의 축적과 급방전 작용

커패시터는 전하를 축적하기도 하고, 전하가 축적된 커패시터에 외부 회로를 연결하면 그 전하는 급히 방전하는 특성이 있다. 커패시터는 회로에서 분리된 뒤에 방전이 되지 않으면 항상 감전 위험이 있으므로 작업시 반드시 방전시켜야 함을 잊어서는 안 된다.

다) 사용 목적에 따른 커패시터의 종류

진상용, 고조파 필터용, 서지 흡수용과 접지용 커패시터 등이 있다.

라) 진상 작용

커패시터에 교류 전압을 인가하면 전압의 파형보다 전류의 위상을 90° 앞서서 흐르게 하는 진상 특성이 있어 변압기, 전동기 등과 같은 유도성 리액턴스 회로에 접속하면 늦은 위상의 전류를 상쇄하여 보상분만큼 진상시키는 작용을 한다.

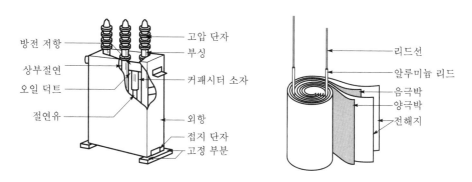

<그림 4-5> 전력용 커패시터의 내부 구조

마) 관찰 및 조사 포인트

경년 열화 및 제조 잘못 등에 의해 유전체의 일부가 절연 파괴를 일으켜 단락 상태가 되기도 하고, 전극판과 리드선과의 접합 부분이 단선되는 것도 있다. 또한, 전해 커패시터는 전해액이 증발하여 내부 압력이 증가하기도 하고, 용량이 감소하는 것도 있다.

내부 압력이 매우 증가하면 파열할 우려가 있기 때문에 대형의 전해 커패시터에는 내부 압력 감소용의 밸브가 붙어 있어 내부 압력이 기준값 이상으로 되면 밸브가 열려 압력을 외부로 방출하는 구조의 것 또는 내부 압력의 이상을 검출하여 전극과 단자간의 리드선을 자동적으로 절단하여 커패시터에 흐르는 전류를 차단하는 구조의 것도 있다. 습기가 많은 장소에서 사용하고 있는 경우는 트래킹(tracking)을 일으켜 절연이 저하되어 발화하는 경우도 있다.

① 원통형 전해 커패시터에서 출화된 경우에는 커패시터의 박막상에 단락 흔적이 나타나고, 접속 단자 부분에 국부적인 손상과 단락에 의한 용융흔이 나타난다.

② 커패시터 자체에서 출화된 경우의 변형 형태는 내장된 알루미늄이 깨어져서 갈라져 부풀어오르게 되나 외부 화염에 의하여 연소한 경우는 원형을 유지한 채 탄화한다.

5. 코일(coil)

나사선 모양의 선재(線材). 도선(導線)을 고리 모양으로 한 것, 강선을 감아서 만든 코일 스프링, 냉각 및 방열용(放熱用)의 나사선형으로 감은 관 등이 있다. 전기 회로에서는 그 기본적인 상수(常數)의 하나인 인덕턴스를 실현하는 구체적인 부품이며, 구리 또는 알루미늄과 같은 전도성(傳導性)이 좋은 선재를 절연성 재료로 피복하여 통형 또는 나사선형으로 감은 것이다.

속에 철심(鐵心)을 넣은 것, 또는 공심(空心)인 것이 있는데 모두 전류의 에너지를 자속(磁束)이라는 자기(磁氣) 에너지로 변환하는 역할을 지니고 있다. 또 프린트 기판 위에 나선상으로 사진 부식(寫眞腐蝕)에 의해 만들 때도 있다.

발전기나 변압기 등 에너지 변환에 사용하는 철심이 든 코일은 리액터라고도 하며, 그 기계적 강도나 대전류에 의한 방열이 큰 문제가 된다.

한편, 라디오·텔레비전 등 전자 회로에 사용하는 코일은 적당한 정전 용량(靜電容量)을 가진 커패시터와 조합하여 공진(共振) 작용을 일으키는 데 쓰인다. 코일은 그 형상에 따라서 솔레노이드 코일, 벌집형 코일 등으로 나뉜다. 또 인덕턴스값은 어떤 범위 내에서 감은 횟수의 제곱에 거의 비례하지만 많은 제약을 받는다.

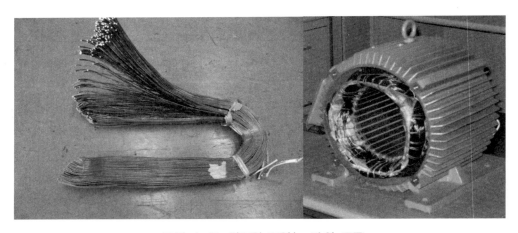

<그림 4-6> 전동기 코일(coil)의 구조

Chapter 5

절연 파괴

5.1 절연물 표면에 도체 부착 · 절연물의 도체로의 변질

1. 트래킹(Tracking)

가) 트래킹 현상

전압이 인가된 이극 도체(전선 · 코드 · 케이블 · 배선 기구 등의 전기 제품)간의 고체 절연물 표면에 수분을 많이 함유한 먼지, 오존 등 전해질의 미소 물질이나 이를 함유하는 액체의 증기 또는 금속가루 등의 도체 성분이 부착하면, 오염된 곳의 표면을 따라서 전류가 흐르면 줄열(Joule heat)에 의해서 표면이 국부적으로 건조하여 전계 부제(電界不齊)로 인한 절연물 표면의 부착물간에 미소 발광 방전(scintillation : 소규모 불꽃 방전)이 일어난다.

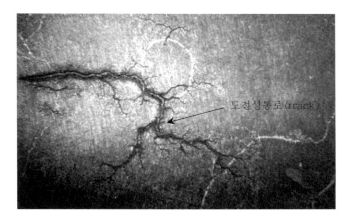

도전성통로(track)

<그림 5-1> 페놀수지의 트래킹 현상

이것이 지속적으로 반복되면 절연물 표면의 일부가 분해되어 탄화되거나 침식(浸蝕)됨에 따라 도전성 물질이 생긴다. 일단 도전성 물질이 생겨나면 미세한 불꽃 방전의 원인을

제공한 전해질이 소멸하여도 불꽃 방전은 지속되어 다른 극의 전극간에는 도전성의 통로(track)가 형성되는데 이 현상을 트래킹(tracking)이라고 한다.

　트래킹 현상이 계속되면 지속적으로 발생한 불꽃에 의해 종이나 커튼과 같이 착화하기 용이한 가연물에 착화하거나, 단락 또는 지락으로 진행되어 발화하게 된다. 이러한 화재를 트래킹(tracking) 화재라 한다.

　무기 절연물은 도전성 물질의 생성이 적기 때문에 트래킹에 대해서는 문제가 적지만, 유기 절연물은 탄화하여 도전성 물질(黑鉛)이 생기기 쉽기 때문에 문제가 된다.

　트래킹 현상의 초기에는 전류가 적어서 발열 범위도 적으므로 절연체가 독립 연소하는 경우는 없고 심부로 향하여 무염 연소의 상태로 진행된다. 그러나 일정한 단계에 이르게 되면 전류량이나 발열량이 커져서 발화 또는 독립 연소로 이어진다.

나) 트래킹 현상의 진행 과정

(1) 1단계 : 절연 재료 표면의 오염 등에 의한 도전로 형성

　절연 재료 표면의 침식은 습기, 염분, 무기질, 섬유질 및 도전성 물질 등에 의해 절연체 표면이 오염되어 도전로를 형성한다.

(2) 2단계 : 도전로의 분단과 미소 발광 방전의 발생

　절연체에 형성된 도전로를 통하여 누설 전류가 흐르고 이 때 줄열로 인하여 건조대가 생겨나 도전로가 분단(전계 부재 현상)된다. 분단된 도전로 사이의 전위차로 인하여 미소 발광 방전이 발생한다. 이 시점이 순간 방전에 의한 도전성 물질의 형성과정이 된다.

(3) 3단계 : 방전에 의한 표면의 탄화

　미소 발광 방전에 의한 미소 트랙의 형성과 도전로의 분단점에서 미소 발광 방전이 반복적으로 계속되면 방전의 열에너지에 의해 재료 표면이 탄화되거나 열화됨에 따라 도전성 트랙이 성장하여 단락 또는 지락으로 이행된다.

2. 그래파이트(Graphite : 黑鉛, 石墨)화 현상(現象)

　목재와 같은 유기질 절연체가 화염에 의하여 탄화되면 무정형 탄소로 되어 전기를 통과시키지는 않지만 계속적으로 스파크나 아크 등의 영향을 받으면 무정형 탄소는 점차로 흑연화(graphite)되어 도전성을 가지게 된다.

도전성을 가지게 되면 발화되는 과정은 트래킹 화재와 유사하다. 목재, 고무 등 유기질 절연재에서 전기 불꽃이 발생하면 유기질 절연재는 탄화되면서 흑연화되지만 이때 발생한 불꽃은 고온이기는 하지만 열용량이 적기 때문에 곧 냉각한다. 때문에 수회의 불꽃으로 초기에 생성된 흑연의 량은 극히 미량으로 전극간의 절연 파괴는 일어나지 않는다.

목재나 플라스틱 등의 유기 절연체에 미세한 불꽃 방전이 지속적으로 일어나면 흑연이 축적되며 축적된 흑연에 의하여 불꽃 방전이 지속되어 극간 절연 파괴에 이르게 되는데, 이때 흐르는 전류는 적은 량이다. 전기 불꽃(spark)에 의해서 절연체 표면이 흑연화되어 전기 통로가 생기면 그 부분에 전류가 흐르게 되어 발생하는 줄(joule)열에 의해서 서서히 입체적으로 확대해 감에 따라 더욱 전류가 증가하고 발열량도 증가하여 결국에는 그곳에서 출화하는 현상을 말한다.

흑연은 비금속 중에서는 도전율이 좋기는 하지만 금속에 비하면 도전율이 낮기 때문에 적은 전류에 의해서도 발열하게 되며, 이 발열에 의하여 흑연화가 촉진된다.

그래파이트화 현상과 관계되는 것에는 트래킹(tracking) 현상이 있다. 트래킹 현상과 흑연화 현상은 절연체의 종류에 따라 구분되고 있으나, 절연체 표면에 탄화 도전로가 생기게 되는 점에 있어서는 비슷하지만 대상 양자 사이의 명확한 구분은 없는 실정이다.

이 두 가지 중 그래파이트화 현상은 저압 누전 화재의 출화 기구(出火機構)로서 금원수랑(金原壽郎 : 금원)에 의해서 발견된 현상으로 출화까지 포함한다. 양자의 명확한 구별은 지금까지 되어 있지 않지만 화재 원인 조사상 관례적으로 전기 기계·기구(器具)에 나타나는 경우를 트래킹 현상이라 하고 전기 기계·기구 이외의 곳에 나타난 경우를 그래파이트 현상으로 파악하는 경향이다. 세계적으로는 트래킹 현상 속에 그래파이트 현상을 포함시키는 추세이다.

3. 반단선(半斷線 : 通電 단면적의 감소)

여러 개의 소선으로 구성된 전선이나 코드의 심선이 10% 이상 끊어졌거나 전체가 완전히 단선된 후에 일부가 접촉 상태로 남아 있는 상태를 반단선이라 한다. 반단선 상태에서 통전시키면 도체의 저항치는 그 단면적에 반비례하므로 반단선 된 개소의 저항치가 커져서 국부적으로 발열량이 증가하거나 스파크가 발생하여 전선의 피복 등 주위의 가연물이 타기 시작한다. 기구용 비닐 평형 코드의 경우 꺾이거나 구부려지는 외력이 가해져 소선이 끊어진 경우에 단선율이 10%를 넘으면 그 후에는 급격히 단선율이 증가하는 현상으로 이어지며, 반단선에 의한 발열이 발생하면 전선이나 코드의 소선은 결국 1선이 용단하거나 접촉·단속(接觸·斷續)을 반복하여 용융흔이 생기고, 다른 한쪽 선의 피복까지도 소손되면 결국 양 선간에서 단락 현상(短絡現象)이 발생한다.

반단선은 코드와 플러그의 접속·접촉부 부근 등의 꺾어지고 구부리거나 끌어당기는 등 비교적 강한 외력이 걸리기 쉬운 개소에서 발생하기 쉽다. 이 때문에 위와 같은 장소에서 전기 용융흔의 발생 개소에 단락을 발생할 원인이 없으면 반단선일 가능성이 높다. 통상 소선의 10% 이상 단선되면 반단선 상태라 하고 이와 같이 닿았다 떨어졌다 반복적으로 접속·접촉되는 현상이 나타나면 많은 열이 발생되어 화재의 원인이 될 수 있다. 이 같은 반단선 현상은 통전(通電)하는 단면적(斷面積)의 감소(減少)를 뜻하며 이는 곧 과부하 상태를 의미한다.

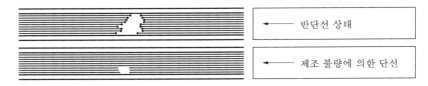

<그림 5-2> 반단선 상태

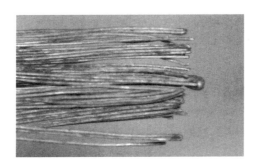

<그림 5-3> 전원 코드의 반단선 사진

가) 소선의 10% 이상 단선된 반단선 현상

반단선 상태에서 정격 전류를 통전(通電)시키면 도체의 저항치는 그 단면적에 비례하므로 반단선 된 개소의 저항치가 커져서 국부적으로 발열량이 증가하거나 아크가 발생하여 전선의 피복 등 주위의 가연물을 착화시키는 요인이 되기도 한다.

나) 반단선 용흔과 금속으로 절단된 용흔의 특징

반단선에 의한 용흔과 금속에 의해 절단된 경우의 용흔과의 결정적인 차이는 육안(肉眼)으로 식별할 때 대부분 아래의 그림 같이 단선 부분의 어느 쪽에 많은 용흔이 크게 생겨

있는가 여부로 판단한다. 즉 반단선의 경우는 단선 부분의 양쪽에, 금속 등의 도체로 절단 된 경우는 단선 부분의 전원측의 한쪽 부분에 집중적으로 생겨 있다.

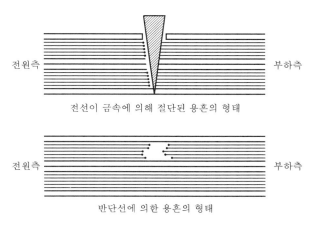

<그림 5-4> 물리적인 단락 현상과 반단선 현상

4. 아산화동 증식 현상에 의한 절연 파괴

가) 발화 원인의 경향

전기 회로의 도중(途中)에는, 금속 도체 상호의 접촉이나 기기간의 연결을 위하여 다수 의 접속 기구가 사용되며, 접속 기구의 체결 불량이나 조임 장치의 느슨함 등 여러 원인에 의해서 접촉이 불완전해지기 쉽고, 그 부분의 저항이 커지며, 그곳으로 전류가 흘러 국부 과열이 발생될 때 특수 산화물이 생성되어 아산화동 증식 발열 현상에 의해 화재의 원인이 된다.

전선이나 케이블 등의 동제(銅製) 도체가 스파크 등 고온을 받았을 때 동의 일부가 산화 되어 아산화동(Cu_2O)이 되며 그 부분이 이상 발열하면서 서서히 확대되어 화재의 원인이 된다. 이 현상을 「아산화동 증식 발열 현상」이라고 부르고 있다. 이 현상은 고온을 받은 동 의 일부가 대기중(大氣中)의 산소와 결합하여 아산화동이 되면 아산화동은 반도체 성질을 갖고 있어 정류 작용을 함과 동시에 고체 저항이 크기 때문에 아산화동의 국부 부분이 발열 한다. 아산화동 발열 현상에 대해서는 대체로 다음과 같이 알려져 있다.

동제품의 도체에서 아산화동이 발생하면, 아산화동이 일종의 반도체 역할을 하여 전류가 흐르면 아산화동에서 동의 방향이 순방향이 되는 정류기가 된다. 이 정류 현상은 역방향으 로는 전류를 거의 흘리지 않으므로 역방향의 전압은 대부분 정류기가 받게 되고, 이에 의하여 이온화 등으로 불꽃 방전과 유사한 전자 사태(electron avalanche)로 발전되면 아산화 동과 동 사이의 계면이 파괴되어 동을 용융시킨다.

나) 아산화동 증식 발열 현상

아산화동 증식 발열 현상은 최초에는 접촉부에서 빨간 불이 희미하게 나타나면서 흑색의 물질이 생성되며 이것이 서서히 커져, 띠형을 형성한다.

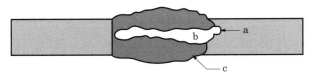

a : Melting part b : Band part glowing c : Red hot part

<그림 5-5> 600V 비닐 절연 전선에 생성된 아산화동에 의한 발열

검은 덩어리 부분이 아산화동이며, 흑색 때문에 겉보기에는 산화동과 같이 보이지만 표면만 그렇고, 내부는 아산화동으로 되어 있다.

즉, 띠형의 붉은 아산화동의 층은 전류의 통로이고 양단의 전극을 연결하는 형태로 발열한 것이다. 아산화구리(산화제일구리라고도 함) 화학식은 Cu_2O이고 산화제이구리(CuO, 산화구리Ⅱ)와 구리(Cu)의 혼합물로, 순수한 것은 얻지 못하고 있다.

아산화동의 용융점은 1,232℃이며, 건조한 공기 중에서 안정하고, 습한 공기 중에서 서서히 산화되어 산화동으로 변한다. 아산화동은 통상의 도체와는 다르게 부의 저항 온도 계수를 갖는데, 950℃를 전후로 저항은 급격히 감소하고, 1,050℃ 부근에서 최소가 된다.

아산화동의 조성비는 동(Cu) 89.93%, 산소(O) 10.07%로 이루어져 있으며, 아산화동의 외관적 특징은 표면에 산화동의 막이 있어, 덩어리의 외관을 육안으로 식별하는 것은 어려우나 아산화동은 물러서 송곳 등으로 가볍게 찌르면, 쉽게 부서지며, 분쇄물의 표면은, 은회색의 금속 광택을 가지고 있다.

다) 아산화동의 외관적 특징

아산화동은 표면에 산화동의 막이 있으며, 화재 현장의 것은 탄화물이 많이 부착하고 있기 때문에 덩어리를 외관으로 식별하는 것은 어렵다. 아산화동은 물러서 송곳 등으로 찌르면 쉽게 부서지며, 분쇄물의 표면은 은회색의 금속 광택을 가지고 있고, 이것을 현미경으로 20배 정도 확대하면, 진홍색(Ruby)과 비슷한 유리(Glass)형의 결정이 보이며, 특히 적색

(赤色)의 결정은 아산화동 특유의 것으로 출화 개소에 대응하는 도체 접촉부에서 이것을 볼 수 있으며 출화 원인을 결정하는데 있어 매우 유용한 물적 증거가 된다.

또한 아산화동(Cu_2O)에 교류가 흐르는 경우에는 아산화동의 양·음극측(兩極側)에서 발열하고, 직류가 흐른 경우에는 양극측에서 발열하여 그 열로 주변의 동(Cu)이 더욱 산화되어 아산화동이 증식되어 간다.

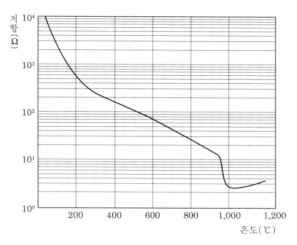

(a) 아산화동의 저항 온도 특성

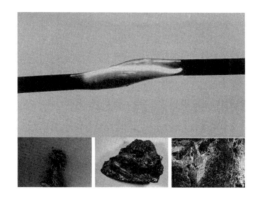

(b) 접속부에 생긴 아산화동 증식 현상

<그림 5-6> 아산화동의 저항 온도 특성(a)과 아산화동 증식 및 생성 형태(b)

라) 아산화동 증식 속도

아산화동은 반도체의 성질을 가지고 있어 정류 작용을 함과 동시에 고유 저항이 크기 때문에 아산화동 부분이 국부 발열한다. 또한 그 곳에 교류가 흐를 경우에는 아산화동의 양쪽

방향으로, 직류가 흐를 경우에는 전류가 흐르기 어려운 양극 쪽에서 심하게 발열하며, 그 열로 주변의 동이 서서히 산화하여 아산화동이 점점 커져간다.

증식하는 속도는 전기로 안에서 1,015~1,041℃에 가열한 경우 약 10분 동안에 0.1 mm 정도 증가한 예(例)가 있다.

마) 감식 요령

① 아산화동 증식 발열에 의한 출화 현상을 규명하기 위해서는 일반적으로 많이 발생하는 전선 상호간의 접속부, 배선 기구의 접속 단자, 기타 접속용 나사못이나 볼트(Bolt), 너트에 의해 연결한 접속 개소나 스위치류의 접점 부분에서 많이 발생하므로 그와 같은 개소를 중점으로 조사한다.

② 아산화동 증식 발열 현상은 접속부의 검은 덩어리 부분을 회수하여 현미경 관찰로 아산화동 특유의 적색 결정의 유무를 확인하고 이것이 있으면 아산화동 증식 발열 현상에 의한 출화의 가능성이 매우 높다.

③ 현미경이 없는 경우에는 회수한 검은 산화물의 덩어리의 저항을 회로 시험기 등으로 측정하여 영(Zero) 또는 무한대가 아니면 헤어드라이어 등으로 가열하여 온도 상승과 함께 저항이 내려가면 그 속에 아산화동이 함유 되어 있고 아산화동의 증식 발열에 의한 출화 현상으로 규명할 수 있다.

④ 출화부로 추정되는 접촉 불량 개소에 아산화동이 없으면, 접촉 저항에 의한 발열이 원인으로 된다.

5. 보이드(Void : 空隙)에 의한 절연 파괴

고전압이 인가되어 있는 이극 도체간(異極導體間)에 유기성 절연물이 있을 때 그 절연물 내부에 보이드(void)가 있으면 그 보이드 양극측(兩極側)에서 부분 방전(partial discharge)이 발생하고 시간 경과에 따라 전극을 향해 방전로(放電路)가 연장됨에 따라 절연 파괴가 진행하여 절연물이 타기 시작한다.

따라서 보이드에 의한 절연 파괴는 고전압이 인가되어 있는 절연물의 내부에서 출화하는 것이 특징이다.

또 전극의 용융 부분도 트래킹 현상이나 은 마이그레이션(silver migration)과 같이 절연물의 표면이 아니라 내부에서 발생하는 외는 유기성 절연물의 저항치 저하 등은 트래킹 현상과 마찬가지이다.

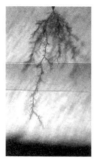 

<그림 5-7> 전기 트리에 의한 CV 케이블 절연 파괴

6. 은 이동(銀 移動 : Silver Migration)

　직류 전압이 인가되어 있는 은(銀鍍金 포함)으로 된 이극 도체간(異極導體間)에 절연물이 있을 때 그 절연물 표면에 수분이 부착하면 은의 양이온이 절연물 표면을 음극측으로 이동(migration)하며, 그곳에 전류가 흘러 발열한다. 이 현상을 은 이동(silver migration)이라 한다.

　은 이동의 발생 현상은 아직 명확히 규명되지 않는 점이 있지만 발생 조건은 대체로 다음과 같이 보고 있다.

　일반적인 발생 조건은 은(銀) 또는 은도금(銀鍍金)의 존재, 장시간 직류 전압의 인가, 흡습성(吸濕性)이 높은 절연물의 존재(存在), 고온·다습한 환경에서의 사용한 경우 등이 있으며, 또한 은 이동(silver migration)을 진행시키는 요인으로는 인가 전압이 높고 절연 거리가 짧으며(電位傾度가 높다), 절연 재료의 흡수율(吸水率)이 높다. 산화(酸化), 환원성(還元性) 가스(亞硫酸가스, 硫化수소, 암모니아가스) 등이 존재하는 분위기에서 사용할 때 등이다.

　실제로 발생한 장소의 사례는 보안용 및 방재용 제어 장치(防災用 制御裝置), 전력 보호용기(電力保護用機) 및 반송 기기(搬送機器 : 에스컬레이터, 엘리베이터 등의 반송 기기에 부속되어 있는 부품) 등이 있으며, 감식 요령은 우선 직류 전압과 은 이온(銀 ion)의 확인을 하면 좋지만, 전원에 대해서는 직류 전압은 양전극(兩電極)에 인가하기 이전에 교류를 직류로 정류하고 있는 외에 예를 들면 반도체(서미스터 : thermistor)의 발열체에 교류를 인가시키는 경우와 같이 발열체의 부하 그 자체의 정류 작용을 이용하는 경우도 있다.

　은(銀) 이온(ion)의 검출에 대해서는 전극이 아니라 전극간의 전류 경로(電流徑路)에 대하여 조사하여야 한다.

또한 전극을 포함한 전류 경로는 고온이 되므로 트래킹 현상과 마찬가지로 전극이 용융되기도 하고 반도체가 파손되는 것으로 알려져 있다.

5.2 지락과 누전 및 전기 기기의 고압부에서의 누설 방전

1. 지락과 누전의 차이

　　전기공학적으로 지락(地絡)은 현상을 표현하는 정식 용어이며, 누전은 지락 사고에 의해 대지에 전기가 누설되고 있는 상태를 나타내는 속칭으로 쓰인다. 따라서 법규나 규격에서 그 현상을 나타낼 때는 지락이라는 용어를 사용하고 누전이란 용어는 누전 차단기와 같이 제품명을 나타낼 때의 고유명사로 사용하고 있다.

　　누전이란 전로 이외의 개소에 전류가 흐르는 상태를 표현한 것으로서, 반드시 고장 현상으로 대지에 전류가 누설되는 경우만이 아니고 선간이나 대지간(大地間) 정전 용량에서 흐르는 충전 전류도 포함된다.

가) 지락(地絡 : Earth Fault or Ground Fault, Ground)

　　전로와 대지간의 절연이 비정상으로 저하하여, 아크나 도전성 물질에 의해 교락(橋絡 : bridge, short-circuit)되기 때문에 전로 또는 기기 외부에 위험한 전압이 나타나거나 전류가 흐르는 현상을 말한다.

　　전로 중 일부가 직·간접적으로 대지로 연결된 경우, 전로와 대지간의 절연이 저하하여 아크나 섭동(攝動, perturbation)을 일으키게 하는 물체의 인력 등 도전성 물질의 영향으로 전로 또는 전기 기기의 외부에 위험한 전압이 나타나거나, 전류가 흐르게 되는 상태를 말한다.

　　이렇게 하여 흐르는 전류를 지락 전류라 하고 인체 감전, 누전 화재 또는 기기의 손상 등을 일으키는 원인이 된다. ※ 지락은 땅에 닿음으로 용어 순화.

나) 누전(漏電 : Leak)

　　전류의 통로로 설계된 이외의 곳으로 전류가 흐르는 현상을 말하며, 전선 또는 전기 기계 기구의 절연 부분이 기계적 손상이나 변질(變質 : 劣化, 老化, 炭火 등)되어 그 절연 효력을 상실하게 되면 권선이나 리드선, 전선으로부터 금속제 외함 등 도전성 물질을 통하여 대지로 누설(漏洩)되는 현상을 누전이라 한다.

이때 대지로 흐르는 전류를 지락 전류라 하며, 이 전류의 열에 의하여 주위의 인화성 물질이 발화되는 경우를 누전 화재라 한다. 누전되고 있는 전기 기계 기구의 금속제 외함에 인체가 접촉되면 신체의 일부를 통하여 지락 전류가 흘러 감전 재해가 발생한다.

누설 전류의 회로 구성에 대해서 살펴보면, 저압 전로의 배전 방식에서는 일반적으로 고압 또는 특별 고압 전로와 저압 전로를 결합하는 변압기의 저압측의 중성점에는 혼촉에 대한 위험 방지 시설로 제2종 접지 공사를 실시함에 따라 저압의 전압측 전선과 대지(大地) 사이에는 변압기 2차 결선 방식에 따라 110(V), 220(V), 380(V) 등의 전압이 걸리므로 절연 피복이 벗겨진 부분이 건물의 금속체 등에 접촉된 경우, 그 부분을 통하여 전류가 대지로 흘러 변압기의 제2종 접지선으로 누설 전류가 흐르는 귀로가 형성된다.

누전이란 전기공학적으로는 지락 현상을 표현하는 것으로 지락 사고에 의해 전로 이외의 개소를 경유하여 대지로 전기가 누설되고 있는 상태를 나타내는 것이며, 법규나 규격에서 그 현상을 나타낼 때에는 지락이라는 용어를 사용하고, 누전이란 용어는 "누전 차단기"와 같이 제품명을 나타낼 때의 고유명사로 사용하고 있다.

2. 전기 기기 고압부에서의 누설 방전

전기 기기 고압부에서의 누설 방전은 다른 전극(異極間) 또는 교류에서의 비접지측 전극과 접지 도체의 사이에서 발생한다. 정전기의 경우와 비교하면 다량의 전하가 연속적으로 공급되고 있는 물체에서 방전하기 때문에 방전 시간이 지속되기 쉬우며, 그 만큼 발열량도 많아 인화성 물질이나 분진뿐만 아니라 쓰레기나 케이블의 피복 등도 착화시킨다.

전기 기기 내부에서 누설 방전이 일어나는 것은 일반적으로 고압을 발생시키는 트랜스 등 전기 재료의 절연이 열화(劣化)되는 것이 요인이 되는 경우와 고압이 인가되어 있는 단자간에 수분을 포함한 먼지나 벌레 등의 이물(異物)이 개재되어 실질적으로 전극간의 거리가 작아지는 것이 요인이 되는 경우가 있다.

또 특이한 사례로서 수(水) 트리(water tree) 현상과 같이 CV 케이블 내부의 수분이 국부적 전계(電界) 집중적 개소에 있어서 절연체(가교 폴리에틸렌) 내로 미립자가 되어 수지상(樹枝狀)으로 뻗어나감으로써 절연이 열화되는 것이 요인이 되는 경우도 있다.

누설 방전이 발생하면 방전한 개소가 열로 인해 다소 용융되는 경우가 있지만 전극의 한쪽은 접지 도체와 같이 대지와 같든지 또는 그에 가까운 전위이므로 그와 같은 회로를 조사하여 전극을 확인한다. 방전에 의해 유기물이 소손(燒損)되면 그래파이트화(化)되어 저항이 저하된다. 구체적인 예로서는 고압 트랜스 네온관 배선 등에서 발생한다.

5.3 정전기 방전에 의한 발화

1. 정전기 방전

　　정전기 방전은 정전기의 전기적 작용에 의해 일어나는 전리 작용으로써 일반적으로 대전 물체에 의해 발생하는 정전계가 공기의 절연 파괴 전계 강도에 달했을 때에 발생한다. 정전기 방전이 일어나면 대전 물체에 축적되어 있던 전하가 공간에 방출되어 파괴음과 발광(發光 : spark)이 발생하며, 이 때 가연성 기체, 분체 등이 있으면 인화되어 폭발이나 화재에 이르는 경우가 있다.

　　정전기의 대전되기 쉬운 정도를 평가하는 것으로 고유 저항치(Ω·mm)가 있다. 정전기 상의 도체는 고유 저항치가 $10^9 Ω·mm$ 이하이고 반도체 영역은 $10^9 \sim 10^{13} Ω·mm$, 부도체는 $10^{14} Ω·mm$ 이상이다. 부도체의 물질에서는 발생한 정전기가 이동하지 않고 전기가 고이게 됨으로써 전위가 높아져 수만 V의 정전 전압으로 대전되어 간다.

가) 정전기의 발생 기구

　　정전기는 다른 두 물체가 접촉되고 이어서 분리될 때에 발생한다. 두 물체가 접촉하면 그 계면에 전하의 이동이 일어나며 정·부(正·負)의 전하가 상대해서 줄을 서는 전기 2중층이 형성된다. 그 후 물체가 분리되면 전기 2중층의 분리가 일어나 두 물체에는 극성이 다른 전하가 발생한다.

나) 대전의 종류

(1) 마찰 대전(摩擦帶電) 또는 접촉 대전(接觸帶電)

　　마찰 대전은 물체가 접촉했을 때 마찰에 의해 전하 분리가 생겨 정전기가 발생하는 현상을 말한다.

　　마찰 대전은 접촉, 분리의 발생 과정을 거쳐 발생하는 전형적인 예이며 고체, 액체, 분체에서 발생하는 정전기는 주로 이에 기인하고 있다.

　　<그림 5-8> (a)는 유리를 견포로 문질렀을 때 (+)와 (-)가 어떻게 되는가를 나타내고 있다. 문지르지 않은 부분은 (+)와 (-)가 균형을 이루어 외부에 전기적인 성질을 나타내지 않지만 문지른 곳은 그림과 같이 유리의 (-)가 견포로 이동한다. 따라서 유리는 플러스, 견포는 마이너스 전기를 갖게 된다.

<그림 5-8> (b)는 유리를 모피로 마찰했을 때 모피의 (−)가 유리로 이동하여 모피가 플러스, 유리가 마이너스 전기를 띤 상태를 나타내고 있다.

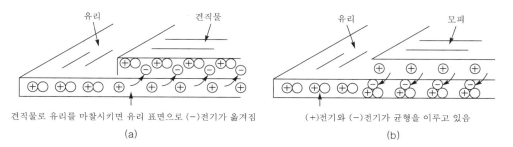

견직물로 유리를 마찰시키면 유리 표면으로 (−)전기가 옮겨짐   (+)전기와 (−)전기가 균형을 이루고 있음

(a)   (b)

<그림 5-8> 마찰 전기 발생 원리

(2) 박리 대전(剝離帶電)

박리 대전은 서로 밀착되어 있는 물체가 떨어지거나 벗겨져 떨어질 때 전하 분리가 일어나 정전기가 발생하는 현상을 말하며, 접촉 면적, 접촉면의 밀착력, 박리 속도 등에 의해 정전기의 발생량이 변화한다.

(3) 유동 대전(流動帶電)

파이프 등의 수송관 중을 액체가 흐를 때 정전기를 발생하는 현상을 말한다. 유동 대전은 액체가 파이프의 내벽과 접촉하면 액체와 고체와의 계면에 전기 2중층이 형성되고 이 전기 2중층을 형성하는 전하의 일부가 액체의 유동과 동시에 흐르기 때문에 정전기가 발생하는 현상으로 액체의 유동 속도가 정전기 발생에 크게 영향을 미친다.

도전율의 작은 액체가 용기 내에서 교반하거나 배관 내를 유동하면 용기 또는 배관과의 마찰에 의하여 액체에 전하가 대전한다. 배관 내를 유동(流動)할 때의 대전은 액체의 도전율 유속, 배관 직경 등에 의존한다. 따라서 액체가 점화 폭발에 결부되는 대전이 되지 않도록 유속을 제한하거나 대전 방지제를 첨가하여 도전율을 향상시키는 등의 여러 가지 대책이 강구되어야 한다.

이렇게 액체의 취급에 있어서는 재해 방지를 위한 여러 가지 대책이 실시되어야 하고, 취급 방법 등도 잘 교육되어져야 한다.

만약 대전 현상에 대한 기본적인 의미를 잘 알고 있지 못하면 예기하지 않은 일이 발생할 때, 정전기 대책은 제대로 실행도 되지 않게 되어 그 결과 액체가 점화 폭발로 연결되는 대전이 발생하게 된다.

(4) 분출 대전

분체, 액체, 기체가 단면적이 작은 개구부에서 분출할 때 마찰이 일어나 정전기가 발생하는 현상이다.

분출 대전의 정전기 발생 원인은 개구부와의 마찰뿐만 아니라 액체, 분체끼리의 충돌 및 미스트 상태가 되는 것도 영향을 주고 있다.

(5) 파괴 대전

주로 고체, 분체류와 같은 물체가 파괴 됐을 때 전하 분리 또는 정(正) 전하와 부(負) 전하의 균형이 깨지면서 정전기가 발생한 현상을 말한다.

일반적으로 물질 내부에는 그 물질을 구성하는 입자 사이를 자유롭게 이동하는 자유 전자가 있으며 입자들 사이에서 전기적인 힘에 의하여 속박되어 있는 구속 전자가 있다. 실질적으로 정전기 발생의 원인이 되는 전자는 자유 전자로서, 외부에서 물리적 힘을 가하면 자유 전자가 입자 외부로 방출된다.

이때 필요한 최소 에너지 일함수(Work Function)를 가지는데 이 일함수의 차로 접촉 전위 V(Volt)가 발생한다. 즉, 두 물체 A, B를 접촉시키면 표면에서 표면으로 전자가 이동하여 A 물체 표면은 (+)로, B물체 표면은 (−)로 대전하여 전기적인 2중층이 형성되는데, 이때 두 물체 표면에 나타나는 접촉 전위(V)는 A 물체의 일함수 Φ_A에서 B 물체의 일함수 Φ_B을 뺀 차로 아래와 같이 주어진다.

$$V = \Phi_A - \Phi_B$$

전체 대전 전하량(방전 에너지)과 두 물체의 정전 용량과의 관계를 보면,

$$Q = CV$$

여기서, Q : 전체 대전 전하량, C : (물체에 발생되는)정전 용량, V : 전위차로 나타낼 수 있는데 E. S. D(Electro Static Discharge)에서 전위의 용량만을 주요시하는 이유는 정전 용량의 경우 모든 물체가 갖고 있는 고유 용량인데 측정시의 조건(마찰 면적, 회수, 압력 등)에 따라 가변되는 것이므로 실제 측정 시 일괄 적용이 불가능하다.

따라서 정전기 방전 용량에서 C의 값은 극히 미미하고 모든 물질에 따라 다르므로 V, 즉 전위로만 표시한다.

위에서 일함수는 물체의 표면 상태 변화에 의해 다소 값의 차이는 있으나 아래 표와 같이 고유의 값을 가진다.

<표 5-1> 금속의 일함수

금 속	일함수	금 속	일함수
Mg(마그네슘)	3.65~3.78	C(탄소)	4.60
Zn(아연)	4.24	U(우라늄)	4.67
Cu(구리)	4.26	Au(금)	4.90
Hg(수은)	4.53	Ni(니켈)	4.96
Ag(은)	4.47~4.79	Pb(납)	5.42

정전기 발생량은 불순물로 인해 발생량이 더욱 커지게 되고, 물체 표면 상태의 산화, 부식, 거칠기에 따라 발생량이 차이가 있으며 접촉 면적 및 압력이 증가하면 정전기 발생량도 증가하고, 두 물체의 분리 속도가 빠를수록 정전기 발생량이 많아진다. 그리고 접촉이나 분리하는 두 물체가 대전서열 내에서 먼 위치에 있으면 정전기 발생이 크며, 처음으로 접촉, 분리가 일어날 때가 최대가 되고 그 이후 접촉, 분리가 반복됨에 따라 정전기 발생량은 점차 감소한다.

물체의 특정상 서로 마찰하게 되면 전자를 받거나 잃게 되는데 전자를 받은 물체는 (−)전하를 띄게 되고 전자를 잃은 물체는 (+)전하를 띄게 된다. 이 조작을 몇 개의 물체에 대하여 반복 시행하여 실험적으로 서열을 만든 것을 대전 서열이라고 한다. 대전 서열 중 거리가 멀어지면 대전량은 많아지며, 거리가 가까운 것은 물체의 표면 상태나 측정 방법에 따라 서열이 달라지는 경우가 있다.

(6) 기타의 대전

이외에는 고체, 분체와 같은 물체가 충돌했을 때 발생하는 "충돌 대전(衝突帶電)", 공간에 분출한 액체류가 조그맣게 날려 흩어져 분산하여 많은 작은 방울(小滴)이 되면 발생하는 "비말 대전(飛沫帶電)" 기벽(器壁) 등의 고체 표면에 부착해 있는 액체류가 성장하여 이것이 자중으로 액적(液滴), 물방울이 되어 떨어져 나갈 때 발생하는 "적하 대전(滴下帶電)" 등이 있다.

다) 대전 물체

일정 규모의 정전기를 받고 있는 물체의 대전하는 정도는 그 물체의 대전 용량(전기 용량), 유전율 및 접지 상황의 영향을 받으며, 이들이 결정되면 정전 전압이 결정된다. 정전 용량 C(패럿)와 정전 전압 V(V)는 다음과 같은 관계에 있다. 단, 전하량을 Q(쿨롱 : q)라 한다. $Q = CV$

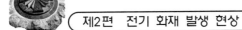

(1) 정전 용량 · 정전 전압

정전 용량은 절연된 도체에 전하 Q를 가했을 때 전위가 V가 되는 경우의 Q/V를 말한다(커패시터의 정전 용량과는 별개임). 도체의 형상이나 주위의 유전체에 이해 결정되는 정수로 단위는 패럿(F)이다.

주요한 물체의 정전 용량 · 정전 전압을 들면 다음과 같다.

(2) 보행중인 인체의 대전

일반적으로 고무, 리놀륨(linoleum) 등의 절연성이 좋은 것을 깔아 놓은 바닥을 고무 밑창 신발을 신고 걸으면 인체는 강하게 대전된다.

실내 습도가 40~50% 이하일 때 리놀륨 바닥을 고무 제품 신발을 신고 걸으면 1,000~3,000V 대전된다. 인체의 정전 용량은 신발 밑창의 두께, 즉 발바닥과 바닥의 거리에 따라 다르며 그 관계는 <표 5-2>와 같다.

<표 5-2> 인체의 정전 용량

발과 바닥의 거리(mm)	155	89	46	12.8	1.1	0.5	0.25
인체의 정전 용량(pF)	75	100	130	190	850	2,300	6,800

(3) 인간이 의자에서 일어설 때의 대전

의자 다리가 금속 파이프인 의자에서 앉아 의류와 좌석 사이에서 마찰하고 갑자기 일어서면 의류는 1,000~3,000V, 의자는 18,400V까지 대전된 예가 있다.

(4) 대전 서열

정전기는 물질의 마찰에 의하여 발생되는 것으로서 그 대소 및 극성은 아래의 대전 서열에 따라 결정된다. 대전 서열의 차가 클수록 정전기 발생이 일어날 확률이 크다.

<표 5-3> 대전 서열

↓+	인간의 손 → 석면 → 토끼 → 모피 → 운모 → 머리카락 → 나일론(의류, 시트, 커버 재료) → 양모 의류 → 모피 → 납 → 견(絹) → 알루미늄 → 종이 → 면(의류) → 쇠 → 나무 → 호박 → 경질 고무 → 니켈, 구리 → 놋쇠, 은 → 금, 백금 → 유황 → 아세테이드, 레이온(의류) → 폴리에스텔 (의류, 시트, 커버 재료) → 셀룰로이드 → 폴리우레탄 → 폴리에틸렌 → 폴
↑−	리프로필렌 → PVC(비닐, 시트 커버 재료) → 실리콘 → 실리콘 → 테프론

(5) 탈의 시의 대전

탈의 시의 대전에는 2매의 이상의 옷을 입고 위 1매를 벗을 경우의 의류간 대전과 1매만 입고 있는 경우 인체와 착의간 대전 2가지가 있다. <표 5-4>는 절연대(絶緣臺) 위에서서 탈의했을 때의 대전 상황이다.

<표 5-4> 탈의 시의 대전

(단위 : V)

조 합	회 수	1	2	3	4	5
상	테비론 100% 셔츠	−6,500	−10,100	−13,000	−5,500	−8,000
하	면 100% 셔츠	+4,100	+4,100	+4,800	+3,500	+4,900
상	테비론100% 油濟 처리 셔츠	−30	−40	0	−20	−25
하	면 100% 셔츠	+40	+30	0	+10	+10
상	테비론 100% 셔츠	−4,800	−7,000	−6,800	+4,000	−4,900
하	인체	+2,500	+3,200	+3,200	+1,900	+2,000
상	테비론 100% 유제 처리 셔츠	−480	−370	+100	+200	+200
하	인체	+200	+150	−330	−490	−400
상	울리나일론 100%	+2,100	+2,100	+3,200	+1,900	+1,400
하	토레론 30% 면 70%	−1,000	−2,100	−3,100	−1,900	−1,900
상	울리나일론 100%	−4,500	−4,000	−4,500	−4,000	−2,000
하	본넬 30% 면 70%	+5,300	+5,000	+4,000	+3,500	+3,500
상	본넬 30% 면 70%	+800	+600	+800	+500	+500
하	울리나일론 100%	+1,000	+1,100	0	+500	+800
상	카시미론 55% 벤베르그 45%	−2,600	−3,600	−3,500	−4,200	−2,000
하	카시미론 55% 벤베르그 45%	+3,500	+3,500	+4,500	+4,000	+4,000

<표 5-5> 신발의 종류와 대전의 관계

(단위 : V)

신발의 종류	회 수	1	2	3
작업화	인체	0	0	0
	의료(衣料)	+10,000	+6,500	+5,500
안전화	인체	0	0	0
	의료(衣料)	+7,500	+7,500	+4,800
고무 신발	인체	0	0	0
	의료(衣料)	+8,000	+9,500	+8,500
생고무 신발	인체	0	0	0
	의료(衣料)	+4,500	+3,700	+3,700

[비고] 온도 22.5℃, 습도 35% 생고무 신발 이외는 카본 블랙 혼입된 신발임.

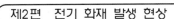

<표 5-5>는 여러 가지 신발을 신고 돗자리 위에 서서 플란넬[flannel : 방모사(紡毛絲)로 짠 털이 보풀보풀한 모직물]과 울리 나일론(woolly nylon) 2매의 의류를 입고 위의 울리 나일론을 벗었을 때의 대전 상황이다.

(6) 분체의 대전

분체를 파이프 등으로 수송하면 분체와 파이프의 마찰에 의해 대전되는데, 발생하는 전하의 양은 분체의 종류, 입자의 크기, 접촉면의 크기, 접촉면의 재질 등 여러 가지 요인의 영향을 받는다.

(7) 액체의 대전

액체의 대전에서 가장 문제가 되는 것은 석유 제품 등 가연성 액체의 대전이다. 액체의 대전은 유송(流送)·분출·혼합·교반·여과 등에 의해 발생한다. 대별하면 액체가 파이프와 탱크 벽, 필터 등의 고정 표면, 또는 다른 액체의 표면을 유동함으로써 발생하는 경우와 액체 자체는 정지하고 그 중을 기포가 상승하거나 슬러지 등이 침강함으로써 발생하는 경우로 나눠질 수 있다. 따라서 파이프 라인으로 유류(油類)를 탱크에 수송하는 경우, 파이프 중에서 전하의 분리가 생겨 유류는 전하를 갖고 있는 상태로 탱크 중에 유입하는데, 특히 탱크 밑바닥에 물 등이 고여 있으면 물과의 혼합, 비산(飛散), 공기와 가스 등의 기포의 발생 등에 의한 대전이 가해지게 된다.

액체의 전하 발생량은 액체의 종별, 유속, 전하 분리의 성질 온도, 수분 등 여러 가지 요인에 의해 좌우된다.

<표 5-6> 유기 액체의 고유 저항치

(단위 : Ω·cm)

시 료	고유 저항	시 료	고유 저항	시 료	고유 저항
시크로헥산	2.0×10^{14}	키실렌	2.5×10^{13}	메틸알코올	$<4 \times 10^{6}$
벤젠(90%)	1.6×10^{13}	페놀	4×10^{6}	사염화탄소	1.0×10^{14}
톨루엔	2.5×10^{13}	아세톤	$<4 \times 10^{6}$	사염화에탄	2.1×10^{9}

<표 5-7> 석유 제품의 고유 저항치

(단위 : Ω·cm)

시 료	고유 저항	시 료	고유 저항
디젤유	$1.8 \times 10^{12} \sim 3.1 \times 10^{12}$	JP-4	$9.2 \times 10^{10} \sim 2.7 \times 10^{14}$
연료유 No. 5	$1.3 \times 10^{12} \sim 1.4 \times 10^{12}$	JP-4	$9.9 \times 10^{1} \sim 12.8 \times 10^{14}$
솔벤트 납사	$1.7 \times 10^{14} \sim 5.9 \times 10^{15}$	케로신	$9.0 \times 10^{10} \sim 7.3 \times 10^{14}$

(8) 기체의 대전

기체가 파이프나 봄베 등에서 분출될 때 기체와 파이프나 봄베는 각각 다른 부호(異符號)로 대전한다. 파이프나 봄베(bombe)가 절연되어 있으면 전하가 축적되어 고전압이 되어 근접해 있는 접지체와의 사이에서 방전을 발생시킨다. 또한 분출 가스 중에 절연되어 있는 도체가 있으면 대전하며 접지체가 있은 경우에는 접지체와의 사이에서 방전한다.

라) 가연성 가스

<표 5-8> 가연성 기체의 최소 착화 에너지

(단위 : mJ)

증기 · 가스명	최소 착화 에너지	증기 · 가스명	최소 착화 에너지
메탄	0.47	메틸 · 에틸 · 케톤	0.68
에탄	0.285	아세톤	1.15
프로판	0.305	초산메틸	0.40
아세틸렌	0.02	초산에틸	1.42
프로필렌	0.096	초산비닐	0.70
메탄올	0.282	벤젠	0.55
아세트 · 알데히드	0.215	산화에틸렌	0.087
디메틸에텔	0.376	2유화탄소	0.015
디에틸에텔	0.33	수소 · 유화수소	0.02. 0.068
과산화디부틸	0.49	암모니아	1,000에서 비 발화

가연성 물질을 착화시키는 데 필요한 방전 에너지를 착화 에너지라고 한다. 가연성 물질을 착화시키는 데 필요한 최소 에너지를 최소 착화 에너지라고 한다. 단, 이 경우의 정전기 방전은 금속 도체의 도전 물체와 금속 접지 도체의 사이에서 발생시켰던 불꽃 방전이며 착화 에너지는 불꽃 방전에 의해 취출된 에너지를 계산에 의해 구한 값이다. 최소 착화 에너지는 가연성 물질의 종류에 따라 다르다.

마) 폭발 및 화재

폭발 및 화재는 가연성의 기체, 증기, 분체가 대기와 같은 곳에서 가연성 혼합물로서 존재할 때에 이 혼합물을 인화하는데 필요한 최소 에너지 이상의 에너지가 정전기 방전에 의해 방출된 경우에 생긴다.

상온, 상압인 공기와 혼합된 경우에 최소인화 에너지는 메탄, 프로판, 메탄올, 벤젠, 에테르 등의 경우 0.2~0.3 mJ, 수소, 아세틸렌, 유화, 수소, 에틸렌 등의 경우는 현저하게 낮아 0.1 mJ 이하로 된다.

또 각종 분체의 최소 인화 에너지는 10~30 mJ 정도의 것이다. 이것에 대한 정전기 방전의 방전 에너지는 0.1~1 mJ 정도이거나 그것 이하이며, 모두 인화 · 폭발의 원인으로 될 수 있기 때문에 정전기 예방 대책을 철저하게 수립하고 실시해야 한다.

바) 인체에 대한 전격

정전기 현상 중에서 인체의 정전기를 문제로 하는 경우, 인체의 저항은 수~수백 kΩ 이어서 정전기적으로는 완전한 도체라고 볼 수가 있다. 인체가 신발 바닥에서 대지로부터 절연된 상태에서는 대지와의 사이에 일종의 축전기를 형성하여 도체상의 정전기는 정전 용량이 커지기 쉬울 뿐 아니라 전체의 전하가 한 곳에서 일시에 방전해 버리기 때문에 큰 방전 에너지가 된다.

인체에 대한 전격에는 정전기가 대전되어 있는 인체가 접지 혹은 대전되어 있는 다른 물체와 근접하여 방전하는 경우와 대전되어 있는 물체가 인체에 접근하면서 방전하는 경우에 발생하는 두 가지가 있다.

(1) 인체로부터의 방전

인체에 대전되어 있는 전하량이 $2~3×10^{-7}C$ 이상이 되면 이 전하가 방전하는 경우에 통증을 느끼게 되는데 이것을 실용적인 인체의 대전 전위로 표현하면 인체의 정전 용량을 보통 100 pF로 할 경우 약 3 kV가 된다.

(2) 대전된 물체로부터의 방전

대전된 물체에서 인체로 방전이 일어날 경우에도 전격 발생 전하량은 $2~3×10^{-7}C$이지만 이 경우에는 물체의 정전 용량이 각각 다를 수 있으므로 물체의 대전 전위에 대한 전격 발생은 일률적으로 결정되지 않고 정전 용량에 따라 각각 다른 값을 가지게 된다. 즉, 이 대전 전위 이상이면 이것으로부터 인체를 향하여 방전이 발생하여 $2~3×10^{-7}C$ 이상의 방전 전하량이 인체에 방전되어 인체는 전격을 받게 된다. 그러나 대전 문제가 부도체인 경우의 전격 발생 한계는 없으나 대부분의 경우 대전 전위가 30 kV 이상이면 이것으로부터 인체로 향하여 방전이 발생하여 전격을 받게 된다.

따라서 대전 물체가 부도체인 경우의 전격 발생한계는 대전 전위로서는 10 kV, 대전 전하 밀도로는 약 $10^{-5}C/m^2$이라고 정할 수 있으며, 더욱 정확한 전격 발생 전위는 실제의 측정을 통하여 전격 발생 가능성을 검토해야 한다.

통상의 감전에 비해 정전기에 의한 전기적 충격은 현저하게 약하고, 전기적 충격으로 인하여 죽지는 않지만 그 쇼크로 인하여 굴러 넘어지거나, 기계와의 접촉 또는 그 공포감으로 인한 스트레스에 의해 작업 능률의 저하 등 2차적인 장해를 초래한다.

<표 5-9> 인체의 대전 전위와 전기적 충격 강도와의 관계

인체 대전 전위(kV)	전기적 충격의 강도	비 고
1.0	전혀 느껴지지 않는다.	
2.0	손가락 바깥쪽에 느껴지지만 아프지 않다.	미미한 방전음 발생 (감지 전압)
3.0	방전한 부분이 바늘에 닿은 느낌으로 움찔 놀라지만 아프지는 않다.	
4.0	손가락에 미약한 통증을 느낀다. 바늘로 깊게 찔린 통증을 느낀다.	방전의 발광을 볼 수 있다.
5.0	손바닥 또는 팔꿈치까지 전기적 충격을 아프게 느낀다.	
6.0	손가락에 강한 통증을 느끼고, 전기적 충격을 받은 후 팔이 무겁게 느껴진다.	손가락 끝에서 방전 발광이 뻗는다.
7.0	손가락, 손바닥에 강한 통증과 마비된 느낌을 받는다.	
8.0	손바닥 또는 팔꿈치까지 마비된 느낌을 받는다.	
9.0	손목에 강한 통증과 손이 마비되어 무거움을 느낀다.	
10.0	손 전체에 통증과 전기가 흐른 느낌을 받는다.	
11.0	손가락에 강한 마비와 손 전체에 강한 전기적 충격을 받는다.	
12.0	강한 전기적 충격으로 손 전체를 강타 당한 느낌을 받는다.	

사) 정전기 화재 사례

정전기 화재는 두 물체 사이의 전하가 이동하면서 발생한 전기 불꽃(스파크)이 가연성 가스 등이 폭발 범위에 달해 있는 공간에서 작용하면 발생할 수 있다. 정전기는 물질의 마찰, 박리 등에 의하여 발생한다.

(1) 현장에서 발생할 수 있는 경우

① 컨베이어(conveyor)와 롤러(roller), 벨트와 풀리 등 고체 사이의 마찰·박리 등

② 액체류를 취급·저장하는 공정, 즉 배관 내의 이동·분사나 수송·혼합 등의 공정에서 액체류와 배관·탱크 내벽 등이 마찰할 때

③ 수분·먼지·녹 등이 함유되어 있는 기체 류가 이동 또는 분사될 때 수분 등의 입자가 벽면이나 근접 물체와의 충돌·마찰 등을 발생시킬 때

④ 분체류의 이송·투입·교반 등의 작업 시에 분체와 분체 또는 근접 물체와의 충돌·마찰 등이 발생할 때

⑤ 건조한 환경 하에서 작업 중 인체 또는 의복이 대전되어 있을 때 타 물체와 마찰 또는 접촉하는 경우

(2) 화재 사례

옥내 저장소(25 m^2) 금속제(金屬製) 선반에 20L의 통이 늘어서 놓여 있고 이 통에는 위험물 제4류 제1석 유류인 세정유가 들어 있으며, 주름이 있는 노즐이 붙어 있었다.

출화시 종업원이 정밀기기의 시작품(試作品)인 금속제 대판(帶板)을 소둔전(燒鈍前) 처리를 하기 위해 청소된 플라스틱 용기(폴리프로필렌, 44×64×40 cm)에 세정유를 덜어 대재(帶材)에 부착된 기름을 떼어내는 작업을 하고 있었다.

최초에는 옥외에서 대재(帶材)를 손으로 흔들어 세정한 후 기름을 버리고, 재차 같은 작업을 하기 위해 저장소 내에서 덜어 그 장소에서 세정하려고 손을 댄 순간에 대재(帶材) 부근에 푸른 불꽃이 올라 출화한 사례이다.

5.4 뇌(雷)

뇌(雷)는 대기 중에서 일어나는 방전 현상으로 이 방전에는 뇌운(雷雲) 중의 정전하(正電荷)와 부전하(負電荷) 사이에 발생하는 운간 방전(雲間放電)과 뇌운과 대지 사이에서 발생하는 낙운(落雲) 2가지가 있다.

뇌명(雷鳴)은 방전 통로의 공기가 1~2만℃로 뜨거워져 팽창했을 때에 발생하는 것으로 뇌명이 들리는 범위는 약 15 km 정도이다.

1. 뇌의 분류

뇌를 발생하는 적란운의 내부는 심한 상승 기류가 발생하고 있다. 이 상승 기류를 발생하는 현상 조건에 따라 분류하면 다음 3종류가 있다.

가) 열뢰(熱雷)

하계에 수증기를 많이 함유한 공기가 해상 위에서부터 육지에 와서 아래쪽으로부터 데워져 심한 상승 기류가 발생하여 생기는 것이다.

나) 계뢰(界雷)

대륙에서 밀어내는 한랭 전선 부근에서 냉기가 온기를 밀어 올려서 난기내(暖氣內)에 심한 상승 기류를 만들어 발생하는 것으로 봄철에 발생한 뇌의 대부분이 이에 속한다.

다) 과뢰(過雷)

저기압이나 태풍 내부의 심한 상승 기류에 의해 발생하는 것으로 저기압 남측 또는 남동측에서 발생하기 쉽다. 저기압뢰(低氣壓雷)라고도 한다.

2. 뇌방전의 특성

낙뢰의 특성은 다음과 같다.

가) 낙뢰의 조건

① 높은 곳에 떨어지기 쉽다.
② 뇌전류는 물체의 표면을 흐르기 쉽다.
③ 뇌전류는 금속체에 흘러도 전기 저항이 높은 곳을 피해 대기 중에 재방전하는 경우가 있다.
④ 뇌전류는 물체의 저항이 낮아도 대전류 때문에 발열하여 금속을 용융하며 경우에 따라서는 급격한 용융 증발로 인해 폭발하는 경우도 있다.

나) 낙뢰의 특성

① 뇌 전압은 1억~수10억 V 정도이고, 뇌 전류는 20만A 정도까지 기록되어 있으며 5만A

전후가 많다.(피뢰침 직격뢰 측정치 600~11,700A)

② 1회의 방전으로 소비되는 전하는 0.05~200C 정도이다.

③ 1회의 방전 전력량은 4~100 kWh 정도이다.

④ 낙뢰의 계속 시간은 최장 0.5~1.0초가 실측되어 있지만 대략 대전류 단시간(수만A 이상의 전류가 수십μs 계속되는 것)의 것과 소전류 장시간(수백A의 전류가 수십ms 이상 계속되는 것)으로 대별될 수 있다.

다) 낙뢰의 분류

낙뢰는 뇌격을 받는 방법에 따라 직격뢰, 측격뢰, 유도뢰, 침입뢰 4종류로 분류할 수 있다.

(1) 직격뢰(直擊雷)

<그림 5-9>와 같이 뇌방전(雷放電)의 주방전(主放電)이 직접 건조물 등을 통해 형성되는 것으로 소위 낙뢰를 말한다.

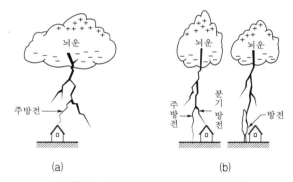

<그림 5-9> 직격뢰(a)와 측격뢰(b)

(2) 측격뢰(側擊雷)

낙뢰의 주방전에서 분기된 방전이 건조물 등에 방전하는 경우나 수목(樹木) 등으로의 직격뢰에 의해 수목의 전위(電位)가 높아져 부근에 있는 건조물 등으로 재방전하는 경우를 말한다.

(3) 유도뢰(誘導雷)

낙뢰에 의해 주위의 물건이 유기(誘起)된 고압에 의한 경우와 운간 방전에 의해 주위의 물건이 유기된 고압에 의한 경우를 말한다.

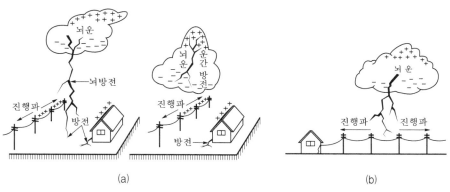

<그림 5-10> 유도뢰(a)와 침입뢰(b)

(4) 침입뢰(侵入雷)

송·배전선에 낙뢰하여 뇌전류가 송·배전상을 진행하여 건물 또는 발전소나 변전소 등의 기기를 통하여 방전하는 것을 말한다.

3. 건축물의 피뢰 설비

가) 건물 높이에 따른 신보호각 선정법

최근 건축물의 초고층화(超高層化)와 지능화로 건축물 내부에 정보·통신 기기 등 첨단 기기들이 시설되어 낙뢰 시 피해는 더욱 가중되고 있는 실정이다. 2004년 9월부터는 60°로 고정돼 있던 피뢰침 각도를 신축 건물 높이에 따라 25~55°까지 조절해 설치해야 하며, 또 한 높이 20 m마다 건물 외벽에 수평 환도체(水平還導體)를 둘러야 한다.

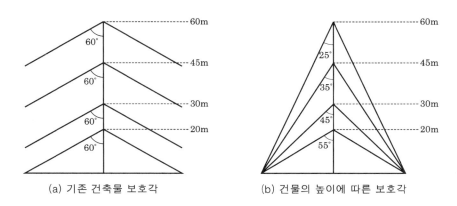

(a) 기존 건축물 보호각   (b) 건물의 높이에 따른 보호각

<그림 5-11> 기존 건축물 보호각(a)과 건물 높이에 따른 신보호각(b) 선정법

20 m 신축 건물에 대해서는 피뢰침 보호각을 55°로 조정하는 것을 비롯하여, 30 m 신축 건물은 45°, 45 m 건물은 35°, 60 m 건물은 25°로 설치 각도를 각각 달리해야 한다. 피뢰침으로 보호할 수 있는 범위가 좁아지는 대신 그만큼 많은 피뢰침을 설치해야 한다.

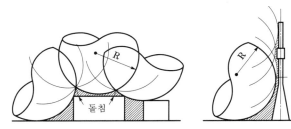

<그림 5-12> 회전 구체법(Rolling Sphere Method)

<표 5-10> 보호 레벨에 의한 수전부 보호 범위(a : 보호 각도)

보호 레벨	R(m)	20m a(°)	30m a(°)	45m a(°)	60m a(°)	망상(mesh)의 폭(m)
I	20	25	*	*	*	5
II	30	35	25	*	*	10
III	45	45	35	25	*	10
IV	60	55	45	35	25	20

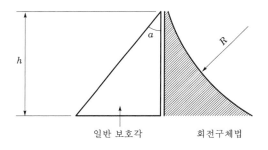

일반 보호각   회전구체법

<그림 5-13> 보호 범위

이와 함께 측면에서 낙뢰가 발생할 경우에 대비, 20 m 높이마다 외벽에 수평 환도체를 설치해야 한다는 규정을 신설함으로써, 건물 옥상이나 외벽에 낙뢰를 받더라도 종전보다 피해가 현격히 줄어들 전망이다.

① 건물 높이에 따라 좁은 보호각법 적용

② 인하 도선을 20 m 간격으로 수평 환도체를 사용하여 본딩

③ 적용 범위는 건물 높이가 60 m 이하인 건물에 한하도록 제한하였다.

나) 뇌 보호 시스템에서 전기적인 연속성

뇌 보호 시스템(LPS : Lightning Protection System)은 외뢰(외부뢰)와 내뢰(내부뢰) 보호를 포함하며, 철근 콘크리트 건축물 등에서 전기적인 연속성이 있다고 간주하는 경우는 다음과 같다.

① 수직 및 수평 철근이나 빔 상호 접속부의 50% 이상이 용접 또는 견고한 결속이 된 경우

② 수직 철근이나 빔이 용접 또는 직경의 20배 이상 길이로 겹쳐지며, 견고한 결속이 된 경우

③ 프리캐스트 유닛인 경우 인접 프리캐스트 콘크리트 유닛 사이에 전기적 연속성이 있는 경우

4. 낙뢰 화재 사례

낙뢰에 의한 건조물 등의 화재는 원인 분류상으로는 건조물 등에의 직격뢰에 의한 경우와 측격뢰, 유도뢰, 침입뢰에 의한 경우 2종류로 나눠지며 발화원으로서 전자를 직접뢰라 하고, 측격뢰, 유도뢰, 침입뢰의 경우를 간접뢰로 분류하고 있다.

가) 사례 1

들판 한 가운데에 있던 2층 건물의 옥상(7 m) 난간 외벽 모서리에 직격되어 외벽 일부(약 3 m)의 기와와 외장 벽돌이 파손되어 지상으로 낙하되고 분전함 내부의 주차단기인 누전 차단기가 폭발하였다.

 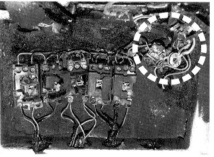

(a)　　　　　　　　　　　(b)

<그림 5-14> 낙뢰 사고 현장(a)과 누전 차단기 폭발(b)

나) 사례 2

큰 나무 옆 주택 옥상 위에 설치되어 있던 TV 안테나에 측격뢰가 침입하여, 일부 전기 기기의 절연을 파괴하고 배선용 차단기가 작동하여 정전되었다. 옥상 용마루용 금속체 난 간 빗물 통(銅製品)을 통하여 지하로 흘러들어 갔으며 그중 일부가 혼합 분배기 및 2대의 TV와 비디오 등을 파괴하여 전원선에 유입되었다. 이때 옥내 배선에 고전압이 인가되었고 에어컨의 절연이 파괴되는 등의 피해가 발생하였다.

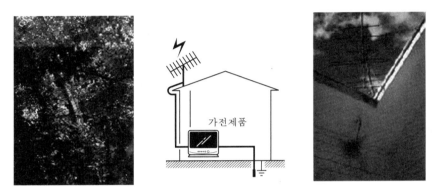

<그림 5-15> 큰 나무 옆 TV 안테나로 측격뢰 침입

다) 사례 3

아파트 옥상 물탱크 위에 설치된 TV 안테나에 직격뢰가 침입하였다.

① 천둥, 번개에 의한 꿍음과 거의 동시에 정전되었고 106호에서 화재 발생하였다.

② 106호 옆 경비실(별채)에 있던 사람이 연기를 발견, 즉시 119에 연락한 후 발화 장소 인 106호로 급히 달려갔으나 건물 내부는 시커먼 연기가 가득 차서 손을 쓸 수가 없었 다. 다행히 옆집으로 불길이 번지지 않아 다행이었으나 건물 내부는 화재로 인하여 시 커멓게 타버렸다.

③ 발화의 원인(原因)이 되었던 것은 명확하게 TV 수상기(受像機)였다.

④ 사고 후, 접지 저항을 측정한 결과 건물의 구조체 접지 저항치는 2Ω이었고 물탱크의 접지 저항치는 140Ω이었다. 결국 물탱크, TV 안테나는 건물 구조체와 전기적으로 완 전하게 접속되어 있지 않았다.

⑤ TV 수상기의 전원선의 한쪽은 전기실 변압기 제2종 접지에 접속되어 있었으므로 5Ω 이하의 낮은 접지 저항치를 갖고 있었다.

⑥ 뇌전류는 가장 통과하기 쉬운 경로(經路)를 따라 대지로 방전(放電)하므로 안테나 지

지대와 건물 구조체가 접속되어 있지 않았을 경우, 안테나 선(주로 동축 케이블)을 통하여 TV 수상기에 침입하여 이곳 전원선을 통하여 전기실 변압기 2종 접지극으로 도달하게 된다.

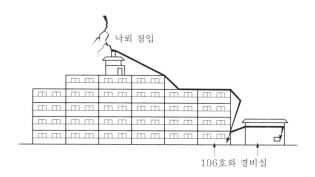

낙뢰 침입

106호와 경비실

<그림 5-16> 낙뢰 사고 현장

⑦ 이때 TV 수상기 내부에는 안테나 단자에서부터 전원선 쪽으로 뇌전류에 의한 방전이 일어나서 수상기 내부의 기체(氣體)의 급격한 가열과 공기 팽창에 의해 폭발되고 발화됨으로써 화재(火災)가 발생된 것으로 추정되었다.

라) 사례 4

골프장에서 소나기를 피하기 위하여 높이 10 m의 나무 밑에서 5명이 비를 피하고 있었다. 그 나무에 낙뢰가 침입하여 비를 피하고 있던 골퍼 1명과 캐디 1명이 측격뢰에 의해 현장에서 사망하고 다른 3명은 중화상을 입은 사례도 있었다.

MEMO

제 3 편

화재 조사 장비

[Chapter 6. 화재 조사 장비 활용법]

Chapter 6

화재 조사 장비 활용법

6.1 목 적

화재의 예방·경계, 진압 등 소방 현장 활동, 화재 조사, 구조·구급 업무 중에 전기 설비에 의한 재난을 방지하기 위해 조사 장비의 활용법과 조작 요령을 숙련함으로써 화재 예방 효과를 극대화하고 화인을 정확하게 규명하는데 그 목적이 있다.(소방기본법 시행규칙 제11조 화재조사의 방법 등. 소방장비조작 및 훈련기준 2004. 6. 1. 소방방재청 예규 제12호)

6.2 검전기(檢電器 : Voltage Detector)

예방 점검, 화재 진압, 화재 조사 등의 업무를 수행하기 전에 감전 등 2차 사고를 방지하기 위해 저압이나 고압 전로의 충전 상태를 확인하는 것은 자신 생명과 동료의 안전을 확보하는 필수 수칙이다.

1. 검전의 필요성과 검전 대상

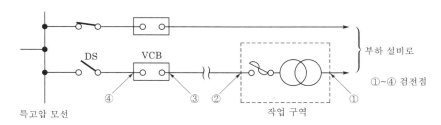

<그림 6-1> 검전 대상 개소

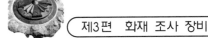
단전이나 정전, 회로의 수리, 설비 점검을 할 때에는 스위치 조작을 해야 하므로 감전 사고가 발생하기 쉽다.

특히 단로기(DS) 조작의 경우에는 그 전의 차단기의 작동이 완전히 실행되었는가, 차단 계통은 틀림없이 작동하였는가? 앞으로 작업을 하더라도 안전하겠는가? 등을 확인해야 한다.

2. 검전기의 종류

검전기 종류는 사용 회로의 전압에 따라 저압용, 고압용, 특별 고압용까지 있으며 그 종류를 교류 전압별로 분류하면 다음과 같다.

① 저압 600V 이하에는 600V급

② 고압 600V 초과 7,000V 이하에는 6 kV급

③ 특별 고압 : 7,000V 초과 66 kV급 또는 154 kV급 등을 사용

이 밖에 직류 회로에는 직류 용도 있지만 교직 양용을 사용하는 것이 좋다.

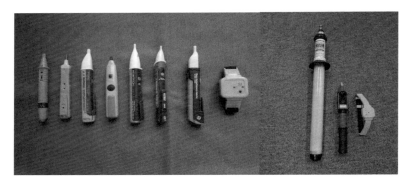

<그림 6-2> 저압 검전기, 활선 접근 경보기, 특별 고압 검전기

3. 검전기의 구조

검전기는 검지부, 표시부, 손잡이 부분으로 구성되어 있고, 가장 많이 사용되는 것은 저압 및 특별 고압용이다. 검전의 표시는 발광 네온관·발광 다이오드(LED), 음향(버저, 단속음)이 의한 것이 많으며, 특별 고압용으로는 풍차식 회전 운동으로 나타내는 것도 있다.

<그림 6-2>는 예방 점검이나 화재 진압, 화재 조사 중에 개인이 항상 휴대하고 검전을 해야 할 저압용 검전기 중의 하나이다.

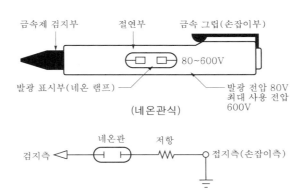

<그림 6-3> 저압 검전기

금속 손잡이(grip)부를 손으로 잡고 선단의 검지부를 충전 부분에 접촉시키면 네온관이 발광한다. 충전 부분의 대지 전위에서 발광하므로 그 전압이 높을수록 발광도 밝아진다. 네온관의 방전 개시 전압은 75V 이상이다.(고압 전로에 접촉 금지)

최근 휴대가 간편하고 성능이 좋은 저압 검전기의 정격과 사양은 교류(AC) 50~600V, 감지 전류 0.1 mA이다.

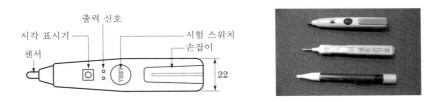

<그림 6-4> 저압 검전기

<표 6-1> 검전기의 종류와 사용 전압 범위

용 도	정격 전압(V)	사용 전압 범위(V)
저압용 네온형	300, 600	AC, DC 80~300, 600
고압용 음향 발광식	7,000	AC 80~7,000
교직 양용 고압 검전기	7,000	AC, DC 600~7,000
특별 고압용 음향 발광식	80,500	AC 20,000~80,500

4. 사용 방법

① 고압용이나 특별 고압용을 검전할 때에는 반드시 절연 고무 장갑을 착용하고 사용해

야 한다.

② 손잡이 부분을 확실하게 잡고 사용한다.

③ 고압용 검전기는 케이블이나 절연 피복 위에서 비접촉으로 검지한다.

④ 옥내용, 옥외용은 사용 전압 범위와 회로 전압이 정해지고 있어 그 범위 내에서 사용한다.

⑤ 검전은 이미 알고 있는 충전 부분에서 작동 확인 시험을 하든가 체크로 성능을 확인해 둔다.

5. 보관과 관리

① 건조한 장소에 보관하고 절연 부분을 파손 또는 흠집을 내지 않을 것

② 분진이 적은 장소에 보관하고 사용 후에는 손질, 보전을 완벽하게 할 것

③ 절연 성능의 시험을 6개월 이내마다 실시할 것

④ 사용 개시 전에 검전 성능을 점검할 것

6.3 회로 시험기(回路試驗器 : Circuit Tester)

1. 회로 시험기 개요

전기 화재의 원인을 밝히는데 쓰이는 가장 간편하고 휴대 가능한 만능 회로 측정기이다. 아날로그식과 디지털식이 있으며, 아날로그식은 1개의 전류계(電流計)와 절환 스위치·저항기·정류기(整流器)·전원용 전지(電池) 등을 적당하게 조립하여 소형 케이스에 수납한 휴대용 측정기로 테스터라고도 한다.

일반적으로 전압은 1,000V 정도까지, 전류는 200 mA 정도까지 측정할 수 있다. 또한 지시계(指示計)로서 작동 전류가 작은 가동 코일형 전류계를 쓰며, 이것과 반도체 정류기·분류기·배율기·전지 등의 보조 회로와 조합하여 여러 가지 전기량을 측정할 수 있다.

정밀도는 그다지 높지 않으나, 절환 스위치에 의하여 간단하게 전기 저항, 직류 및 교류(交流)의 전압·직류 전류 등을 측정할 수 있다. 텔레비전이나 라디오 등의 조립·수리 및 약전(弱電) 관계에 널리 사용되고 있으며, 절환 스위치를 측정하려고 하는 눈금에 맞추고

2개의 탐침(探針)을 측정하고자 하는 회로의 양단에 대면 지침이 움직인다.

눈금판은 절환 스위치의 눈금에 대응하여 매겨져 있으므로 지침이 가리키는 눈금을 읽으면 측정값을 알 수 있다.

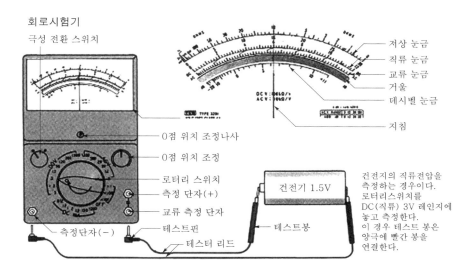

<그림 6-5> 아날로그식 회로 시험기 일반

측정할 때는 교류·직류별, 전압·전류별, 최대 눈금 등에 따라 스위치를 바꾸어 사용한다. 지시계는 다중 눈금이므로 잘못 읽지 않도록 주의해야 한다. 최근에는 회로 시험기와 기능은 같고 디지털 표시의 디지털 테스터라 불리는 것이 많이 사용되고 있다. 회로 시험기는 저항, 전압 및 전류를 측정할 수 있는 계기가 하나의 몸체에 조립되어 있는 전기 계측기로 통상 테스터(Multi-tester)라 한다. 회로 시험기는 눈금판, 전환 스위치, 두 개의 리드선으로 구성되어 있다.

① 눈금판이나 전환 스위치 주위에는 저항, 직류 전압(DC V), 교류 전압(AC V), 직류 전류(DC mA) 등의 측정 범위가 구분되어 표시되어 있으므로 전환 스위치가 가리키는 측정 범위에 해당하는 눈금판의 눈금을 읽어야 한다.

② 적색 리드선은 측정 단자의 (+)단자에 연결하고 흑색 리드선은 (−)단자에 연결하여 사용한다.

일반 가정이나 직장에서도 전기 기기가 늘어나고 있으므로 비상용으로 1대 비치해 두면 전압 확인, 고장·수리 등에 아주 편리하게 사용할 수 있다.

2. 회로 시험기 사용법

가) 기초 지식

전기량을 측정하는 계기는 종류가 많으므로 실험의 목적에 따라 알맞은 실험 계기를 선택해야 한다. 이러한 전압 전류 및 저항 등의 값을 하나의 기기로 측정할 수 있게 만든 기기 중에서 가장 간단한 것이 멀티미터(multimeter)이다. 이를 회로 시험기 또는 멀티테스터 (multi-tester)라고도 하며, 하나의 계기로 전압, 저항 및 밀리암페어의 소전류를 측정한다 는 의미로 VOM(Volt Ohm-Milliammeter) 계기라고도 한다.

<그림 6-6>은 회로 시험기의 외형과 눈금판을 각각 나타낸 것이다.

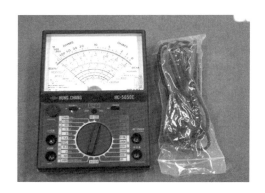

<그림 6-6> 회로 시험기의 외형과 눈금판

나) 오차

일반 아날로그 회로 시험기의 지시값에 대한 보증 오차는 직류 전압, 직류 전류 및 저항 을 측정할 경우에는 ±3% 정도, 교류 전압 측정시에는 ±4% 정도이다. 이 오차는 25℃의 값이고, 온도가 영하로 떨어지거나 40℃ 이상 높아지면 오차는 더욱 커진다.

다) 회로 시험기 사용 시 유의 사항

① 고압 측정시 계측기 사용 안전 규칙을 준수한다.
② 측정하기 전에 계측기의 지침이 "0"점에 있는지 확인한다.
③ 측정하기 전에 레인지 선택 스위치와 시험봉이 적정 위치에 있는지 확인한다.
④ 측정 위치를 잘 모르면 제일 높은 레인지에서부터 선택한다.
⑤ 측정이 끝나면 피측정체의 전원을 끄고 반드시 레인지 선택 스위치를 OFF에 둔다.

라) 회로 시험기의 부분별 명칭

아래 <그림 6-7>은 회로 시험기의 각 부분별 명칭을 나타낸 것이다.

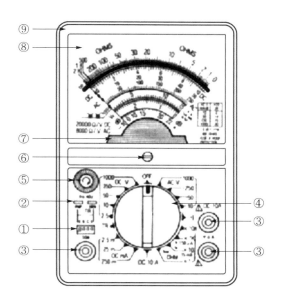

<그림 6-7> 회로 시험기의 부분별 명칭

(1) 트랜지스터 검사 소켓

트랜지스터 검사 시 소켓에 표시된 각 극성간의 정확한 위치에 트랜지스터의 극성을 맞추어 삽입한다.(PNP형과 NPN형을 검사할 수 있다.)

(2) 트랜지스터 판정 지시 장치

적색 및 녹색 램프(LED)로 되어 있어 적색이 켜지면 양품의 PNP 극성의 트랜지스터이고, 녹색이 켜지면 양품의 NPN형 극성의 트랜지스터이다.

2개의 램프가 점멸되면 측정 트랜지스터의 극간의 단선 상태의 고장을 알려주며 둘 다 점멸 되지 않으면 컬렉터-이미터간의 단락 고장 상태를 뜻한다.

(3) 입력 소켓

입력 소켓은 안전 장치로 되어 있어 시험봉의 플러그 삽입시 손에 접촉되지 않게 안전하다.

(4) 레인지 선택 스위치

명확한 레인지 선택이 가능한 스위치 방식으로 20 레인지의 선택이 가능하다.

(5) 0옴 조정기

옴 메터로 사용시 지침이 옴 눈금의 0점에 정확히 오도록 조정한다.

(6) 지침의 영위 조정

측정 전에 반드시 지침이 왼쪽 0점에 있는지 확인하고 필요시 조정한다.

(7) 내장형 가동 코일형 미터

고감도, 고직선성 및 1% 미만의 정밀도이다.

(8) 눈금판

약 90 mm, 90° 원호 및 칼날 지침의 눈금판은 판독하기가 쉬우며 눈금간의 간격이 넓어 정밀 측정이 가능하다.

(9) 케이스

고 충격성 플라스틱 사용함.

마) 회로 시험기의 사용법

회로 시험기의 외형은 서로 다르지만 그 기본 구성 및 측정 방법, 그리고 눈금(스케일), 읽는 방법은 거의 동일하다. 회로 시험기로 저항 측정, 직류 전압 측정, 직류 전류 측정, 교류 전압 측정, 인덕턴스 측정, 커패시터 측정, 전압비(dB) 측정 등을 할 수 있다.

(1) 0점 조정

사용하기 전 눈금판의 지침이 0점(영점)에 일치되었는가를 확인하고 맞지 않을 때는 <그림 6-8>과 같이 0점 조정 나사를 돌려서 조정한다.

(2) 지침의 영위 조정

저항계의 눈금은 측정 레인지에 따라 변화하므로 테스터의 리드봉을 단락시켜 0Ω ADJ 볼륨(VR)을 조정하여 지침이 0점 위치에 맞도록 조정해야 한다. 만일 맞지 않을 때는 회로 시험기 내부의 전지(1.5V 2개, 9V 1개의 건전지가 내장되어 있다.)가 소모된 것이므로 교환해야 한다.

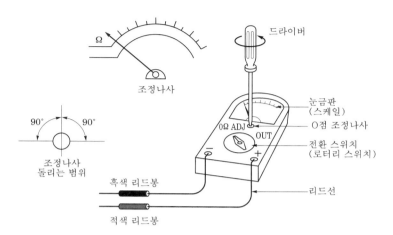

<그림 6-8> 회로 시험기의 0점 조정

(3) 저항 측정 방법

저항 양단 리드에 회로 시험기의 리드봉을 그림과 같이 대고 측정 레인지의 배수와 지시값을 계산하여 읽는다.

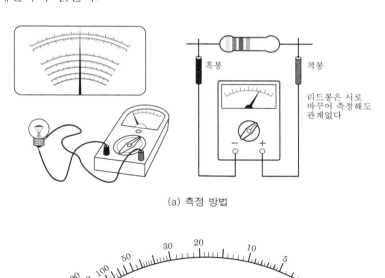

(a) 측정 방법

(b) 저항 측정시의 눈금

<그림 6-9> 저항 측정 방법

<표 6-2> 저항 측정 시 눈금 읽는 법

측정 레인지	눈금판 (스케일)	배 수
R （×1)	Ω눈금(맨 위)	1배
10R （×10)	Ω눈금(맨 위)	10배
100R （×100)	Ω눈금(맨 위)	100배
1,000R （×1,000)	Ω눈금(맨 위)	1,000배
10,000R （×10,000)	Ω눈금(맨 위)	10,000배

저항 측정은 내장 전지에 의해 작동한다. 저항의 올바른 판독을 위해서 지시계의 민감성은 전지에 의해 공급되는 전압에 따라 조정되어야 한다. 이것은 지시계가 최고 눈금에서 0Ω을 읽기 위한 0 ohm 조정이다.

(+)와 (−)COM 단자가 함께 단락됨에 따라 지침을 정확하게 눈금의 0에 위치하도록 좌, 우로 0점 조정 나사(ADJ)를 돌려서 0Ω으로 조정된 쪽으로 움직인다. 범위가 움직일 때마다 지침은 반드시 조정되어야 한다.

(4) 커패시터 점검

<그림 6-10>은 커패시터의 간단한 불량 유무를 점검하는 방식으로 아래와 같은 내용을 점검한다.

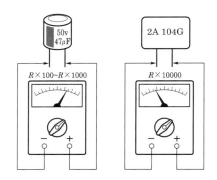

<그림 6-10> 전해 커패시터와 마일러 커패시터 점검 방법

① 회로 시험기의 지침이 올라갔다가 내려오지 않으면 내부 단락
② 회로 시험기의 지침이 전혀 올라가지 않으면 내부 단선
③ 용량 적은 커패시터(커패시터 방전 상태) 회로 시험기의 지침이 올라가지 않는다.

그림과 같은 방법으로 점검이 완료되면 회로 시험기 리드봉을 반대로 접속해 본다. 이때도 역시 지침은 올라갔다가 내려온다.

(5) 직류 전압 측정

측정 레인지를 DC V의 가장 높은 위치 1,000으로 전환하고, 측정하고자 하는 곳의 전위 및 전극을 확인한 다음 (+)측에 적색 리드봉을, (－)측에는 흑색 리드봉을 병렬로 접속하여 측정한다.

이때 지침이 전혀 움직이지 않을 때는 측정 레인지를 500, 250, 50, …, 5 순으로 내려 지침이 중앙을 전후하여 멈추는 곳에 레인지를 고정시키고 측정하는 것이 바람직하다. 그러나 측정 전압을 미리 예측을 한 때는 예측한 전압보다 높은 위치에 측정 레인지를 고정시키는 것이 안전한 방법이다.

① 전환 스위치를 적당한 직류 전압(DC V) 측정 범위로 맞춘다.(측정 전압 예상할 수 없을 때, 전환 스위치 최대 범위로 놓고 측정한다.)

② 물체에 리드선 막대 끝을 댄다. (+)는 적색, (－)는 흑색 리드선

③ 나타난 직류 전압 눈금값을 읽는다.

④ 회로 시험기의 지침이 반대로 움직이면 리드봉을 바꾸어 측정해야 한다.

<표 6-3> 직류 전압 측정 시 눈금 읽기

측정 레인지	눈금판	배 수
0.5	5	1/10배
2.5	25	1/10배
10	10	1배
25	25	1배
50	5	10배
250	25	10배
500	5	100배
1,000	10	100배

(6) 교류 전압 측정

측정 레인지를 AC V의 가장 높은 위치 1,000V로 전환하고, 리드봉의 극성에 관계 없이(회로 시험기 리드봉의 극성은 구별 없이 사용해도 된다) 병렬로 접속하여 측정을 한다. 여기에서 눈금은 직류 눈금을 병행해서 사용하는데, 10 레인지에서만 AC 10V 전용 눈금을 읽는다.

① 전환 스위치를 적당한 교류 전압(AC V) 측정 범위로 맞춘다.(측정 전압을 전혀 예상할 수 없을 때, 전환 스위치를 최대 범위로 놓고 측정을 시작한다.)

② 물체에 리드선 막대 끝을 댄다. (+)는 적색, (−)는 흑색 리드선
③ 나타난 교류 전압 눈금값을 읽는다.

(7) 직류 전류 측정

　측정 레인지를 DC mA의 가장 높은 위치 250으로 전환하고 측정하고자 하는 곳의 회로를 확인한 다음 부하와 직렬로 접속 측정을 해야 한다. 이때 지침이 움직이지 않으면 250, 25, …, 0.1 순서로 내려서 지침이 눈금 중앙을 전후하여 멈추는 곳에 레인지를 고정시키는 것이 바람직하다.

　그리고 눈금은 그림과 같이 눈금을 공용으로 사용되고 배수도 같은 방법으로 하여 읽는다.
① 흑색 리드선을 (−)COM. 소켓에 연결하고, 적색 리드선은 V. Ω. A 소켓에 연결한다.
② 선택 스위치를 전류 측정 위치에 둔다.
③ 측정하고자 하는 물체의 전원을 차단하고 측정기과 직렬로 연결한다.
　　☞ DC 10A의 측정 시
④ 전환 스위치를 10A에 위치시키고, 전류를 측정한다.

(8) 출력 단자의 AC.V 측정

　음극 리드는 평상시처럼 (−)COM에 연결시키고, 양극 리드는 출력 단자(OUTPUT)에 연결시킨다. 커패시터는 메타의 AC 시그널을 읽기 위해 회로상의 현 DC(직류) 요소를 차단시키기 위해 (+)터미널과 OUTPUT과 직렬로 안으로 연결되어 있다. 레인지(Range)는 그대로 교류 전압의 것을 사용하는데 측정 단자의 접속 위치가 다를 뿐 AC V의 측정과 조금도 다름이 없다.

　그 밖의 AF 출력 전압을 검사하는 것 외에, TV Servicing 신호를 검사하기 위하여 사용할 수 있다. 예를 들면 AC 50V 범위에서는 수평 증폭 회로 내에서의 수평 신호를 탐지하며 동시에 동시 분리 및 동시 증폭 회로상의 입력 신호를 측정한다.

(9) TR(트랜지스터) 측정

　레인지 스위치를 TR에 둔다. 측정할 TR 소켓(socket)에 에미터, 베이스, 콜렉터에 극성을 맞추어 삽입한다. 적색 LED가 정지 점등하면 NPN형 양품이고 또한 녹색 LED가 정지 점등하면 PNP형 양품이다. TR 삽입 후, 적·녹색 LED등이 켜진 상태는 TR이 단락된 불량 상태이다.

(10) 도통 시험 측정

① 리드는 직류와 동일하게 접속한다.

② 레인지 스위치는 BUZZER에 고정시킨다.

③ 회로가 통하면 "삐-"하는 소리가 난다.

④ 회로가 끊어져 있거나 회로 선로 저항이 100Ω 이상 되는 경우 소리가 나지 않는다.

(11) 전지 교환

① 만일 ×1Ω 범위에서 0Ω 조정이 불가능하다면 내장 1.5V 전지가 다 소모된 것이므로 새 전지로 교체해야 한다.

② 만일 ×10 kΩ 범위에서 0Ω 조정이 불가능하면 내장 9V 전지를 새 것으로 교체해야 한다.

③ 전지 교환시 나사를 풀고 뒷면 케이스를 연후 전지의 극을 확인하여 전지를 바르게 끼운다.

<그림 6-11> 회로 시험기 이면 배터리와 기판

바) 안전 및 유의 사항

① 회로 시험기를 사용할 때에는 빨강 리드 플러그는 항상 (10) 리드 잭에, 검정 리드 플러그는 검정(-) 리드 잭에 꽂아서 사용해야 한다.

② 회로 시험기를 전압계와 전류계로 하여 사용할 때에는 측정할 전압과 전류의 크기를 미리 예측하고, 전환 스위치를 알맞은 범위에 놓고 측정해야 한다.

③ 직류 전압이나 교류 전압을 측정할 때에는 측정하기 전에 반드시 전환 스위치가 저항

측정 범위, 또는 전류 측정 범위에 있지 않은가를 확인한 다음 측정해야 한다. 만일, 그렇지 않으면 계기가 손상된다.

④ 측정할 전압과 전류의 크기를 예측할 수 없을 때에는 먼저 전환 스위치를 최대 측정 범위에 돌려 놓는다.

⑤ 저항계로 사용할 때에는 전환 스위치로 측정 범위를 바꿀 때마다 0Ω으로 조정을 한 다음 측정해야 한다.

⑥ 회로 시험기를 사용하지 않을 때에는 전환 스위치를 항상 off에, 만일 off 단자가 없을 때에는 DC V(또는 AC V)의 위치에 돌려 놓는다.

6.4 절연 저항계(絶緣抵抗計)

절연 저항계는 발전기를 전원으로 하는 발전기식 절연 저항계와 전지를 전원으로 하는 전지식 절연 저항계가 있다. 최근의 절연 저항계는 지시가 디지털이거나 측정 전압의 전환 이 가능한 것 등 다양한 것이 상품화되어 있다.

1. 저압 전로의 절연 저항

<표 6-4> 저압 전로의 절연 저항

전로 사용 전압 구분		절연 저항치
400V 미만	대지 전압 150V 이하의 경우	0.1 MΩ
	대지 전압 150V를 넘고 300V 이하인 경우	0.2 MΩ
	사용 전압 300V를 넘고 400V 미만인 경우	0.3 MΩ
400V 이상		0.4 MΩ

[비고] 사용 전압에 대한 누설 전류 기준 : 최대 공급 전류의 1/2,000 이하

2. 발전기식 절연 저항계

발전기식 절연 저항계(發電機式 : hand-cranked megohmmeter)는 보통 메거(magger) 라고 부르며, 그 원리를 나타내면 <그림 6-12>와 같다.

전선로와 대지간의 절연 저항을 측정하는 경우에는 L단자를 전선로에, E단자를 접지선

에 접속시킨다. 또, 절연 저항에 고전압을 가하여 측정하는 경우에는 이미 언급한 바와 같이 절연물 내부가 아닌 그 표면을 통하여 누설 전류가 흐르게 되고, 이 누설 전류가 전류 코일에 흐름으로써 측정 오차의 원인이 되기 때문에 이를 방지하기 위하여 보호 단자 GR을 설치하고 있다. 그림 (b)는 케이블의 절연 저항을 측정하는 경우의 보호 단자의 사용 예를 나타낸 것이다.

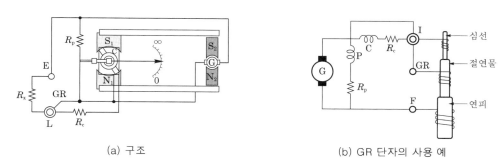

(a) 구조   (b) GR 단자의 사용 예

<그림 6-12> 발전기식 절연 저항계의 구조(a)와 응용 측정(b)

[비고] 핸들 : 절연 저항계의 핸들의 매분 회전수는 120을 표준으로 하고 있다.

3. 전지식 절연 저항계

전지식 절연 저항계(battery-powered megohmmeter)는 수동 회전식 발전기 대신에 건전지를 전원으로 하고, 직류 전압 변환 회로에 의해 100~1,000V의 직류 측정 전압을 발생시키도록 한 것이다.

지시계기는 가동 코일형 비율기를 사용하는 것과 가동 코일형 계기를 사용하는 것이 있다. 전자는 발전기식 절연 저항계와 거의 동일한 원리이다. 후자는 직류 전압 변환기에 의해 얻어진 측정 전압을 미지 저항에 가하고, 흐르는 전류를 전류계로 측정하여 RX를 지시하도록 한 것이다. 이 방식은 측정 전압의 변화가 그대로 측정 오차에 연결되므로 측정 전압을 안정화시키지 않으면 안 된다.

전지식 절연 저항계는 발전기식에 비해 소형 경량이고 조작도 간단하며, 기계적 접점이 없으므로 고장이 적은 점 등의 특징이 있다.

최근의 절연 저항계에서 측정 전압은 10V, 25V, 50V, 100V, 250V, 500V, 1,000V 등 다수의 레인지를 가지며, 고저항의 측정 범위는 $500 \, k\Omega \sim 2 \times 10^{16} \Omega$을 직독할 수 있다.

절연 저항계는 절연물에 직류 전압을 인가하여 거기에 흐르는 전류에서 절연 저항을 재는 측정기로 전원에 발전기를 사용한 발전기식 절연 저항계와 전지를 사용한 전지식 절연 저항계가 있다.

(a) (b)

<그림 6-13> 전지식 절연 저항계(a)와 디지털식 절연 저항계(b)

절연 저항계는 측정 전압(V), 유효 최대 눈금(MΩ) 등 KS 규격으로 정해져 있다.

최근에 출고되는 절연 저항계는 측정의 전환을 할 수 있는 것이나 어두운 곳에서도 판독할 수 있게 지시부에 조명이 붙은 것 등이 있다.

<표 6-5> 측정 전압과 최대 눈금

100 V	20 MΩ	500 V	1000 MΩ
250 V	50 MΩ	1000 V	200 MΩ
500 V	100 MΩ	1000 V	2000 MΩ

절연 저항계에서의 절연·측정은 전기 기기나 전로의 사용을 멈추고 단전 상태에서 한다. 최근, 컴퓨터나 컴퓨터로 제어하는 기기의 증가와 함께 전기 설비의 보수를 위한 단전이 곤란해지고 있으며, 시대의 흐름에 따라서 활선 상태로 전로의 절연 저항을 측정하는 활선 절연 저항계가 시판되고 있다.

눈금판 등에 기호를 기재하는 경우에는 <표 6-6>의 기호를 사용한다.

<표 6-6> 지시계의 작동 원리와 전원 방식

작동 원리	기 호	전원 방식	기 호
가동 코일형	⌂	정전압 회로를 내장하는 방식	K
가동 코일 비율계형	⌂	정전압 회로를 갖지 않는 방식	N

6.5 클램프미터(Clamp-meter)

1. 개요

클램프식 전류계(후크 온 미터)는 운전중인 기기의 부하 전류나 누설 전류를 측정하는 것으로 기기의 운전 상태나 설비의 기능, 능력을 파악하는 중요한 점검 측정기이다.

시판되고 있는 클램프식 전류계는 한 대로 누설 전류부터 수백A의 부하 전류까지 측정할 수 있는 것이 일반적이다. 클램프미터의 분할형 영상 변류기의 크기는 최대 측정 전류(부하 전류)로 결정되며 이 전류가 클수록 분할형 영상 변류기의 안지름은 커진다.

클램프미터에는 전류 측정 기능 외에 교류 전압 측정 및 저항 측정 기능이 부가된 것도 있으며, 클램프미터 1대로 어느 정도의 일상적인 점검이 가능하다.

2. 클램프미터의 종류

클램프미터는 회로 시험계와 동일하게 아날로그 방식과 디지털 방식이 있다. 부하 전류 측정 시 그 전류가 변동하는 일은 적지만, 누설 전류 측정에서는 특히 접지선에서 전로 일괄의 누설 전류를 측정하는 경우 일반적으로 누설 전류는 부하의 가동 상황에 맞추어 변동하는 일이 많다.

디지털식으로 측정하는 경우, 측정값이 변동하여 판독이 어려운 경우가 있으며, 아날로그식은 일반적으로 평균값의 실효값 지시를 하고, 디지털식은 실효값 연산 타입이 많고 고조파 성분이 많이 포함되는 전류 측정에서는 양 방식에 측정값의 차이가 생기는 일이 있다.

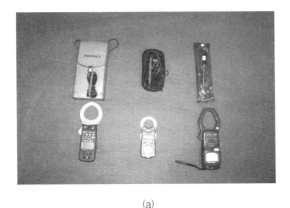
(a)

(b)

<그림 6-14> 각종 클램프 미터(a)와 누설 전류계(b)

3. 누설 전류 측정

누설 전류 측정에 있어서는 근접하는 대전류의 영향이나 모선에서의 측정에서는 클램프하는 전선 위치 등에 유의한다.

정기적으로 측정하는 경우, 그 측정 조건이 일정해지도록 주의하여야 한다. 또 최근에 측정하는 전류에 고조파 성분이나 인버터에서 유출하는 고조파 성분이 포함되는 케이스가 많다.

이것들에 대응하는 클램프식 전류계로서 누설 전류 중 상용 주파수 성분만을 계측하는 기능이나 필터 특성을 가지는 타입도 시판되고 있다.

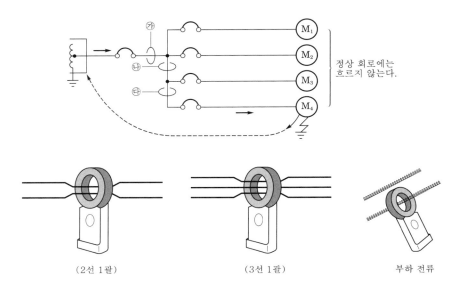

<그림 6-15> 누설 전류 및 부하 전류 측정

10년 전까지만 해도 아날로그 클램프식 미터가 국내에서 주종을 이루었으나, 최근 디지털 클램프식 미터로 전환되는 추세이다.

또한 아날로그 클램프식 미터 배율기와 분류기로 구성되어 있어 고장 수리가 수월했지만, 디지털 클램프식 미터는 수리하기가 복잡해졌고 수리를 하려면 디지털 클램프식 미터의 기판 자체를 교체해야 되는 일종에 소모성 기판으로 변해버린 것이다.

6.6 접지 저항계

1. 접지 저항

전기 설비는 설비 자체의 안전뿐 만 아니라 인명, 가축의 안전을 보장하기 위하여 반드시 접지를 해야 한다. 접지 저항은 저항의 분포 구역이 명확하지 않으나 일반적으로 다음과 같이 정의한다.

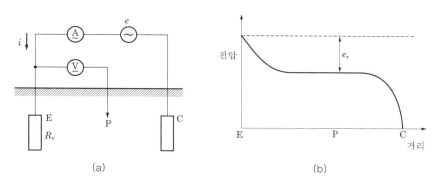

<그림 6-16> 접지 저항 측정 이론

<그림 6-16>의 (a)와 같이 2개의 접지판 E, C를 10 m 이상 떨어진 위치에 매설하고 E, C 사이에 교류 전압 e를 가하여 전류 i를 흘린다. 또, 보호 접지판 P를 설치하고 E, C 사이에 내부 저항이 높은 전압계 V를 접속한다.

P를 E, C 선상에서 순차적으로 이동시켜 E점으로부터의 전압 강하 e_x를 측정하고, EC 간의 거리 X와의 관계를 구하면 그림 (b)와 같이 된다. 이 곡선이 수평으로 된 위치의 전압 강하 e_x를 전류 i로 나눈 값을 E의 접지 저항으로 정의한다.

$$\text{E의 접지 저항 } R_x = \frac{e_x}{i}$$

접지 저항은 대지의 건물 및 온도 등에 의해 변화하며, 또 직류로 측정하면 분극 작용을 일으키는 등 전해액 저항과 유사한 성질을 가지고 있다. 접지 저항의 측정에는 다음과 같은 방법이 사용된다.

또한 전기 설비에는 설비에 이상이 일어났을 때, 그 이상이 원인으로 생기는 감전 사고, 누전 화재, 기기 파괴를 방지하는 목적으로 접지가 행하여지고 있다. 접지 저항은 토양의 상황이나 접지극의 형상에 따라 항상 일정값을 유지하는 것이 아니고 정기적인 측정을 하여 관리하여야 한다.

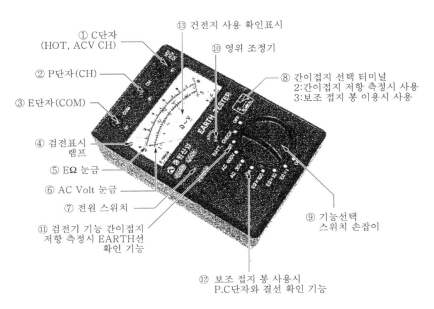

① C단자 (HOT, ACV CH)
② P단자(CH)
③ E단자(COM)
④ 검전표시 램프
⑤ EΩ 눈금
⑥ AC Volt 눈금
⑦ 전원 스위치
⑪ 검전기 기능 간이접지 저항 측정시 EARTH선 확인 기능
⑬ 건전지 사용 확인표시
⑩ 영위 조정기
⑧ 간이접지 선택 터미널 2:간이접지 저항 측정시 사용 3:보조 접지 봉 이용시 사용
⑨ 기능선택 스위치 손잡이
⑫ 보조 접지 봉 사용시 P.C단자와 결선 확인 기능

<그림 6-17> 접지 저항계의 각부 명칭

2. 접지 용어

가) 접지 저항이란?

'대지에 매설한 접지 전극과 대지 사이의 전기 저항이다.'라고 표현하고 있기 때문에 대지와 접지 전극 사이의 접촉 저항이라고 생각하기 쉽다. 물론 접촉 저항이 중요한 것은 사실이나 접지 저항을 결정하는 2단자의 한쪽이 접지 전극 주변의 토양이고 무한히 넓기 때문에 접지 저항의 실체는 전류가 토양에 유입된 이후부터가 중요하다. 접지 저항은 다음과 같이 3가지로 정의하고 있다.

① 매설한 금속체 그 자체의 도체 저항

② 금속체 표면과 그것을 포함하는 대지와의 접촉 저항

③ 대지에 흘러 들어간 전류가 확산해서 무한 원점까지 흐르는 동안의 대지 저항

이 중에서 ①은 무시할 정도로 적기 때문에 문제가 되지 않고, ②는 통상 10% 이하로 보기 때문에 접지 저항 저감제 등의 사용으로 무시할 정도로 저감시킬 수 도 있다. ③이 이른바 접지 저항을 결정하는 중요한 요소이다. ③에서 유의하여야 할 사항은 무한 원점이

다. 접지 전극에서 대지로 전류가 입체적으로 확산하기 때문에 도체(이 경우 접지 전극 주위의 대지) 단면적의 제곱으로 확대되어 급속히 저항이 저감할 것으로 상상된다.

이러한 요인 때문에 실용상 접지 저항의 정의로는 측정 대상의 접지 전극으로부터 충분한 원거리에서 일정한 전류를 흘려 그 접지 전극의 전위 상승을 통전 전류로 나눈 값이다.

나) 접지 저항

접지된 도체와 대지 사이의 저항. 접지된 도체에 교류의 시험 전류를 흐르게 하고, 그때의 도체의 전위 상승을 시험 전류로 나눈 값으로 한다.

다) 대지 전압

접지된 도체에 발생하고 있는 전위. 시험 전류에 의해 발생하는 전위는 제외하도록 한다.

라) 보조 접지

접지 저항을 측정하는 경우에 사용하는 전압용 및 전류용 접지극

마) 전위차계식 접지 저항계

시험 전류에 비례한 전류를 기준 저항에 흐르게 하여 그 단자 전압(기준 전압)과 접지 도체의 전위 상승을 검류계를 통하여 비교하는 방식의 접지 저항계이다. 보통은 검류계가 영 자리를 지시하도록 기준 저항 다이얼을 조정하였을 때 그 다이얼에서 접지 저항값을 직접 읽을 수 있게 되어 있다.

바) 전압 강하식 접지 저항계

정류 전원을 사용하여 일정한 시험 전류를 흐르게 하여 접지 도체의 전위 상승(접지점을 기준으로 잡으면 전압 강하)을 고입력 저항의 전압계로 측정하는 방식의 접지 저항계이다. 전압계의 흔들림은 접지 저항에 비례하므로 접지 저항값을 읽을 수 있다.

3. 접지 저항계 종류

접지 저항의 측정에는 일반적으로 직독식인 접지 저항계가 사용된다. 직독식 접지 저항계에는 전위차계식과 전압 강하식이 있지만 현재는 전위차식이 많이 사용된다.

제2종 접지 저항값은 전압용 보조극(P)과 전류용 보조극(C)을 피측정 접지극에서 10 m 이상 떨어뜨려 직선상의 대지에 박아서 측정한다.

제3종 접지 공사의 저항 측정 등에서 별로 정확을 요하지 않는 경우는 접지 저항값을 알고 있는 개소에 접속한다. 접지 저항계의 E단자를 측정하려는 접지극에 접속하여 측정한다. 측정값은 보조극의 접지 저항을 뺀 것이 된다.

직독식 접지 저항계에는 검류계의 지시가 중앙을 가리키도록 다이얼을 조정하여 지시가 중앙을 가리켰을 때의 다이얼 값에 의해 측정값을 판독하는 방식과 다이얼 조정이 필요 없는 직독형이 있다.

4. 접지 저항의 측정

접지 저항의 측정에는 전위 강하법에 의한 접지 저항계를 널리 사용하고 있다. 전위 강하법은 무한 원점에 대한 전위 상승을 기준으로 하여 현실적인 유한 구간의 전위 상승을 검출하여 접지 저항을 측정하고 있다. 이 유한 구간을 설정하는 매체로 보조 전극을 사용한다.

가) 전위 강하법

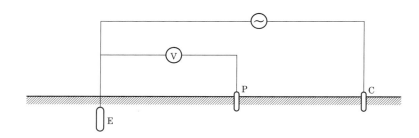

<그림 6-18> 전위 강하법에 의한 접지 저항 측정도

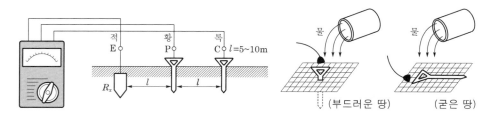

<그림 6-19> 접지 저항 측정

나) 보조 전극의 접지 저항

전위 강하법의 특징 중 하나는 보조 전극의 접지 저항이 측정치에 영향을 주지 않는 점이다. 보조 전극은 접지 전극에 비하여 길이나 직경이 작아 전체적으로 매우 작기 때문에 그 저항치는 훨씬 높다.

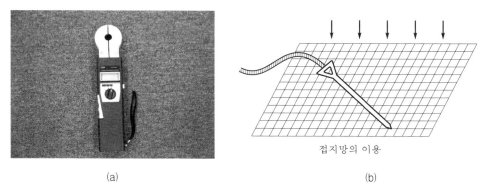

(a)   (b)

<그림 6-20> 클램프식 접지 저항계(a)와 보조 접지망(b)

그럼에도 보조 전극의 접지 저항이 측정에 영향을 주지 않는 이유는 전류 공급용 보조 전극 C의 접지 저항이 대지 귀로의 주회로 안에 있기 때문에 대지에 흐르는 전류의 크기에 영향을 미치나, 전류 값의 변화에 비례하여 E−P간의 전위차도 변하므로 접지 저항 $V/I\,\Omega$ 는 변하지 않기 때문이다.

전위 전극 P의 접지 저항은 주회로 속에 들어있기 때문에 전위차 측정 장치에 전류를 흘리지 않는 방법을 사용하면 P의 접지 저항 영향은 제거할 수 있다. 그러나 실용상 사용할 경우에는 보조 전극의 접지 저항이 과도하게 높으면 오차의 원인이 된다. 모래땅이나 건조한 산비탈 등에서 측정시는 보조 전극의 접지 저항을 낮추기 위하여 보조 전극 주변에 충분한 물을 부은 후 측정하는 것이 무난하다.

MEMO

전기화재감식공학

제 4 편

전기 화재 감식 요령

Chapter 7

감식 체계의 흐름

7.1 통전 입증(通電立證)

감식·감정은 입증을 위한 조사의 한 과정일 수도 있지만, 전기 제품 감정은 화재 조사에서 매우 중요한 부분을 점유하며 감정 결과에 따라 출화 원인이 결정된다고 해도 과언이 아니다.

제조물책임법 시행(2002. 9. 1.)과 함께 전기 기기 등 제품에서 출화한 경우에는 전기 이론이나 각종 물리·화학 등의 현상론으로 입증된 과학적 타당성이 있는 조사 결론을 도출하지 않으면 안 된다. 당연히 과학적인 결론에 이르기까지의 감식·감정 기술·전기·기계·물리·화학 기술 등을 적용하려는 의지가 없으면 정확한 결론에 도달할 수 없으며 더나아가서 예방 행정에 환원시키기 위해서는 각종 기술 기준 등의 전문 지식도 필요하게된다.

감정이란 출화 원인에 관계되는 소손 물건 등을 현장에서 수거하여 그 물건에 출화 원인이라고 여겨지는 특이한 소손 상황이 있는가를 실체 현미경 등의 감정 기자재를 사용하여상세하게 관찰하며 이들의 관찰 결과를 객관적 사실로서 기록하여 출화 원인의 판단 자료로 하는 업무이다.

화재 진화 후 이어서 현장 조사로 이행하는 경우가 있는데, 이와 같은 경우에는 매우 경미한 소손으로 발굴 조사하는데 걸리는 종료 시간과 결과 등 예상이 가능한 경우에 실시한다. 여기에서는 조사 현장에 있어서 소손 물건 등의 분해나 관찰이 곤란한 일정 규모 이상의 화재로 감정할 날자와 시간을 정해 감정할 필요가 있는 경우에 대하여 언급한다.

1. 통전 입증(通電立證)

전기 기계 기구에서의 발화 유무 감식은 우선 당해 기기의 통전을 입증하는 것부터 시작한다.

감식할 전기 기기를 발화원으로 판정하기 위해서는 대부분의 경우 그 기기가 출화 당시 사용 상태, 또는 통전되어 있었던 것을 증명해야 한다. 일반적으로 통전 상태이기 위해서는 플러그가 콘센트에 접속되어 있고 중간 스위치나 전원 스위치가 "On"이 되어 있어야 한다.

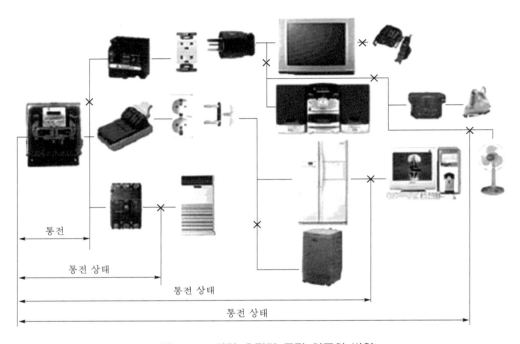

<그림 7-1> 단락 흔적과 통전 입증의 범위

가) 플러그의 칼날

절연 파괴에 의한 화재는 일반적으로 접속 기구류의 접속 단자간이나 콘센트와 플러그의 칼날과 칼날 사이에서 많이 발생하며 칼날받이 사이에 습기가 부착된 상태로 사용하게 되면 연면 전류가 흘러 탄화도 전로를 형성하게 되고 주위의 가연물에 의해 착화에 이르게 된다.

특히, 습기가 많고 외부 노출에 의한 오염도가 심한 장소나 진동에 의한 접속 불량이 잦은 곳에서 발생하기 쉽다. 전기 기구 코드 등의 플러그 "칼날" 표면에는 출화 시 벽체 콘센트나 테이블 탭의 "칼날받이"의 접촉면의 경계를 나타내는 변색 현상 등이 나타난다. 이는 칼날과 칼날받이와의 접촉면은 열을 받기 어려우므로 산화 정도가 약하여 진화 후에도 비교적 광택이 남아 있기 때문이다. 이와 같은 광택의 상태, 그을음의 부착이나 변색 상태로부터 "칼날"이 칼날받이에 꽂혀 있었는가를 판별한다.

나) 콘센트 등의 칼날받이

벽체 콘센트나 테이블 탭의 칼날받이는 평상시 닫혀 있다. 그러나 출화 시에 플러그가 꽂혀 있는 칼날받이는 소방 활동 등으로 플러그가 빠져도 열려있는 상태를 유지하고 있는 경우가 많다.

〈그림 7-2〉 플러그 칼날과 칼날받이

이는 플러그가 꽂혀 있는 상태에서 탄력성을 잃을 정도로 열을 받아 그 후, 소방 활동 등으로 인해 플러그가 빠졌기 때문이다. 그러나 본래 완전히 닫혀 있지 않은 제품이 있으므로 주의를 요한다. 이 경우에는 칼날받이의 극간(隙間)이 칼날의 두께와 같은가를 주의 깊게 관찰하여 판단한다.

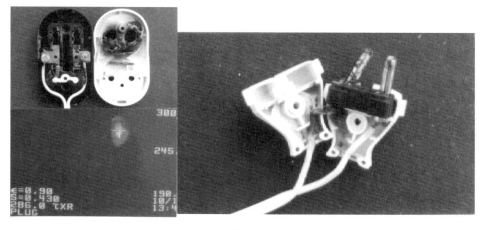

〈그림 7-3〉 칼날과 칼날받이의 상황
(칼날은 부분적으로 광택을 띠고 있으며, 칼날이 꽂힌 자리는 열려 있음)

<그림 7-4> 칼날과 칼날받이 사이의 전기적인 용흔

또한, 칼날과 칼날받이 접속 부분에서 발생하는 전기적인 용흔이 서로 정합되는가를 보면 칼날과 칼날받이가 서로 접속된 상태에서 연소 변형되었다는 것을 쉽게 판단할 수 있다.

다) 중간 스위치, 기구 스위치

타서 없어진 경우에는 손잡이 등의 정지 위치나 "On", "Off" 표시로 스위치의 상태를 판단한다. 소손된 수지(樹脂) 등으로 덮여 가려져 있는 경우에는 건조시킨 다음 도통 시험을 하거나, 감정 시에 X선 촬영을 한 후에 분해하여 접점면(接點面)을 확인한다.

● 스위치류 접점에 아크흔(痕) 생성 이론

전류 회로의 스위치를 끊는 순간 불꽃이 튀는 것은 전류가 급격히 감소함에 따라 스위치의 접점에 큰 유도 기전력이 유발되기 때문이다.

그 크기 E는 흐르고 있는 전류 I(전자기 단위)의 시간적 변화율에 비례하여, $E = -L \cdot di/dt$가 된다. 결국, 전류가 급격히 변화하면 할수록 이 변화를 방해하는 유도 기전력의 값이 커지게 된다.

이 식에서 L은 그 회로의 특유한 상수로 자체 인덕턴스(자체 유도 계수)라 하는 것이다. 예를 들면, 자체 인덕턴스 L과 전체 저항 R을 가진 회로에 기전력 E를 삽입해 회로를 닫는다면, E는 역방향의 유도 기전력 $-L \cdot di/dt$가 생겨 전류가 옴의 법칙이 나타내는 일정한 값 I가 되지는 않는다. 즉, 회로를 닫은 직후의 어느 시각 t에서의 전류의 세기를 i라 하면,

$E - L \cdot di/dt = R \cdot i$가 성립되어, $i = I - Ie$가 된다. 이것을 그래프로 그리면 시간의 경과에 따라서 전류의 세기가 로그 곡선(對數曲線) 모양으로 증가하게 된다. 또, 정상치 I인 전류가 흐르고 있는 회로를 열어 전류의 흐름을 막게 하면, $i = Ie$가 되고, 시간의

경과에 따라 로그 곡선적으로 감쇄한다. 결국, 자기 유도는 마치 전류가 관성(慣性)을 유인하듯이 자체 인덕턴스는 그 관성의 정도를 나타내는 것이다.

라) 배선

코드나 전선 등에 의한 발화원의 경향은 못 또는 스테이플로 지지하거나, 직각 이상으로 심하게 굽은 부분 등의 피복 손상과 인입·인출부에서 냉장고 등의 압력 물에 눌려 있는 상태에서 진동을 받으면 전선 피복이 손상되어 계속되는 스파크 현상을 들 수 있다.

감식·감정 착안 사항으로 코드 또는 전선의 용흔과 화재 이전의 주변 상황을 면밀히 조사하여 지속적인 스파크나 아크에 의한 화재 발생 가능성을 조사한다.

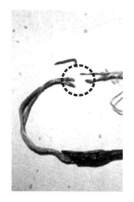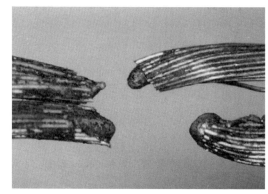

〈그림 7-5〉 코드와 스테이플 사이의 절연 손상

용흔이 일부에 있고 변색 상태가 부분적으로 다를 경우에는 그 코드나 전선은 화재 당시 상당히 큰 장력을 받은 상태였다고 볼 수 있다.

(1) 케이블에 의한 발화원의 경향은 다음과 같다.

① 절연 불량에 의한 누전
② 과부하, 접속부 과열
③ 다회선 포설에 따른 온도 상승

케이블 화재를 방지하기 위해서는 화재가 발생하지 않도록 설계의 적정화, 유지 보수의 철저가 요구된다. 그러나 대책을 잘 강구하여도 예측하기 어려운 사고로 뜻밖의 화재가 발생할 수 있다.

전기 사업용 케이블 선로에서 화재가 발생하면 직접적인 피해뿐만 아니라, 정전 시간이 길어져 사회적으로 미치는 파장이 커진다.

(2) 케이블 화재의 예방과 확대를 방지하기 위해서 다음과 같은 대책이 필요하다.

    ① 수직부의 굴뚝 효과 방지를 위하여 케이블 관통부에 관통부의 방화 Seal 처리

    ② 사용 중인 케이블의 난연화(방화 도료 도포)

    ③ 정기적인 순회 점검 및 절연 진단 실시

    ④ 케이블의 온도 감지 장치를 부착하여 이상 온도 상승을 사전에 감지

2. 용흔(溶痕 또는 溶融痕)

전기 기구에 붙은 코드나 연장 코드는 다수의 소선을 꼬아 놓은 형태로 구성되어 있으며, 연소가 심하게 진행되는 경우 연소에 의해 단선되어 콘센트로부터 기구까지 연결되어 있지 않는 경우가 많다. 이 경우에는 발굴 위치나 소선수(素線數) 등으로 배선 상황을 추측한다.

단선된 선단(先端)에는 꺾인 흔적이나 용융된 흔적(熔融痕)이 관찰된다. 이들은 다음과 같이 분류하고 있다.

    ① 통전되어 있지 않은 배선이 화재열로 인해 녹은 것을 "열흔(熱痕)"이라 한다.

    ② 통전되어 있는 배선이 화재열로 인해 배선의 절연 피복이 탄화된 후 단락되어 생긴 것으로 2차적으로 생긴 것을 "2차 용흔"이라고 한다.

    ③ 통전(通電)되어 있는 배선의 절연 피복이 손상되어 전선 상호간(양극)에 단락되어 스스로 발열하여 화재에 이른 것을 "1차 용흔"이라고 한다.

    ④ 1차 용흔, 2차 용흔을 총칭하여 "전기 용흔"이라고 한다.

전기 기기의 통전 입증에 관계되는 판정은 기기 내부에 발생되어 있는 전기 용흔으로 출화 원인과 함께 판정할 수 있는 경우도 있지만 우선 전원 코드의 단락흔으로부터 관찰하는 것이 일반적이다.

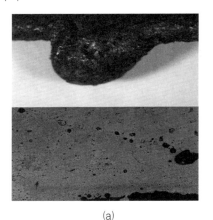 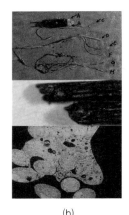

(a)   (b)

〈그림 7-6〉 열흔(熱痕. a)과 전기 용흔의 형상(b)

가) 전기 용흔의 위치와 순서

전기 용흔이 관찰되면 우선 그 전기 용흔이 기기 내 어느 위치에서 발생되어 있는가를 파악해야 하며 그러기 위해서는 전기 용흔의 발생 위치를 당해 기기의 구조도 등 관계 자료를 참고로 하여 소손된 코드나 부품 등의 위치를 복원한다.

코드의 2개소 이상에서 전기 용흔이 발생되어 있는 경우에는 일반적으로는 부하측이 먼저 단락되었다고 볼 수 있다. 또한 이와 같은 경우에는 배선이 연결되어 있지 않으므로 결선도를 참고하면서 접속되어 있는 단자의 위치, 절연 피복의 색, 소선의 굵기, 소선의 수 등을 관찰하여 용단된 상태 및 단락된 상태를 보고 판정한다.

나) 전기 용흔과 출화 개소의 관계

옥내 배선에 사용되고 있는 600V 비닐 절연 평형 케이블(VVF cable)은 단락되면 그 회로에 설치되어 있는 배·분전반의 배선용 차단기(MCCB)가 작동하여 전로를 끊거나(斷), 커버나이프 스위치의 퓨즈가 용단되어 차단되므로 용단된 후에 부하측 다른 개소에서 배선끼리 접촉되어도 통전되지 않으므로 전기 용흔은 발생하지 않는다.

따라서 "600V 비닐 절연 평형 케이블 등에서 전기 용흔이 나타난 개소는 출화 개소이든지 또는 그 부근이다"라고 말할 수 있으며, 배선의 전기 용흔은 출화 개소 판정상의 근거가 된다.

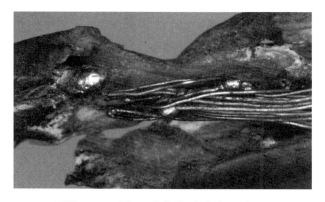

<그림 7-7> 기구 내에서 발생된 전기 용흔

한편, 이를 비닐 코드에 적용해 보면 비닐코드는 단락되어도 배선용 차단기가 작동하여 차단(trip)되거나 퓨즈가 끊어지지 않는 경우가 있으므로 1회로 계통에 2개소 이상에서 전기 용흔이 발생되는 경우가 있다.

그러나 출화되어 비닐 코드에 전기 용흔이 발생한 후에 화재가 천장으로 확대되어 옥내 배선이 단락되어 전원이 차단되면 그 후에는 다른 개소에 전기 용흔이 발생되지 않으므로 1회로에 2개소 이상에서 전기 용흔이 발생되어도 그 범위가 한정되어 있으면 출화 개소 판정 근거로 할 수 있다.

또한 비닐 코드는 건물의 바닥을 따라 노출 배선하여 사용되는 경우가 많고, 화재는 바닥면부터 발생하는 경우가 많으므로 비닐 코드의 전기 용흔은 화재 초기에 발생하기 쉽다. 이 때문에 비닐 코드의 전기 용흔의 발생 범위가 한정되어 있으면 건물 내 위쪽에서 사용되고 있는 케이블 등의 배선보다 신뢰성이 높은 출화 개소의 판정 근거가 된다.

3. 배선용 차단기와 누전 차단기

가) 배선용 차단기(MCCB : Molded Case Circuit Breaker)

배선용 차단기는 개폐기 손잡이 위치에 따라 작동 상황과 통전 유무를 알 수 있다. 단락 또는 과전류에 의하여 작동하게 되면 손잡이가 사진과 같이 ON-OFF의 중간 위치에 있는 상태로 전원이 차단되며, 사람이 인위적으로 차단(개방)했을 경우에는 사진과 같은 위치에서 전원이 차단된다.

(a) ON 상태   (b) Trip 상태   (c) OFF 상태

<그림 7-8> 배선용 차단기 작동 상태

배선용 차단기 등을 이렇게 제작하고 있는 이유는 전원이 차단되었을 때 인위적으로 차단시킨 것인지 아니면 단락, 과전류 등의 사고에 기인한 것 인지를 구분하기 위해서다.

배선용 차단기에 의한 화재는 전선과 접속 부위의 나사가 풀려 접촉 저항의 증가에 의한 발열 또는 트래킹 현상을 들 수 있다.

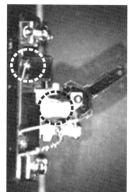

(a) ON 상태(핸들 핀이 수평)　　　　(b) OFF 상태(핸들 핀이 기울어짐)

<그림 7-9> 배선용 차단기 작동 상태

(1) 손잡이 버튼의 위치에 따라 통전 유무 식별

배선용 차단기는 일정 전류 이상의 과전류에 대해 자동적으로 전로를 차단해 배선이나 전기 기기를 보호하기 위한 안전 장치로 차단 방식에 따라 완전전자식, 열동식, 반도체식이 있는데 과전류 등으로 차단될 경우에는 손잡이 버튼이 중간에 위치하여 있으므로 통전 유무를 식별할 수 있다.

(2) 배선용 차단기 핸들 핀(Pin)의 위치로 통전 유무 식별

화재 현장에서 불에 탄 배선용 차단기를 세밀하게 관찰하면 화재 발생전의 통전 유무를 판단할 수 있다. 그 중 가장 간단한 방법이 육안으로 배선용 차단기의 핀 위치를 관찰하여 확인할 수 있다.

나) 누전 차단기(ELB 또는 RCD)

시간 경과와 함께 온도·습도·오손 등에 의해 전기 회로에 누설 전류가 흐르면 전로를 차단하여 전기 화재 등의 사고를 예방하는 배선 기구로 과부하 겸용인 경우에는 과전류에 대해 자동적으로 전로를 차단해 배선이나 전기 기기를 보호하기 위한 안전 장치로 영어로 ELB(Earth Leakage Breaker) 또는 RCD(Residual Current Protective Device)라고 한다.

① 전원측 또는 부하측에 탄화도전로, 탄화흔 형성(트래킹) 유무
② 손잡이 버튼의 위치에 따라 통전 유무 식별

③ 가공 인입선에서의 누전 화재 사례

　　인접동으로 인입되고 있는 가공 인입선이 출화 건물의 골함석 지붕에 접촉된 상태에서 바람에 의해 스쳐서 접촉된 전선 피복이 손상되어 누설 전류가 골함석 지붕 → 철골 빨래대 → 고정 볼트 → 벽체 내의 금속 → 대지로 흐르는 과정에서 골함석과 못으로 이어지는 접촉부에서 줄열에 의해 루핑(섬유품에 특수 가공한 지붕을 이는 재료)에 착화하여 출화한 경우

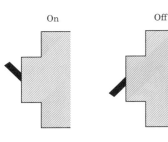

<그림 7-10> 누전 차단기 작동 상태

④ 병원 에어컨 실외기에서 누전

　　병원 검사실에서 30 m 떨어진 곳에 설치되어 있는 에어컨 실외기의 전원선(220V VVF 케이블)을 본체 내부의 고정 금구에 고정시킬 때 케이블 시스를 너무 벗겨 낸 후 내부 피복을 고정함으로써 실외기의 진동 등으로 피복이 손상하여 이 부분에서 누전되어 심선 → 고정 금구 → 에어컨 실외기 몸체 → 접지선 → 공통 접지선(조사 결과, 단선되어 있었음) → 심전도계 접지선 → 심전도계 몸체 → 예비 접지선 → 수도관 → 대지로 누설 전류가 흘렀다. 이 누설 경로 중에서 전류를 흘릴 수 있는 도체의 허용 전류 용량이 가장 작은 심전도계 접지선의 피복에서 출화한 경우

⑤ 냉방 장치(cooler)의 압축기(compressor)에서 누전

　　목조 1층 함석으로 된 외벽에 설치된 윈도 쿨러(cooler)의 압축기 내 배선 피복이 장기간의 진동 등에 의해 마모하여 노출된 심선과 압축기 바깥 통이 접촉해서 누전되어, 쿨러 몸체 → 외벽 함석→ 가스 배관 → 대지로 누설 전류가 흘러 사고로 이어진 경우. 출화점은 쿨러 설치 장소에서 약 6 m 떨어진 누전 회로 도중에 있는 외벽 함석판과 이를 고정하기 위해 박은 못 부분으로, 이곳에서 발열하여 기둥에서 출화한 경우. 또한 컴프레서 고정 금구의 스프링 부분에는 이송시 진동 방지용 스톱퍼(stopper)가 그대로 설치되어 있어 압축기의 진동을 흡수할 수 없었다.

다) 누전 화재의 관찰 및 조사 포인트

① 누전 회로(누전점 · 출화점 · 접지점)이 형성되었는가 조사한다.

② 출화 건물의 구조

㉮ 외벽이나 지붕이 금속제 함석, 벽이 라스를 사용하고 있는가?

㉯ 인접 건물로부터의 누전 가능성은 있는가?

③ 소손 상황 : 출화 개소 부근의 기둥이나 목재가 국부적으로 소손되고 외벽 모르타르 등에 강한 수열 변색이 관찰되는가?

④ 인입선 : 지붕, 차양, 빗물 홈통, 간판의 금속부에 접촉할 가능성이 있는가?

⑤ 전기 공사 : 출화전에 전기 공사나 다른 수리를 하지 않았나?

⑥ 전기 배선

㉮ 외벽이나 내벽을 관통하는 전기 기기 등이 설치되어 있고 그 배선이 금속과 접촉되어 있지 않은가?

㉯ 스위치, 커패시터 등의 배선이 금속 박스에 접촉되어 있지 않은가?

⑦ 절연 저항 측정 : 가능하면 분전반 등에서 각 회로마다 실시하여 절연 저항이 낮은 회로를 규명한다.

⑧ 접지 저항 측정

㉮ 출화한 라스, 함석 등 금속의 접지 저항

㉯ 누전점 금속의 접지 저항

㉰ 출화한 근처의 가스관, 수도관 등의 접지 저항

7.2 수거 등 현장 처치(現場處置)

1. 출화 지점의 판정

가) 연소 · 수열 방향(燃燒 · 受熱方向)에 의한 판정

전기 기기가 전부 소손되지 않고 어느 정도 타다 남아 있는 경우에는 기기를 구성하고 있는 재질, 용융, 색, 광택, 그을음에 의한 오염 위치, 정도 및 방향으로부터 출화 개소의 위치를 특정(特定)할 수 있다. 전기 기기가 전부 소손되어 있어 연소(燃燒), 수열(受熱)의 방향을 알 수 없는 경우에는 다음의 판정 요령에 의한다.

나) 전기 용흔에 의한 판정

전기적인 현상에 의거 화재가 발생한 경우에 출화 개소 또는 그 부근의 도체인 전선(동 융점 1,083℃)에 통상적으로 전기 용흔이 발생한다. 배선 계통의 어느 부분에 용흔이 나타 난 현상은 그 부분이 동일 배선 상태에서 가장 먼저 연소되었거나 또는 가장 먼저 화염이 도달된 것으로 볼 수 있기 때문에 초기 출화 부위 판별 기준의 도구로 사용한다. 따라서 용흔의 발견은 최기 화재의 출화 지점과 연소(延燒)의 진행 방향을 판단할 수 있는 과학적 인 단서를 제공하므로 화재 조사의 끝이 아니라 시작점이라 할 수 있다.

전기 기기의 직근(直近)에서 방화 등의 원인으로 출화된 경우에도 그 전기 기기 내부에 전기 용흔이 발생하는 경우가 있으므로 전기 기기 내부에 전기 용흔이 있어도 통전 입증은 되지만 그 기기를 발화원(發火源)으로 단정하는 것은 과학적인 감정을 하지 않겠다는 성급 한 행위와 같다. 이 때문에 연소(延燒)나 열을 많이 받은 현장 상황, 당해 기기 주위의 불이 난 근원인 화원(火源)이나 가연물의 위치 상황, 기기 본체 캐비닛의 재질 및 사용자의 진술 등도 참고하여 판정하여야 한다.

2. 감식 물건 이외의 출화 가능성 검토

현장에서는 관계자의 진술에 좌우되지 말고 감식·감정하려고 하는 물건 이외의 물건으 로부터의 출화 가능성을 충분히 검토한다.

3. 자료제출승낙서·수령서에 의한 수속의 명확화

현장에서 감식·감정을 위해서 소손 물건 등을 수거할 때에는 소유자의 승낙이 필요하 다. 자료 제출을 거부한 관계자에 대해서는 소방법 등에 의한 "자료제출명령서", 승낙한 관 계자에 대해서는 "자료제출승낙서·수령서"에 의한 적정한 수속을 확실·신속히 취해 물 건 소유자의 소유권 포기 등 의사를 서류상으로 표시시켜 이후 분쟁 방지를 꾀한다.

4. 기기 주위에 흩어져 있는 소손 물건의 채취

화재의 원인이 되는 가장 중요한 화원(火源)의 부품은 소손이 심하므로 소실되거나 낙하 될 수 있으며, 스위치의 접점, 단자 등 작은 금속편을 세심한 주의를 기울여 손상이 가지 않도록 채취(採取)해야 한다.

기기 주위에도 출화 원인 규명에 중요한 부품이 흩어져(散亂) 있는 경우도 있으므로 폭넓게 주위에 산란(散亂)되어 있는 소손 물건도 진공 비닐 봉지에 넣는 조치 등을 하여 채취한다. 또한 기기가 여러 개(복수) 있을 경우, 예를 들면 TV와 TV 받침 테이블 내부에 있는 비디오 등 어느 것이 원인이라고 현장에서 판단할 수 없는 경우에는 TV는 물론 TV 테이블과 함께 비디오 등 전체를 수거한다.

5. 물건 수거 시 관계자에게 설명

수거할 때에는 함부로 제조물 결함인 것처럼 말하지 말고 소손 상황 등 객관적으로 판명된 내용만 설명한다. 또한 관계자는 설명이 없으면 "감정기관이 채취한 물건으로부터 출화했다"고 생각하므로 왜 채취하는가를 명확히 설명한다.

6. 경찰 등과의 협조

경찰 등 화재 수사 및 조사 기관 등과 경합(競合)되는 경우에는 조사의 취지와 목적을 설명하여 이해를 얻어 합동으로 조사·감식·감정할 수 있도록 조치한다.

7. 감식·감정 요령

가) 사전 준비

수거한 감식 물건은 관계 자료에 의거 구조 파악 등을 하고 필요한 감식·감정 기자재를 준비한다.

(1) 자료의 입수(구조, 안전 장치 등의 파악)

① 과거 같은 기종 또는 같은 기기로부터의 출화 원인을 확인한다.
② 제조 시기, 제조 대수, 클레임, 상황, 회사 등에서 내는 광고(社告) 물건(리콜), 광고 내용을 확인한다.
③ 사용 목적, 사용 방법, 형상, 재질, 작동 구조나 원리 등을 파악한다.
④ 가능한 한 형식이 같은 제품(同型品)을 입수하여 구조 등을 파악함과 동시에 감식·감정시 비교한다.
⑤ 관계자로부터 상세한 정보를 입수한다.
㉠ 평상시 사용방법

㉯ 불꽃이 나온 개소

㉰ 출화 전 "이상 상황, 좋지 않은 상태, 점검·수리 이력 등" 구체적인 내용과 시기

㉱ 점검·수리의 구체적인 사항(교체한 부품, 수리한 개소 등)은 수리업자 등으로부터 입수한다.

(2) 기자재의 준비

전기 제품 감식·감정에는 <자료>의 감식·감정용 기자재 외에 다음과 같은 기자재를 준비한다.

<표 7-1> 촬영 기자재 등

감식 기기	개략적인 내용	감식·감정 사례
촬영 기자재	• 카메라, 캠코더 등을 포함 • 표식(標識) • 시트	• 조사 현장의 기록 • 감식·실험의 기록 등
실체 현미경	• 20~40배로 확대하여 미세한 물건을 관찰·촬영하여 객관적인 기록을 남긴다.	• 연소 기구의 사용 입증 • 전기 용흔의 감정
X선 촬영 장치	• 피사체(被寫體)를 투시하여 관찰한다.	• 수지(樹脂) 등 용융물 내의 확인 (스위치 접점, 전기 용흔 등) • 가스전(栓) 등의 개폐 상황

(3) 감식 실시 관계자

감정에 임해서 제조 메이커·판매점 등의 입회 설명을 요청할 때에는 동일 장소에 상반된 이해 관계자를 함께 하지 않도록 한다. 또한 메이커 등에 입회 설명을 요청할 때는 필요한 조사가 종료하고 조사 결과를 정리한 후에 한다.

나) 감식 요령(공통 사항)

여기에서는 각 기기의 감식에 공통하는 부분만을 언급한다. 각 기기 감식 요령에 대해서는 「Chapter 8」 이후를 참조하기 바란다.

(1) 외관 관찰 및 조사

① 필요에 따라 형식이 같은 제품(同型品)과 비교한다.

② 6면(전후·좌우·상하) 모두 빠짐없이 관찰하여 "소손 상황으로부터 연소 방향(燃燒

方向)"을 파악한다.(출화한 곳이 내부인가 외부인가 등)

③ 도면 등으로 소손 부분의 부품 배치 상황을 확인한다.

④ 분해 전에 특이·이상 개소 등을 파악한다.[나사의 느슨해짐·나사 수의 부족·빠짐, 전기 용흔의 위치, 안전 장치의 상태, 부품의 과부족, 이물의 존재, 도통(導通) 등]

(2) 사진 촬영

① 분해·관찰(조사) 순서에 따라 촬영한다.

② 사람, 기자재를 배제하고 촬영한다.

③ 각부 명칭을 표시하여 촬영한다.

④ 커버 등 세정 후 소손 상황을 촬영한다.

⑤ 배경을 시트, 모포 등으로 가려서 불필요한 것을 배제하고 촬영한다.

⑥ 6면을 촬영한다.

⑦ 포인트(이상 개소 등)는 표식(標識 : 번호, ↑, ○ 등)으로 표시하여 촬영한다.

⑧ 실체 현미경, X선 장치를 적절히 구분해서 활용한다.

⑨ 제조회사, 형식(케이스의 각인), 명판(名板)의 촬영

(3) 분해 도중 및 분해 후

① 관찰 및 조사

㉮ 케이스 등 합성수지 성형품 등이 용융 고착되고 그 내부에 전기 부품이 휘말려 들어가 있을 가능성이 있는 경우에는 X선으로 투시하여 스위치의 On, Off 상황(사용·통전 입증)을 확인함과 동시에 부품이 어디에 있는지 분해시 단서로 한다.

㉯ 용융 고착되어 있는 합성수지에서 부품을 발굴할 때에는 분해 공구[납땜 인두, 니퍼(nipper), 철사 등]로 부품을 손상시키지 않도록 충분히 주의함과 동시에 손상을 입을 것 같으면 중간 사진을 촬영하여 둔다.

㉰ 기기 내부의 전체적인 "소손 상황으로부터 연소 방향"을 파악한다.

㉱ 특이·이상 개소를 파악한다.

② 사진 촬영

㉮ "소손 상황으로부터 연소 방향(燃燒方向)"을 나타내고 있는 부분

㉯ 내부 전경

㉰ 현미경의 사용

㉱ 커버 내면의 소손 상태

㉲ 특이·이상 개소의 확대 사진

ⓑ 특이·이상 개소의 위치

다) 검토로부터 결론 도출

(1) 특이·이상 개소에 대한 검토

화재로 연결된 이상 발생 요인에는 다음과 같은 것들을 들 수 있다.

① 인위적 요인으로서 사용자, 설비업자의 취급 불량, 유지 관리 불량, 점검·수리 잘못 등이 있다.

② 감식 물건 본체의 요인으로서 설계, 부품 제조, 조립 잘못 등이 있다.

③ 설계 환경 요인으로서 다습, 빗물의 침입, 강풍시 기압의 영향 등이 있다.

(2) 감식 물건으로부터 출화할 가능성의 이론 구성

출화 가능성 가부에 대하여 검토한다.

① 과학적, 이론적인 모순을 배제한다.

② 연소 방향성이 전기 용흔의 위치와 출화 개소의 위치 관계가 일치하는가, 이론 구성상 무리는 없는가?

③ 감식 결과를 종합한다.

(3) 판정

출화 현장에서의 조사 결과와 감식 결과를 종합적으로 고찰하여 출화 원인을 판정한다.

라) 각 부품의 감식 포인트

(1) 콘센트 및 플러그

① 플러그의 한쪽 극만 용융되어 있는 경우에는 접촉부 과열을 생각할 수 있으며, 이 경우에는 통전 상태이지 않으면 안 된다.

② 플러그 양극이 용융되어 있는 경우에는 트래킹 현상을 생각할 수 있으며, 플러그가 꽂혀 있지 않으면 안 된다.

(2) 스위치류의 접점

① 접점 용착의 유무, 스파크 요인(재질, 연수, 접촉 상태, 정격 전류 등)을 확인한다.

② 접점 용착에 의거 전원 차단 기능이 없어지게 되고, 이로 인한 히터 과열 등의 파급을 검토한다.

③ 바이메탈 등은 헤어 드라이어로 가열하여 작동 상황을 확인한다.(온도 측정)

(3) 퓨즈류

커버나이프 스위치의 통전 유무의 식별은 퓨즈의 용융 상태에 따라

① 단락 ⇒ 퓨즈 부분이 넓게 용융 또는 전체가 비산되어 커버 등에 부착함.

② 과부하에 의한 퓨즈 용단 상태 ⇒ 퓨즈 중앙 부분 용융

③ 접촉 불량으로 용융되었을 경우 ⇒ 퓨즈 양단 또는 접합부에서 용융 또는 끝 부분에 검게 탄화된 흔적이 나타남.

④ 외부 화염에 의한 퓨즈의 용융 상태 ⇒ 대부분 용융되어 흘러내린 형태로 나타남.

(a) (b)

<그림 7-11> 퓨즈 중앙 용단(a) 및 접합부 용융(b)

⑤ 유리관 퓨즈

유리관에 사용하는 실 퓨즈는 동선에 은도금한 것으로 용융 온도는 1,083℃로 유리의 용융 온도(소다 유리 550℃, 소다 석회 유리 750℃)보다 높아 유리관이 녹아도 유리관 실 퓨즈는 그 형태를 유지하고 있다.

㉮ 규격품의 것인가를 잔존 부분으로부터 판별한다.

㉯ 유리관 퓨즈인 경우에는 과전류의 대소에 따라 용단의 차이가 생긴다. 단락 시 과전류가 흐르면 안개상으로 비산하는 특징이 있다.

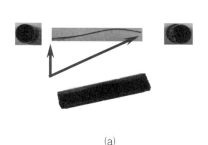 

(a) (b)

<그림 7-12> 외부 화염 노출된 형태(a)와 정격 전류 2배 과전류 용단된 형태(b)

⑥ 온도 퓨즈(thermal fuse)

퓨즈의 일종으로 통전에 의한 발열 때문에 용단(溶斷)되는 것이 아니고, 주위 온도가 규정값을 넘으면 용단하는 것

㉮ 재질은 열에 의해 쉽게 용융되는 주석(朱錫 : Sn) 58%, 비스무트(蒼鉛, bismuth : Bi) 30%, 납(鉛 : Pb) 12%로 조성된 것을 많이 사용한다. 한국에서 사용하는 온도 퓨즈의 용단 온도는 66℃, 77℃, 84℃, 91℃, 96℃, 100℃, 110℃, 139℃, 152℃, 188℃, 192℃, 240℃ 등 30여 종이 있다.

㉯ 온도 퓨즈는 과열을 방지하기 위하여 설정된 온도에서 퓨즈가 용단되어 전기 회로를 열어주는 안전 장치로 통상 열에 의해 용단되면 온도 퓨즈의 중앙부가 절단된다. 온도 퓨즈의 중앙 부분에는 추를 붙여서 용융시 쉽게 끊어지게 했으며, 용단 온도는 중앙 부분에 표시한다. 이 색에 의해 온도 구분이 표시되며, 온도 정밀도가 높은 온도 퓨즈가 새롭게 개발되고 있다.

㉰ 온도 퓨즈의 색 구분과 용단 온도는 흑/100℃, 갈/110℃, 적/120℃, 청/130℃, 황/140℃

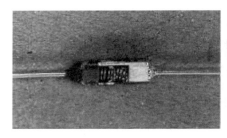

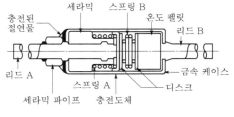
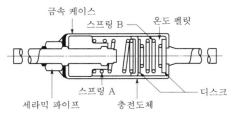

(a) 동작 전 온도 퓨즈 구조   (b) 동작 후 온도 퓨즈 구조

<그림 7-13> 온도 퓨즈 구조

㉱ 온도 퓨즈에 대한 국제기준은 작동 온도가 80℃ 초과 280℃ 이하인 것으로 규정되어 있다.

㉲ 전기 밥솥이나 커피포트 등에서 조리하는 물이 줄어 온도가 올라가면 온도를 감지

하여 끊어지는 퓨즈로 유리관 퓨즈에는 110V/5A, 온도 퓨즈는 198℃/2A 등으로 표시가 되어 있는데 이렇게 규정된 온도 이상으로 과열되면 끊어지게 되어 있기 때문에 제품이 타는 것을 방지할 수 있고 끊어진 퓨즈는 나사로 체결되어 있어 시중에서 구입하여 교환한다.

(4) 반도체

① 다이오드, 트랜지스터 등은 도통 상태를 확인한다.

② 저항치가 감소하여 과전류에 의해 출화하는 경우의 요인은 반도체 자체의 불량, 과전압, 과전류, 주위로부터 고열의 영향 등이 있다.

③ 그 계통의 각 부품을 조사하여 이상이 발생되어 있는 경우에는 인과 관계를 검토한다.

(5) 커패시터

1차, 2차적인가의 판단은 내부 소자를 절단하여 관찰 및 조사한다. 소자 중심부가 소손되어 있는 경우에는 커패시터 자신으로부터의 출화라고 생각해도 큰 지장이 없다.

<그림 7-14> 형광등 안정기와 접촉되어 소손된 커패시터

(6) 코일 관계

① 전기 용흔을 관찰 조사한다.

② 과부하 운전, 고주파 등에 의한 과전류 요인을 검토한다.

<그림 7-15> 코일의 소손 상황(전동기 권선 층간 단락)

(7) 배선 코드

① 배선 코드에만 전기 용흔이 있고 각 부품에 출화 요인이 없는 경우에는 코드의 단락에 의할 가능성이 크다.

② 여러 개소에 전기 용흔이 있는 경우에는 가장 부하측이 화원(火源)이던가 또는 출화 개소에 가깝다.

③ 한 쪽 소선에만 전기 용흔이 있는 경우에는 반단선, 접촉 불량, 지락에 의할 가능성이 크다. 부근 금속에 용흔이 있는 경우에는 지락을 검토한다.

(8) 기판의 접속부 등

접속부가 한쪽 극만 용융되어 있는 경우에는 접촉 불량·납땜 불량에 의한 접촉부 과열을 생각할 수 있으며, 양극이 용융되어 있을 경우에는 트래킹 현상에 대해 검토한다.

7.3 감식 종료 후의 처리

1. 감식 물건의 처분과 결과 설명

감정 물건은 처분 양해를 얻었어도 가능한 한 반환하고 아울러 객관적으로 판명된 사실에 기초하여 감정 결과를 설명한다. 또한 감정 물건은 감정기관으로부터 직접 제조회사나 대리점에 넘기지 않고 당사자에게 반환한다.

2. 감식 조서에 의한 처리

제조물 화재 시에는 상세한 감정을 행하여 제조물로부터의 출화 가능성 유무에 대하여 검토함과 동시에 감정 결과는 감정 조사서에 상세히 기재하며 사진을 첨부하여 객관성을 확보한다.

3. 화재 감식 자료 관리

화재 조사 종결 전의 화재 조사 정보는 그 화재 조사의 성패를 좌우하는 것으로 작용한다. 또한 종결 후의 당해 자료와 예방 대책은 화재 예방 정책 결정에 중대한 자료로 사용되

거나 민·형사 소송 수행과 손해 보험 또는 연구, 교육용 자료 등으로 활용된다.

따라서 정확한 자료를 화재 조사가 마무리될 때까지 항구적으로 관리하는 일이야말로 대단히 중요하다. 화재 조사에 관한 학술 이론, 감식 및 감정 등을 통한 실무분석, 유형별 세부사례 및 증거 물품 등의 제반 자료에 대해서는 체계적이고 포괄적인 관리가 제대로 이루어 저야 한다.

향후 우리도 미국·영국·캐나다·일본 등 선진국이나 국제화재조사 및 시험연구기관 등을 통해 경험과 과학적으로 검증되고 정통성 있게 통용되는 문헌과 관련 자료를 기초로 화재 조사를 위한 Know-How를 쌓아 관련 기관과 화재 조사 전문가들이 공유하는 일이 선행되어야 할 것이다.

MEMO

Chapter 8

배선 기구

8.1 배선 기구란

배선 기구(配線器具 : Wiring Apparatus)란 배선용 차단기, 누전 차단기(漏電遮斷器), 과전류 차단기(過電流遮斷器), 커버나이프 스위치, 점멸기(點滅器 : 텀블러, 로터리, 풀스위치 등), 개폐기(開閉器), 전자 개폐기, 접속기(接續器 : 콘센트, 플러그, 소켓, 리셉터클, 로제트, 조인트 박스 등), 배·분전반 및 기타 이와 유사한 배선용의 기구를 말한다.

8.2 배선용 차단기

1. 개요

배선용 차단기(MCCB : Molded Case Circuit Breaker)는 "개폐 기구, 트립 장치 등을 절연물의 용기 내에 일체로 조립한 것이며, 통상 사용 상태의 전로를 수동 또는 절연물 용기 외부의 전기 조작 장치 등에 의하여 개폐할 수가 있고, 또 과부하 및 단락 등일 경우, 자동적으로 전로를 차단하는 기구를 말한다."(KS C 8321)

배선용 차단기는 각종 기구부 및 검출부가 외부 몰드(Mold)로 쌓여져 있는 구조로 되어 있다.

2. 배선용 차단기의 구조와 원리

<그림 8-1>은 배선용 차단기의 내·외부 구조로 외부는 몰드 케이스(Mold Case)로 되어 있으며, 재질은 가소성 수지물이다. 과거에는 경화성 수지물을 사용하였으나, 외부 충격

에 쉽게 깨짐 현상이 발생되어 현재는 가소성 수지를 사용한다. 가소성 수지는 열에 의한 변형이 경화성 수지 보다 쉽다는 단점이 있으나, 기술 개발의 발전으로 현재는 많은 업체들 이 가소성 재질을 주로 사용하고 있다.

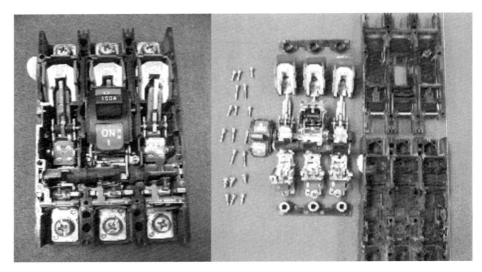

<그림 8-1> 배선용 차단기 분해도

가) 배선용 차단기의 구성

배선용 차단기는 몰드 케이스(하부 케이스와 상부 케이스), 접점부(고정 접점과 가동 접점), 개폐 기구부(3상 동시 Trip을 행할 수 있는 Cross-bar)로 크게 세 부분으로 나누어 진다.

나) 소호 장치

병렬로 배치된 소호 그리드(Grid)에 의하여 대전류를 차단할 때 접점간의 아크(Arc)를 소호하는 장치로 <그림 8-1>에는 접점부에 접점 이외의 그리드라고 하는 것이 있는데, 용 도는 차단기가 On 또는 Off(또는 Trip)할 경우, 아크가 생성되면 이를 소호시켜 주는 장치 로 흔히, 이것을 아크 챔버(Arc chamber)라고 부른다.

이 소호 장치의 작동 원리는 병렬로 배치된 소호 그리드가 발생되는 아크를 흡수하여 아 크를 소호시켜 준다. 특히, 이 장치는 일반적인 On-Off 작동 이외에 사고 전류에 의한 차단 기가 트립(Trip) 작동 시 매우 큰 아크가 발생되는데 이때에도 적절하게 발생되는 아크를 신속히 소호하도록 설계되어야 한다.

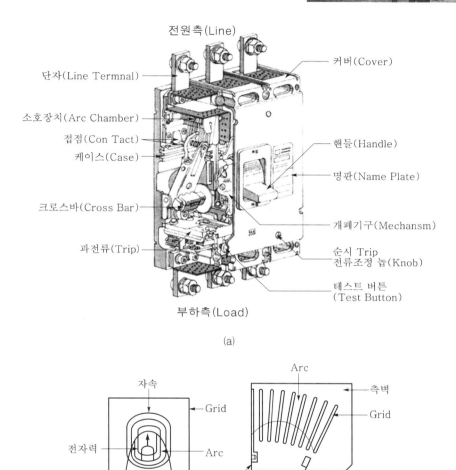

전원측(Line)

단자(Line Termnal)

소호장치(Arc Chamber)

접점(Con Tact)

케이스(Case)

크로스바(Cross Bar)

과전류(Trip)

커버(Cover)

핸들(Handle)

명판(Name Plate)

개폐기구(Mechansm)

순시 Trip
전류조정 놉(Knob)

테스트 버튼
(Test Button)

부하측(Load)

(a)

자속

Grid

전자력

Arc

고정 접속자

Arc

측벽

Grid

가동 접속자

(b)

<그림 8-2> 배선용 차단기의 부품 명칭(a)과 소호 장치(b)

다) 과전류 트립 장치의 종류 및 작동 원리

통상 트립 장치는 열동 전자식(TM), 완전 전자식(ODP, HM), 전자식으로 나누어지는데
이들의 차이점에 대하여 살펴보면,

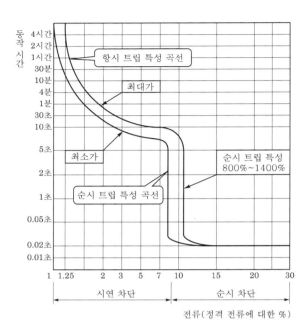

<그림 8-3> 배선용 차단기의 작동 특성 곡선

(1) 열동 전자형(熱動電磁式, TM : Thermal Magnetic)

열동 전자식의 작동 원리에 대하여 이해하기 위해서는 먼저 바이메탈(Bimetal)에 대한 이해가 필요하다.

바이메탈이란 열팽창률이 틀리는 두 가지 금속을 접합시킨 것으로 이 금속에 열을 가하면 열 특성이 적은 금속 쪽으로 금속이 구부러지고, 온도가 낮아지면 그 반대쪽으로 휘는 성질을 말하며, <그림 8-4>에서와 같이 전류는 히터(Heater)로 흐르게 되는데, 규정치 이상의 전류가 흐르면 열이 발생된다. 이 때 상부의 바이메탈이 한쪽으로 휘게 되어 결국은 트립 크로스 바(Trip cross bar)를 움직이면서 차단기가 트립(Trip) 된다. 이 경우는 다음에 설명한 ODP와 같이 시연 트립 작동이다. 마찬가지로 대전류가 흐르면 바이메탈이 작동하기 전에 고정 철심이 가동 철심을 흡인하게 된다. 전자석의 원리에 의해 바이메탈이 감지하여 작동하는 시간보다 빠르게 작동하여 마찬가지로 트립 크로스(Trip cross)를 작동시켜 차단시킨다. 이 경우를 순시 트립이라고 한다.

① 시연 Trip : 과전류가 흐르면 바이메탈이 가열되어 화살표 방향으로 구부러지면서 Trip Cross Bar를 작동시켜 자동 차단

② 순시 Trip : 순간적인 대전류가 흐르면 고정 철심이 가동 철심을 흡입하여 Trip Cross Bar를 작동시켜 자동 차단

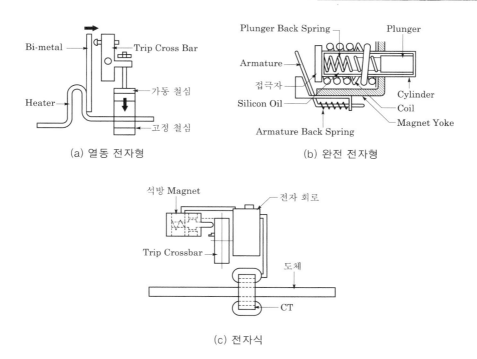

(a) 열동 전자형

(b) 완전 전자형

(c) 전자식

<그림 8-4> 배선용 차단기의 과전류 트립 장치

(2) 완전 전자형(完全電磁式, ODP : Oil Dash Pot, HM : Hydraulic Magnetic)

　　ODP라는 용어는 Oil Dash Pot의 약자로 "용기 내부에 기름을 넣은 장치"로 이상 전류를 감지하는 장치이다. HM이란 용어도 같이 사용되는 말로 Hydraulic Magnetic의 약자이다. 작동 원리는 <그림 8-4> 배선용 차단기의 과전류 트립 장치의 코일 부분을 기준치 이상의 전류가 흐르게 되면 전자석의 원리에 의해 자속이 생성되어 ODP 내부의 플런저(Plunger)가 이동하고 상부에 있는 가동 철심(Armature)을 흡인하게 된다. 이러한 작동으로 트립 크로스 바를 움직이게 하여 차단기를 트립시키게 한다. 이와 같은 경우는 시연 트립이라고 하며 일반적인 과전류가 흐르면 작동하는 원리이다.

　　만약, 순간적으로 차단기에 정격 전류의 8~10배 이상의 큰 전류가 흐를 때 위와 같이 작동하면 시간적으로 너무 늦어질 수가 있으므로 이와 같은 경우에는 흐르는 전류가 대전류이므로 ODP 내부의 플런저가 이동하기 전에 상부의 가동 철심을 흡인하여 작동하게 된다. 이것을 순시 트립이라고 한다.

① 시연 Trip : 정격 전류를 초과하면 플런저(Plunger)가 흡입되어 접극자로 이동되고 가동 철심(Armature)을 흡입시켜 차단기를 자동 차단한다.

② 순시 Trip : 더욱 큰 전류가 흐르면 자기 회로의 자속이 대단히 커지기 때문에 플런저

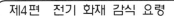
(Plunger)가 이동하지 않아도 가동 철심(Armature)이 흡입되어 배선용 차단기를 자동차단 한다.

(3) 전자식(電磁式 : Electronic Type)

전자식은 전류 검출부를 전자화한 것으로 제품 내부에 CT(Current Transformer)를 통하여 감지된 전류를 전자 회로를 통하여 감지하여 이상 전류로 판단시 석방 마그네트를 이용하여 트립 크로스바를 작동시켜 차단기를 Trip시켜 준다.

① 전자식의 기본 작동 원리 구성도는 <그림 8-4>와 같다. 상기에 거론된 검출부 중에 가장 정밀도가 높은 구조라고 할 수 있다. Electronic Type의 경우에는 앞서 거론된 열동 전자식, 완전 전자식 방식에서는 구현이 어려운 기능 구현이 가능하여 보다 정밀하고 다양한 기능이 필요한 경우에 사용된다.

② 시연 Trip : CT와 반도체 Relay를 채용하여 CT에 의해 변환된 전류가 최대 전류 검출 회로에 인가되어 전압으로 변환된다. 마이크로프로세서가 변화 부위 대소를 비교하여 Triger 신호를 인가하여 석방Magnet를 석방시켜 개폐 기구가 작동하여 사고 전류 차단

라) 과전류 차단기의 작동 시간 특성

<표 8-1> 과전류 차단기의 작동 시간 특성

정격 전류의 구분	시 간 (분)	
	정격 전류의 1.25배의 전류를 통한 경우	정격 전류의 2배의 전류를 통한 경우
30A 이하	60	2
30A를 넘고 50A 이하	60	4
50A를 넘고 100A 이하	120	6
100A를 넘고 225A 이하	120	8
225A를 넘고 400A 이하	120	10
400A를 넘고 600A 이하	120	12
600A를 넘고 800A 이하	120	14
800A를 넘고 1,000A 이하	120	16
1,000A를 넘고 1,200A 이하	120	18
1,200A를 넘고 1,600A 이하	120	20
1,600A를 넘고 2,000A 이하	120	22
2,000A를 넘는 것	120	24

3. 접속부의 과열에 의한 발화

전선과 전선, 전선과 개폐 장치, 전선과 접속 단자 등의 접속 개소의 도체에서 전기적인 접촉 상태가 불완전하면 도체의 접속·접촉(接觸)부에 요철(凹凸) 현상이 생기고 그 부분에서의 집중 저항으로 인해 저항값이 증가하거나 접속면에 기름 등의 절연물이 부착되면 경계 저항으로 인해 접속부의 접촉 저항이 증가하여 이 부분의 도체 온도가 상승하게 되고 그 정도가 심하면 전선의 피복 등 주변의 가연성 물질로 발화하게 된다.

접속 방법에 따라 접속하게 되면 접속부의 저항이 증가하지 않으므로 허용 전류 이내의 전류에서는 접속부의 발열에 의한 문제점은 없으나, 접속 면적이 충분하지 못하거나 접속 압력이 불충분하면 접촉 저항은 증가하게 되어 허용 전류 이하에서도 발열하게 된다. 또 개폐기, 차단기 등의 접속 부위가 진동 등에 의하여 조임 압력이 이완되거나, 접속면의 부식·요철 발생·오염, 개폐 부분이나 플러그의 변형 등이 있어도 접촉 저항은 증가한다.

접촉 저항이 증가하면 부하 전류의 크기에 따라 발열하게 되며, 부하 전류가 클수록, 저항이 크면 발열 온도는 더욱 높아진다. 발열 초기에는 발열 온도가 낮아 별 문제를 일으키지 않지만 시간의 경과에 따라 부하 전류의 증가, 열방산 조건 미비 등으로 발열 온도가 증가하게 된다. 온도가 증가하면 산화 피막이 형성되어 접촉 저항은 더욱 증가하고 시간의 경과에 따라 더욱 발열 온도는 증가하여 전선 피복을 발화시키거나, 전선의 용융물이 형성되어 주변의 가연성 물질에 발화하게 된다.

가) 접속부의 과열에 의한 발화 요인

이들 요인으로서는 다음과 같은 것들을 들 수 있다.

① 접점 표면에 먼지 등 이물의 부착(접촉 불량의 요인)

② 접점 재료 증발, 난산(難散), 마모에 의한 접점의 마모(접속 불량의 요인)

③ 줄열 또는 아크열에 의한 접점 표면의 일부 용융(용착의 요인)

④ 접점 재료의 용융에 이한 타극 접점에의 전이(轉移), 소모 및 균열에 의해 거칠어진 접촉면의 요철(凹凸)이 기계적으로 서로 갉는 스티킹 현상의 발생(용착의 요인)

⑤ 미세한 개폐 작동 반복하는 채터링(chattering) 현상 계속(주기적인 진동, 접촉 불량, 용착의 요인)

⑥ 허용량 이상의 전압, 전류의 사용(접촉 불량, 용착의 요인)

⑦ 가동부의 부식·유지 등 고점성 물질의 부착(가동부 작동 불량의 요인)

접점이 용착되면 설령 감정이나 감식할 당시에 떨어져 있어도 접점 표면이 녹아 있거나 접편(接片)의 앞쪽의 끝(先端)이 결손(缺損)되어 있는 상황이 관찰될 수 있다.

나) 접촉 저항 저감 조치

접촉 저항에 의한 화재를 예방하기 위해서는 접촉 저항을 저감하여야 하며, 접촉 저항을 저감하기 위해서는 다음과 같은 조치가 필요하다.

① 접촉 압력을 증가시킨다.
② 접촉 면적을 크게 한다.
③ 접촉 재료의 경도를 감소시킨다.
④ 고유 저항이 낮은 재료를 사용한다.
⑤ 접촉면을 청결하게 유지한다.

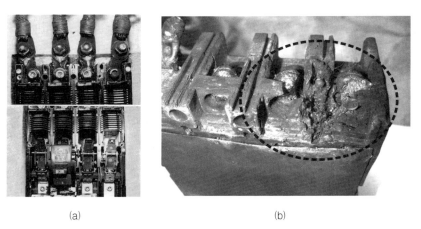

(a)   (b)

<그림 8-5> 배선용 차단기의 선간 단락(a) 및 트래킹 현상(b)

4. 절연 열화에 의한 발화

배선용 차단기는 무기질 또는 유기질 절연 재료로 되어 있어 오랜 시간이 경과하면 절연 성능이 저하하거나 접촉 부분이 탄화하거나 흑연화하여 발열되어 발화원이 될 수 있다. 절연 파괴 현상이란 전기적으로 절연된 물질 상호간의 전기 저항이 낮아져 많은 전류를 흐르게 되는 현상을 말한다. 경년 변화에 따른 기계적, 전기적 성능 저하로 절연 열화의 원인은 다음과 같다.

① 절연체에 먼지 또는 습기의 영향
② 사용 부주의나 취급 불량에서 오는 절연 피복의 손상 및 절연 재료의 파손
③ 이상 전압에 의한 절연 파괴
④ 허용 전류를 넘는 과전류에 의한 열적 열화

⑤ 결로에 의한 지락·단락사고 유발 절연 열화로 인한 발화 형태는 트래킹(Tracking)과 흑연화(Graphite) 현상을 들 수 있다.

<그림 8-6> 도전성 먼지의 부착에 의한 절연 손상

5. 배선용 차단기의 외형 상태 감식

배선용 차단기가 불에 타서 변형될 수 있는 취약 부분의 소자는 켜짐/꺼짐 전환용 Handle 부분이 외부 화염에 쉽게 변형될 수 있는 소재로 되어 있으므로 분해할 경우는 주의하여야 한다.

가) 배선용 차단기의 케이스가 탄화 변형된 경우

배선용 차단기의 Mold Case가 화염에 탄화되어 부하측과 전원측을 구별할 수 없을 경우에는 회로 시험기 등으로 저항을 측정하여 켜짐(저항 0Ω)과 꺼짐(저항 ∞) 상태를 확인할 수 있다.

나) 엑스레이(X-ray) 시험기 확인

엑스레이(X-ray) 시험기가 있을 경우에는 증거물을 분해하지 않는 상태로 촬영하여 켜짐(투입) 및 꺼짐(개방) 상태를 용이하게 확인할 수 있다.

다) 배선용 차단기가 탄화되어 분해할 경우 작동편의 위치로 식별

배선용 차단기의 작동편이 중립에 있으면 배선용 차단기의 2차 회로는 통전 상태로 부하측에서 과부하 또는 단락이 발생한 것으로 작동 원인과 사고 발생 상황을 배선용 차단기 부하측 전선의 용융흔에 의해 귀납적으로 규명한다.

8.3 누전 차단기

1. 누전 차단기 개요

1930년경 절연이 파괴된 전기 기계 기구로 인한 감전 사고를 방지하기 위한 안전 장치로 유럽에서 사용하기 시작하였다. 그 후 감전 보호와 누전에 의한 화재 방지를 목적으로 급속하게 보급되었다. 누전 차단기는 저압 전로의 지락 사고를 대지 전압으로 검출하는 '전압 작동형'과 지락 전류로 검출하는 '전류 작동형'의 두 종류가 있으나 현재는 대부분 전류 작동형만 사용하고 있다.

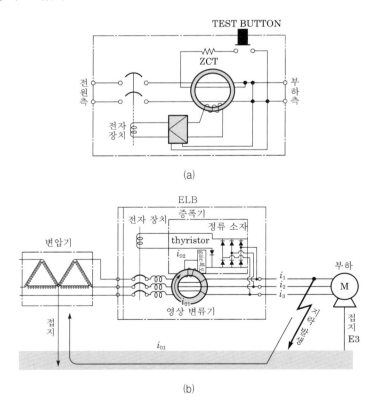

<그림 8-7> 누전 차단기의 작동 원리 단상(a)과 3상(b)

누전 차단기는 소호 장치, 과전류 트립 장치(반도체 증폭부), 시험 버튼, 트립 장치 등으로 구성되어 있다.

2. 누전 차단기 구조 및 작동 원리

가) 누전 검출 원리(전류 작동형)

<그림 8-7>은 누전 차단기 원리와 회로를 나타내고 있으며, 작동 원리는 <그림 8-8> (a)와 같이 회로가 정상 상태에서는 영상 변류기(ZCT)를 통과하는 부하 전류(I_L)가 평형을 이루게 되어 ZCT 2차측에 출력이 나타나지 않는다.

<그림 8-8> (b)와 같이 누전이 발생한 상태에서는 누설(또는 지락) 전류 I_g가 흐르게 되어 ZCT를 통과하는 부하 전류 I_L는 불평형 상태로 되고 이로 인하여 ZCT 2차측에 유도 전류 I_t가 나타나게 되어 트립 코일(Trip Coil)을 여자시켜 회로를 차단한다.

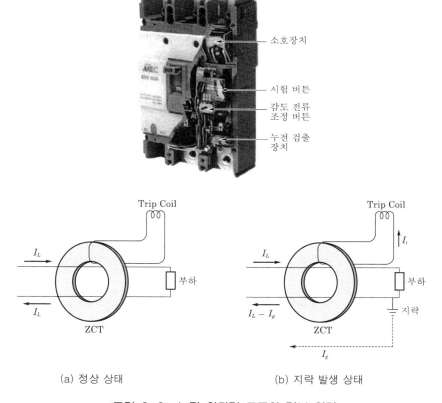

(a) 정상 상태　　　　　　　　　(b) 지락 발생 상태

<그림 8-8> 누전 차단기 구조와 기본 원리

나) 개폐 기구부

주회로의 개폐를 시행하는 부분에서 핸들의 ON·OFF 조작에 따라 주회로를 개폐한다.

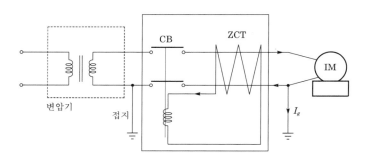

<그림 8-9> 누전 차단기의 작동 회로도(단상 회로)

<그림 8-9>는 전류 작동형 누전 차단기의 작동 원리를 표시한 것이다. 누설(또는 지락) 전류가 없는 경우에는 각 상의 전류 벡터 합은 $0(I_1 + I_2 = 0)$이 되며 영상 변류기(ZCT)의 2차측에는 전류가 흐르지 않는다. 만일 누전이 발생하여 누설 전류(I_g)가 흐르면 각 상의 전류 벡터합은 $I_g(I_1 + I_2 = I_g)$가 되며 ZCT의 2차측에는 누설 전류 I_g에 의한 전류가 흘러서 차단 코일에 의하여 전원의 차단기(CB)를 트립시킴으로써 누전에 의한 위험을 방지하게 된다.

다) 트립(Trip) 장치

보호 목적에 따라 누전, 과전류(단락 포함), 과전압 트립(차단, 인출이라고도 함)이 있다.

(1) 누전 트립 장치

누설(지락) 전류를 검출해서 차단 작동을 시행하는 장치로 지락 전류를 검출하는 영상 변압기, 영상 변류기로 검출되는 누전 신호를 증폭하는 누전 검지기 및 개폐 기구부를 차단하기 위한 전자 장치로 구성되어 있다.

① 영상 변류기(ZCT)

자성체와 이것을 관통하거나 여러 번 감겨 있는 각상의 1차 권선 및 누전 검지기에 입력 신호를 보내는 2차 권선으로 구성되어 있다.

② 누전 검지기

영상 변류기의 2차측 출력 신호를 전자 회로로 증폭하고 전자 장치를 작동시키는 반도체식으로 직접 전류 장치를 작동시키는 전자식이 있다.

㉮ 반도체식 : 부하측에서 누전이 발생하면, 누설 전류를 영상 변류기가 검출해서 검출한 신호를 감도 조정부와 노이즈 필터 회로를 사이에 둔 트랜지스터 증폭부로 증폭하고 누전 판정부에서 판정해, SCR 제어부로 전자 트립(인출) 장치를 작동시킨다. 최근에는 트랜지스터 증폭부와 누전 판정부의 고신뢰성과 소형화를 위해서 누전 차단기 전용 IC가 사용되고 있다.

㉯ 전자식 : 회로가 건전한 상태에서는 영구자석으로 가동 철편이 인출 용수철 힘에 따라 흡인되고 있다. 지락이 발생하고 영상 변류기의 감자 코일에 전류가 흐르면, 영구자석에 따라 가동 철편을 통하는 자속을 부정하고 트립 용수철에 의해 가동 철편이 인출되어 가동 철편과 기계적으로 연결된 개폐 기구부가 개극 작동을 한다. 고감도의 경우에는 미소한 2차 출력으로 작동시켜야 하므로 가공 정밀도가 높은 부품을 사용한 작동 기구로 이루어져 있다.

(2) 과전류 트립(인출) 장치

과부하·단락 전류를 검출해서 트립(차단, 인출) 작동을 시행하는 장치로 바이미터와 전자석을 공용한 열동 전자형 및 전자석만을 사용한 완전 전자형이 있다.

(3) 과전압 트립(인출) 장치

단상 3선식 전로의 전압극과 중성극과의 사이에 발생하는 과전압에 대해 트립을 시행하는 장치다. 단상 3선식의 경우는 중성선이 결상되면 그 회로의 부하 상태로 전압이 불평형이 되고 부하 기기에 과전압이 가해진다. 이 과전압은 중성선에 접속된 과전압 검출 리드선을 통해 과전압 정정부에 입력되고 과전압 판정부로 판정해서 SCR 제어부가 전자 인출 장치를 작동시킨다.

라) 소호 장치

소호 장치는 전류 차단 시에 발생하는 아크를 소호하는 것으로 V자형 구조를 갖는 자성판(그리드)을 몇 매 적층시켜 절연판으로 보전한 구조다. 전류 차단 시에 발생하는 아크는 전자력으로 V자형 구조로 구동되고 접촉자간의 전압 강하를 크게 하거나 아크를 그리드로 냉각시킴으로써 가능한 한 빨리 소호시키는 장치다.

마) 테스트 버튼 장치

지락 또는 누설 전류가 흐를 때에 정상적으로 작동하는지를 시험하기 위해서 강제적으로 지락 전류를 흐르도록 하는 장치로 지락의 모의 회로를 만들어 테스트 버튼을 누름으로써 실험 누설 전류가 흐르는 구조로 되어 있다. 누전 차단기는 확실히 작동할 필요가 있어 테스트 버튼 장치를 그 작동을 확인하기 위한 모든 누전 차단기에 설치되어 있다. 또한 테스트 버튼의 색이 녹색 계통일 경우에는 누전 전용이고, 황색이나 붉은색일 경우는 누전과 과부하 차단 겸용이다.

3. 누전 차단기 종류 및 정격 감도 전류(KS C 4613)

<표 8-2> 누전 차단기 종류와 정격 감도 전류

구 분		정격 감도 전류	작동 시간
고감도형	고속형	5 · 10 · 15 · 30	정격 감도 전류에서 0.1초 이내, 인체 감전 보호형은 0.03초 이내
	시연형		정격 감도 전류에서 0.1초를 초과하고 2초 이내
	반한시형		정격 감도 전류에서 0.2초를 초과하고 1초 이내 정격 감도 전류 1.4배의 전류에서 0.1초를 초과하고 0.5초 이내 정격 감도 전류 4.4배의 전류에서 0.05초 이내
중감도형	고속형	50 · 100 · 200 · 500 · 1,000	정격 감도 전류에서 0.1초 이내
	시연형		정격 감도 전류에서 0.1초를 초과하고 2초 이내
저감도형	고속형	3,000 · 5,000 · 10,000 · 20,000	정격 감도 전류에서 0.1초 이내
	시연형		정격 감도 전류에서 0.1초를 초과하고 2초 이내

[비고] 일반적으로 누전 차단기의 최소 작동 전류는 정격 전류의 50% 이상이므로 선정에 주의할 것. 단, 정격 감도 전류가 10 mA 이하인 것은 60% 이상으로 한다.

4. 절연 열화에 의한 발화

누전 차단기는 무기질 또는 유기질 절연 재료로 되어 있어 오랜 시간이 경과하면 절연 성능이 저하하거나 접촉 부분이 탄화하거나 흑연화하여 발열되어 발화원이 될 수 있다. 경년 변화에 따른 성능 저하로 절연 열화의 원인은 다음과 같다.
① 1·2차 접속 단자나 몰드 케이스의 절연체에 먼지 또는 습기에 의한 트래킹 등의 절연 파괴
② 사용 부주의·취급 불량에서 오는 절연 피복의 손상 및 절연 재료의 파손

③ 이상 전압에 의한 절연 파괴 및 허용 전류를 넘는 과전류에 의한 열적 열화

④ 결로에 의한 지락·단락 사고 유발 절연 열화로 인한 발화 형태는 트래킹(Tracking) 과 흑연화(Graphite) 현상을 들 수 있다.

5. 누전 차단기의 외형 및 내부 감식

누전 차단기가 불에 타서 탄화될 수 있는 부분은 외부케이스와 켜짐/꺼짐 조작용 Handle 부분이 화염에 쉽게 변형될 수 있는 소재로 되어 있으므로 분해할 경우는 주의하여야 한다.

가) 합성수지 케이스가 탄화되어 변형된 경우

Mold Case가 화염에 탄화되어 부하측과 전원측을 구별할 수 없을 경우에는 회로 시험기 등으로 저항을 측정하여 켜짐(저항 0Ω)과 꺼짐(저항 ∞) 상태 확인

나) 분해할 경우 작동편의 위치로 식별

케이스가 소실되고 밑 부분과 금속 부분을 포함 한 일부분만 남았을 경우 투입 및 개방 상태를 식별하는 방법은 작동편(금속)이 수직 상태일 때는 투입(ON) 상태이고, 작동편이 수평일 때는 개방(OFF) 상태로 판정(일부 제작사가 다른 경우도 있음)

다) X-Ray 촬영으로 확인

합성수지 등으로 피복된 물건 내부는 증거물을 분해하지 않는 상태로 촬영하여 켜짐(투입) 및 꺼짐(개방) 상태를 용이하게 확인할 수 있다.

(a)   (b)

<그림 8-10> 누전 차단기의 작동 핀 위치(a)와 X-Ray 촬영(b)

8.4 커버나이프 스위치

1. 커버나이프 스위치의 사용과 퓨즈

커버나이프 스위치 개폐의 판정은 투입편(投入片) 가동자와 투입편 고정자와의 접합부 변색, 투입편 칼받이의 물림 부분의 변색, 칼받이의 개폐상황 등으로 확인할 수 있다.

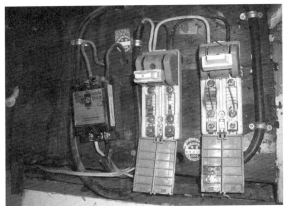 

<그림 8-11> 커버나이프 스위치 분전반(과용량 및 불량 퓨즈)

2. 감식 요령

가) 나이프 스위치가 닫힌(투입) 경우

투입편과 투입편 고정자는 직각 또는 이에 근접한 상태로 접속하여 있기 때문에 투입편의 오손 상황(汚損狀況)을 보아서 판정한다.

나) 투입편이 칼받이와 물려 있는 경우

물린 부분과 접속되지 않은 부분과는 오손에 차이가 생기며, 투입편 전체가 탄화물 등으로 오손되어 있으면 화재 당시 그 개폐기는 열린 상태로 있었다고 본다. 단, 낙하물 등에 의해 2차적으로 열린 후에 화염에 의해 연소되면 개폐의 판정은 복잡해진다.

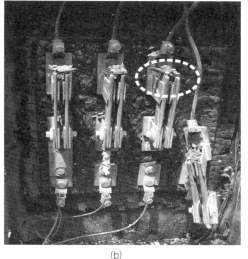
(a)   (b)

<그림 8-12> 커버나이프 스위치 투입된 칼받이(a)와 퓨즈 용융(b)

다) 칼받이 투입편이 투입된 상태로 화염에 탈 경우

칼받이는 열린 채로 소둔(燒鈍 : 풀림)되어 가역성을 잃기 때문에 그 상태에 따라 식별이 가능하다.

라) 퓨즈의 용단 상태에 따른 통전 유무 식별

커버나이프 스위치의 통전 유무를 확인하기 위해서는 퓨즈의 용단 상태에 따라 단락 및 과부하에 의한 경우와 접촉 불량, 외부 화염에 의한 용단·용융 여부를 식별할 수 있다.

① 단락에 의해 퓨즈가 용융되었을 때는 퓨즈 몸체 전체가 녹아서 둥근 형태로 비산되어 케이스 등에 부착되며,

② 100% 초과~300% 과부하 시에는 퓨즈 중앙 부분이 용단되고,

③ 접촉 불량 등으로 용단되었을 경우에는 양쪽 끝 부분에 검게 변색된 흔적으로 식별하며,

④ 외부 화염에 의해 용융되면 불규칙한 형태를 나타낸다.

마) 발화의 경향

전선의 접속 터미널부와 칼날받이 등에서 접속 및 접촉 불량 등에 의해 과열되어 전선 피복이나 목재로 된 배분 전반 등의 지지물에 뜨거운 열이 전도되어 불이 일어난 경향이 있다. 이와 같은 경우에는 접속·접촉부에 변색흔이 나타나므로 육안으로 식별할 수 있다.

8.5 케이블과 주변 구조물

1. 전력 케이블(Power Cable)

전력 케이블은 도체 위에 절연물로 피복을 하여 심선이 외상을 받지 않게 하고, 또한 물, 가스, 화공 약품 등의 침투를 방지하기 위하여 절연 피복을 한 것으로, 절연 전선보다도 안전도가 높고 공사 방법이 간단하므로 지중전선, 가공 전선 및 배선 등에 널리 사용되고 있다.

케이블은 사용 전압, 용도 및 재질에 따라 비닐 절연 비닐 외장 케이블(VV), 고무 절연 클로로프렌 외장 케이블(RN), 부틸 고무 절연 클로로프렌 외장 케이블(BN), 폴리에틸렌 절연 비닐 외장 케이블(EV), 가교 폴리에틸렌 절연 비닐 외장 케이블(CV) 등으로 분류된다. 케이블은 일반 절연 전선에 비하여 전기적인 절연 특성 및 기계적인 강도가 높아 상대적으로 절연이 손상되거나 파괴될 가능성이 적지만, 절연 손상을 유발할 특정 조건 및 특정 상태가 존재하면 그 기계적인 특장에도 불구하고 매우 빠르게 절연파괴가 진행되어 화재가 발생할 수 있다.

일반적으로 샌드위치 패널은 값이 싸고, 가벼우며, 단열 효과가 좋아 가건물 구조에 널리 사용되나, 배선이 관통하는 절단면이 매우 날카로워 케이블이 꺾여 배선되거나 마찰되는 경우, 쉽게 절연 피복이 손상될 수 있다.

(a)   (b)

<그림 8-13> 샌드위치 패널(a)과 케이블 간(間)의 절연 손상(b)

<그림 8-13>에는 메인 분전반의 인입 케이블과 샌드위치 패널 구멍간의 절연 손상에 의한 전기적인 발열에 의해 발화된 사례로서, 동 부분에서 발화되었다는 사실을 입증하기

위해서는,

① 현장의 연소 형상이 메인 분전반의 인입선과 샌드위치 패널 구멍 부분을 중심으로 연소 확대된 형상을 주변의 구조물에서 현출(現出)해야 한다.

② 메인 분전반의 인입 케이블과 샌드위치 패널 구멍 부분에서 발화 원인으로 작용 가능한 전기 용흔을 찾아내야 한다.

③ 메인 분전반의 주차단기의 상태를 명확하게 조사하고, 그 외 부하측 배선 및 기기에서 전기적인 특이점이나 발열 형상이 없음을 입증하면 된다.

8.6 스위치, 전자 접촉기, 커넥터(Connectors)

1. 스위치류

전자 접촉기(MC : Magnetic Contactor), 소형 릴레이(Relay) 및 서모스탯 등의 스위치류는 접점의 접촉 불량으로 인한 용착 및 가동부의 작동 불량이 생기면 접점 부분이 국부적으로 발열하거나 부하 기기에 이상 장시간 통전(通電)을 일으켜서 부근의 가연물을 발화시키거나 작동 시간이 정해진 모터를 계속 움직여 과열시켜서 화재의 요인이 되는 경우가 있다.

2. 텀블러 스위치(Tumbler Switch)

조명 기구를 켜거나 끌 때 사용하는 것이 일반적인 전기 스위치이다. 전기 회로를 열고 닫은 기구인 만큼 개폐 조작은 원활하고 전기적 접촉이 확실해야 하며, 스위치를 켜거나 끌 때 전기가 통하는 부분에는 손이 닿지 않아야 한다. 또한 신체와 접촉되는 부분은 절연이 좋아야 하고, 뚜껑이 떨어져서도 안 되며, 조작할 때 손잡이나 개폐 접촉자는 개(開) 또는 폐(閉)의 위치에서 확실하게 멎어야 한다.

가정이나 사무실 등에서 사용하고 있는 전기 스위치는 대부분 실내의 벽이나 기둥 등에 설치되어 반영구적으로 사용하고 있다.

가) 구조

손잡이를 상반되는 두 방향으로 조작함으로써 접촉자를 개폐하는 스위치로 교류 250V

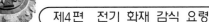

이하 전로에서 주로 옥내 및 옥외의 전등에 부착하여 전등을 점멸하는데 사용한다. 스위치를 켜거나 끌 때 접촉자에는 스파크에 의해 불꽃이 생긴다. 이때 개폐 접촉자 부분이 단락되거나 녹아 붙어 버리는 등 고장이 생기면 스위치로서의 기능을 할 수 없게 된다.

스위치를 구성하는 부품의 재료는 크게 동으로 된 개폐 접촉부와 합성수지로 되어 있는 제품 틀 및 개폐 손잡이로 되어 있다.

나) 발화 원인의 경향

매입형과 노출형이 있고 가동편과 고정자가 가연성 페놀수지(베이클라이트)로 쌓여 있기 때문에 소실되기 쉽고 탄화물에 손을 대면 깨어지기 쉬우므로 특히 현장 보존이 매우 중요하다.

다) 절연 열화의 주요 원인

스위치의 단자간 및 단자 주변과 절연부의 절연 저항이 중요한 요점이 되며, 절연 저항의 열화는 회로 사이의 누설 전류를 크게 하여 단락 소손, 절연 파괴하는 경우도 있다.

① 절연 재료의 표면에 오물 부착 및 부식, 마모가루 또는 사용 환경에 영향을 받는다. 그 때문에 다른 냄새, 외관으로 높은 온도가 오른 흔적(변색, 부풀어 커짐)이 있으면 전원 코드를 빼봐야 한다.

② 구동용 용수철의 열화가 없는가를 조사한다. 대전류를 빈번하게 개폐 작동을 반복하는 릴레이는 개폐 시에 생기는 아크나 스파크 및 셔터링(shattering)으로 접점이 소모되어 접촉 불량이 일어나기도 하고 때때로 용융 때문에 전원이 끊어지지 않는 경우가 있다.

라) 감식 요령

스위치를 오랜 기간 사용하면 구동 용수철의 열화, 미끄럼 이동부의 파손, 접점부의 마모에 의한 열화, 접점부의 산화, 유황과 다른 물질의 화합 등 환경 오염에 의한 접촉 불량이 일어나는 경우도 있다.

① 가동편은 ON, OFF 또는 점멸의 표시가 있어 불에 타서 소실되지 않고 탄화된 상태로 있으면 가동편의 표시를 눈으로 확인, 개폐의 사실을 판별할 수 있는 경우도 있다.

② 손을 대기 전에 물로써 분무하여 탄화물 등의 부착물을 씻은 후에 가동편의 닫힌 측 또는 점멸의 표시를 눈으로 확인할 수 있다.

③ 케이스가 소실되어 판정할 수 없는 경우는 접촉편의 접촉 상태에서 식별하여 판정

한다.

④ 소손된 수지(樹脂) 등으로 덮여 가려져 있는 경우에는 건조시킨 다음 회로 시험기로 저항을 측정한 후에 분해하여 접점면(接點面) 확인

⑤ X-Ray 촬영을 하여 확인

⑥ 시소 스위치나 전자 접촉기 등 스위치류는 접점의 접촉 불량으로 용착 및 가동부의 작동 불량이 생기면 접점 부분이 국부 발열하거나 부하 기기에 이상 장시간 통전(通電)을 일으켜서 부근의 가연물을 발화시키거나 작동 시간이 정해진 모터를 계속 움직여 과열시켜서 화재의 요인이 되는 경우가 있다.

3. 전자 접촉기(電子接觸器 : Electromagnetic Contactor)

가) 전자 접촉기란?

개폐기(開閉器)는 전기 회로를 열고, 닫는 기기로 부하의 개로, 폐로 시에 사용하는 제품으로 영문 명칭은 스위치라고 표기하며, 접촉기의 영문은 컨택터(Contactor)로 외부의 신호에 의하여 부하 전류를 ON-OFF 하는 기기이다. 개폐기와 접촉기의 중요한 차이점은 접촉기가 ON-OFF를 할 수 있는 신호(signal)를 외부에서 줄 것인가, 아니면 그 기기 자체에서 신호를 줄 것인가의 차이점이다. 개폐기는 과부하 계전기가 조합된 상태로서 과부하 계전기에서 발생되는 신호가 접촉기 조작 코일 전원을 제어하게 된다. 따라서 제품으로 보면 개폐기는 접촉기에 과부하 계전기(열동식, 전자식)가 부착된 제품이다.

나) 전자 접촉기의 작동 원리

전자 접촉기의 작동 원리는 렌츠의 법칙(Lenz's law)을 이용한 전자석 원리를 이용한 제품이다. 도체에 권선을 감고 전류를 흘리면 일정 방향으로 도체가 움직이는데 이를 렌츠의 법칙이라 한다. 즉, 코일 권선을 통하여 흐르는 전류 주변에 자속이 발생되어 이에 따른 힘이 발생되어 도체는 일정 방향으로 움직이게 된다. 전자 접촉기는 이러한 원리를 이용하여 구성된 기기이다.

다) 전자 접촉기 구성

전자 접촉기의 구조도는 상부 프레임, 홀더(holder), 가동 코어, Back 스프링, 조작 코일, 고정 코어, 하부 프레임으로 구성되어 있다. 용량이 큰 100AF 이상 제품의 경우에는 조작 코일을 전자화하여 전자 회로부 유닛으로 구성된 제품도 있으나 제품 구조를 이해하기 위

해서는 통상 부품 7가지로 되어 있다. 각 부분 명칭별 역할을 다음과 같다.

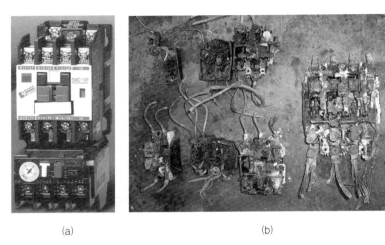

<그림 8-14> 전자 개폐기 신제품(a)과 소손된 형태(b)

① 상부 프레임 : 주접점/보조 접점의 고정 접점, 소호실 등이 구성되어 있으며 주전원 연결 및 ON-OFF시 발생되는 Arc를 소호시켜 주는 장치가 있다.
② 호울더(holder) : 가동 접점을 이용하여 주전원 ON-OFF
③ 가동 코어 : 고정 코어와 함께 발생된 자기력에 의하여 전자 접촉기 구동
④ Back 스프링 : 조작 코일단 전원 OFF시 접촉기를 초기 상태로 복귀시키는 장치
⑤ 조작 코일 : 전자 접촉기 구동하기 위한 장치
⑥ 고정 코어 : 가동 코어와 함께 발생된 자기력에 의하여 전자 접촉기 구동
⑦ 하부 프레임 : 고정 코어, 조작 코일 등을 부착하며 상부 프레임과 함께 전자 접촉기 외관을 구성함.

라) 주요 부품별 용도 및 특성

(1) 접점

MC의 접촉자는 가동 접점과 고정 접점으로 구성되어 있다. 접점 표면은 평평하게 되어 있어 보기에는 면접촉으로 되어 있으나 실제로는 점접촉을 하고 있다. 접합된 부분에서는 전류 흐름에 따라 반발력도 생긴다. 이에 따라 접촉 면적 증가와 반발력에 의한 접촉 불량을 방지하기 위하여 접촉 압력을 증대할 필요가 있으며 적당한 접촉 압력을 계산하여 설정하는 것이 기술의 핵심이다.

접촉 부분이 접촉자 가장자리에서만 접촉이 되는 경우 Arc 발생에 의한 접점 소손이

발생될 수 있으며, 접점의 융착 현상도 발생될 수 있다. 접합 부분의 불량 중 대부분을 차지하는 요인이다. 일반적으로 접점의 크기만 크다고 해서 품질이 우수한 것은 아니며 위에서 설명한 것과 같이 접합면이 어떻게 되어있는가 하는 것이 기술의 핵심이다.

(2) 코어(Core)

전자 접촉기를 구동하기 위하여 사용되는 코어는 고정 코어와 가동 코어로 나누어지며 코어는 적층 코어를 사용하고 있는데 이는 와류(eddy-current)를 최소화하기 위하여 적층 코어를 사용한다. 교류 조작형 제품의 고정 코어에는 세이딩 코일(shading coil)이라는 장치가 있는데 이 코일의 역할은 교류의 경우 자속의 힘이 지속적으로 변화된다. 따라서 일정한 힘을 계속적으로 유지하게 위하여 세이딩 코일을 설치하게 된다. 간혹 전자 접촉기가 심하게 울림 현상이 발생되는 경우가 있는데 이 코일 파손된 경우에도 접촉기가 심하게 떨림 현상이 발생된다.

(3) 홀더(Holder)

holder는 가동 코어와 연결되어 접촉기 가동 접점을 지지해주는 기구부로서 접촉기 핵심 부품 중의 개폐 수명을 유지하기 위하여 holder의 구조 및 강도는 전자 접촉기 성능을 좌우하는 매우 중요한 부품이다.

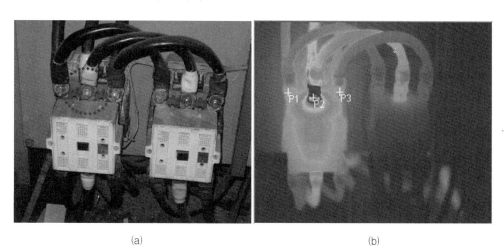

(a)   (b)

<그림 8-15> 사용 중인 전자 개폐기의 접속 상태(a)와 온도 측정(b)

마) 터미널 접속 불량에 의한 소손

<그림 8-15>는 3상 배선 중 1상의 접속부가 접촉 불량으로 인하여 발열되는 사례로서,

발열이 지속될 경우, 접촉 불량에 의한 과열의 지속 및 아산화동 증식 등에 의한 발열의 상승 작용으로 발화에 이르게 되는 경우

① 전자 개폐기 터미널 접속부 온도 측정
- P_1 38.78℃, P_2 59.05℃, P_3 38.51℃

② 온도 측정 결과 P_1, P_3상에 비하여 P_2에서 최대 14도 차이 있으며, 열확산 상태로 볼 때 불완전 접촉에 의한 발열 현상으로 판단됨.

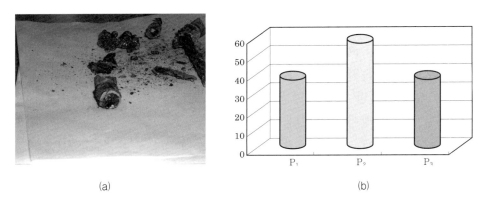

(a)   (b)

<그림 8-16> 소손된 접속 터미널(a)과 온도 분포(b)

바) 절연 열화의 의한 발화의 주요 원인

① 과전압 등에 의한 절연 파괴로 인한 코일 소손
② 먼지의 부착, 과전압에 의한 이상음과 떨림 현상 발생
③ 보조 접점이 많고, 먼지, 접점 부스러기의 침입에 의한 접속 불량
④ 스프링의 힘 부족, 접점의 용착

사) 감식 요령

① 단자 부근의 상부 프레임과 하부 프레임 플라스틱 부분의 손상이 적으면 외부 화염에 의해 피해를 입은 것으로 판정하고,
② 가동·고정 코어 부위에 높은 열의 흔적이 있거나, 프레임 내부에 손상이 심하면 전자 개폐기에서 발생한 것으로 식별하며,
③ 조작 코일 내부에서 층간 단락 현상이 나타나면 전자 개폐기 자체에서 시작된 것으로 판정한다.

4. 커넥터(Connectors)

가) 구조

전선이나 코드 및 케이블을 전기적으로 결합하기 위해서 사용하는 접속기, 접속 부품, 즉 보통 동의 슬리브로 접속할 도체의 가장자리에 덮어 씌워 고정하는 구조의 것

나) 감식 요령

① 커넥터와 주위 플라스틱 부분의 손상이 적으면 외부 화염에 의해 커넥터가 피해를 입은 것으로 판정한다.

② 커넥터 부위에 높은 열의 흔적이 있고 주위 플라스틱의 손상이 심하면 화재가 커넥터에서 시작된 것으로 판정한다.

5. 릴레이 접점

<그림 8-17>은 부하 전류가 큰 기구의 릴레이 접점에서 접점의 접촉 분리 시 발생한 아크에 의해 접점이 변형되고, 이후 접점의 변형으로 인한 통합적인 접촉 저항의 상승으로 인한 발열로 접점의 변형은 가속화되고, 최종적으로 접점이 융착됨으로 인하여 부하 기기를 계속적으로 작동시키며, 발열이 지속되어 화재가 발생하게 된 사례이다.

<그림 8-17> 릴레이 접점의 융착

6. 바이메탈식 서모스탯

<그림 8-18>은 바이메탈식 서모스탯으로 가동 접점 부분에서 전기 용흔이 식별되며, 동 부분에 인접한 절연재가 도전성을 띄고 있는 상태이고, 동 절연재가 국부적으로 심하게 연소되어 백화 연소된 상태로서, 접점의 반복적인 작동에 의한 아크 발생과 이로 인한 주변 절연재의 절연 열화에 의해 형성된 트래킹으로 발화된 사례이다.

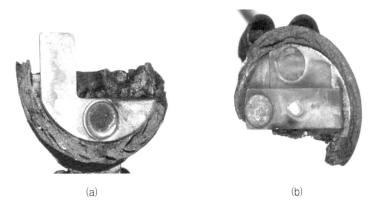

(a)   (b)

<그림 8-18> 서모스탯 접점의 전기 용흔(a)과 절연물 탄화(b)

Chapter 9

주방 및 가전 관련 기기

전기 밥솥

1. 구조

간단한 조작으로 취사 예약이나 보온을 할 수 있는 등 여러 장점이 있어 많은 가정에서 사용되고 있다. 형태, 구조는 시대와 더불어 변화되고 있으며, 최근의 가열 방식은 전자 유도 작용에 의하여 내측 냄비 전체가 발열하는 유도 가열 방식(HI : Induction Heating)을 많이 사용하는 추세이다.

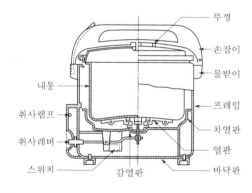

<그림 9-1> 전기 밥솥의 구조도

가) 종래의 가열 방식

직접 가열식 전기 보온 밥솥의 기능은 취사 기능과 보온 기능으로 대별되며, 취사 기능은 취사에 필요한 열을 공급하는 열판이 밑에 있고 그 열판 위에 쌀과 물을 담는 내통이 있어 취사 시에 내통에 쌀과 적당한 물을 채우고 뚜껑을 닫은 후 스위치를 작동시킨다.

스위치 작동과 동시 열판 내부의 히터에 통전되어 열판이 가열되고, 가열된 열판은 내통에 전달되어 내통 내의 온도는 100℃로 상승하고 일정 시간 후면 밥이 끓게 된다. 밥이 끓은 내통의 온도는 더욱 상승하여 약 200℃에 가까운 일정 온도에 이르면 스위치가 자동으로 차단되어 취사 히터가 정지한다.

이때 밥솥의 옆면 및 뚜껑부에 설치된 보온 히터가 발열을 시작하여 보온 기능이 유지된다.(보온 발열체가 취사 중에도 발열하는 구조)

전기 보온 밥솥에 쓰이는 주요 부품으로는 취사 발열체, 온도를 조절하는 자동 온도 조절 장치, 제품의 이상 과열 발생 시에 전원을 차단시켜 주는 온도 퓨즈가 있고 이밖에 크고 작은 100여 개의 부품으로 조립되어 있다.

① 히터를 밑바닥 부분, 측면·상면에 배치하여 취사 및 보온(상면)한다.

② 취사용 히터는 주로 시스 히터로 그대로 사용하는 방법과 알루미늄 다이게스트로 주조하여 열판 조립으로서 사용하는 경우가 있다.

③ 일반적인 취사용 솥의 크기는 1.5L, 소비 전력은 1.2kW 정도이다.

④ 보온용 히터는 50W 정도로 내부 솥의 몸통 부분에 코드식 히터를 감아 설치하고 덮개 중앙 부분에 반도체 히터를 설치하고 있다.

⑤ 취사용 스위치로서는 마그네트식 서모스탯(thermostat)을 사용하며, 작동 온도는 150℃ 전후이다.

⑥ 안전 장치는 온도 퓨즈 또는 전류 퓨즈가 전원 회로에 직렬로 들어가 있다.

또한 본체 내에 내부 솥을 넣지 않았을 때나 뚜껑을 완전히 닫지 않은 때에는 취사·보온의 각 회로가 작동하지 않는 안전 장치가 설치되어 있다.

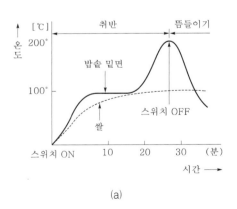

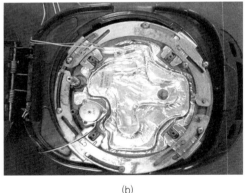

(a)   (b)

〈그림 9-2〉 전기 보온 밥솥의 온도 변화(a)와 보온용 히터(b)

전기 보온 밥솥으로 밥을 지으려고 스위치를 작동하면 가열이 시작되며 시간이 점차 지나 밥물이 끓을 때까지의 밥솥 밑 부분과 쌀의 온도의 변화 상태는 〈그림 9-2〉와 같이 변한다. 그림과 같이 25분 정도에서 내통 바닥의 온도는 급격히 상승하여 밥물은 잦아들고 뜸들이기가 시작됨을 보여준다. 이때 밥솥 밑면의 온도는 100℃가 훨씬 넘는 200℃ 정도에 이르며, 이때 자동적으로 취사 발열체의 자동 스위치가 차단(OFF)되고 보온용 발열체가 작동하여 보온이 시작된다.

나) 전자 유도 가열 방식(Induction Heating)

유도 가열(IH) 압력 밥솥의 가열 방식으로 발열판에서 열이 발생하여 열원이 냄비에 전달되어 취사가 되는 방식이 아니라 냄비 주변의 코일에 전류가 흐를 때 발생되는 자력선에 의해 냄비가 스스로 발열되어 취사가 되는 원리로 한국 고유의 가마솥 밥맛을 만들어 주는 기능이다.

① 전자 유도 가열 방식은 자력선(Induction Coil)에 의해 밥솥 밑 부분뿐 아니라 솥 전체가 통째로 직접 가열되는 전자 조리기와 같은 가열 원리를 이용하고 있다.

② 냄비 밑 바닥 부분에 배치된 코일의 자력선에 의해 냄비의 금속 부분 내에 발생한 와전류(渦電流 : eddy current)가 냄비가 갖고 있는 전기 저항에 의해 줄열이 발생하여 냄비 그 자체가 히터가 된다.

③ 취사 히터 이외의 가열에 대해서는 종래 타입과 마찬가지이다. 최근의 것은 마이크로 칩을 내장하여 뜸들이기에 각 제조사별로 여러 가지 고안이 되어 있다.

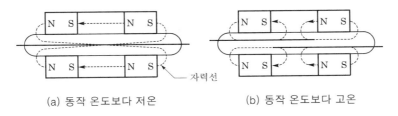

(a) 동작 온도보다 저온   (b) 동작 온도보다 고온

<그림 9-3> 전자 유도 가열 방식의 원리

- **관찰 및 조사 포인트**
  ㉮ 전원 코드 리드선이 물려 들거나 나올 때 반복 작동에 따른 반단선
  ㉯ 커넥터의 접촉 불량
  ㉰ 기판부에 밥물이 흘러들어 트래킹 현상에 의한 출화
  ㉱ 접속 나사의 이완
  ㉲ 온도 퓨즈나 온도 센서 등의 감열 부품 장착 부적합
  ㉳ 제어 기판에 이물질(벌레, 곤충, 습기나 먼지) 부착으로 제어 기능 불량

Ⓢ 과전압 및 과전류 등에 의한 절연 파괴 촉진

Ⓣ 저항, 트랜지스터, 커패시터 등 장착된 부품의 절연 파괴에 의한 발열

Ⓤ 전자 코일의 층간 단락 등에 따른 절연 파괴로 인한 출화

Ⓥ 전기 압력 밥솥을 밥 이외에 다른 용도로 사용하거나 기타 요인 등

2. 감식

가) 기판부에서 출화

(1) 기판부의 트래킹

제조회사에서 리콜하는 유도 가열 방식(IH식) 제품에서 출화한 사례가 있다. 전체적으로 소손되어 있었는데 밑바닥 부분의 가열용 히터 코일은 기판이 들어있는 주변 부분만 소손되고 그 이외의 부분은 에나멜 피복이 원색(原色)의 반짝임을 띠고 있었다.

(a)   (b)

<그림 9-4> 소손 상황(a)과 밑 바닥면(b)의 관찰

가열 제어 기판에 소실 부분이 있고 그 부분 및 주위 전기 부품의 발에 용융이 관찰되었다. 또한 그래파이트화 현상에 의해 도통하는 개소가 있었다.

기판이 그래파이트화 현상에 이른 이유는 솥을 떠받치는 본체 상부의 상부 틀 부분(상부 틀과 상부 틀 링으로 구성되어 있다)의 조립 공정 시 상부 틀과 상부 틀 링 사이에 방수용 충전제(실리콘 고무)를 충전할 때 충전제가 균일하게 도포되어 있지 않았기 때문에 상부 틀과 상부 틀 링에 틈이 발생하였기 때문에 그 틈새로부터 본체 내부로 침투한 수증기 등의 수분이 밑바닥 부분에 설치되어 있는 가열 제어 기판의 특정 개소에 떨어져서 트래킹 현상이 발생하여 가열 제어기판이 발화하여 출화한 경우

(a)   (b)

<그림 9-5> 밑바닥 주위의 상황(a)과 소손된 가열 기판 회로 시험기(b)로 측정

(2) 트랜지스터 내부 단락

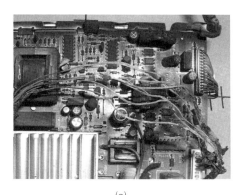

(a)   (b)

<그림 9-6> 기판 소손 상황(a)과 트랜지스터 주위 소손 상황(b)

기판에 들어가 있는 트랜지스터 내부에서 경년 열화 등에 의거 에미터와 콜렉터 사이에서 단락하여 과전류가 흘러서 발열하고 기판에 착화하여 출화한 경우 게이트의 다리만 정상, 콜렉터는 약간 잔존, 에미터는 밑동 부분까지 소실되어 있었다. 트랜지스터 본체 내부가 노출되어 있는 부분을 실체 현미경으로 관찰하니 용융 개소가 관찰되었다.

● **관찰 및 조사 포인트**

㉮ 부품의 배치 상황, 진술 및 갖고 있는 취급설명서 등으로부터 제조회사, 형식 등을 특정(特定)한다.

㉯ 사고가 난 개소(부품)로부터의 소손 상황을 나타내고 있는가, 또한 전기적으로 이상이 관찰되는 부품을 확인한다.

ⓗ 기판의 잔존 부분을 도통 시험을 하여 그래파이트화 상황을 확인한다.

　ⓡ 실장 도면(實裝圖面) 등의 자료를 이용하여 물방울이 낙하하는 경로 및 기판의 위치 관계를 특정한다. 또한 기판의 재질, 이극간의 거리 등을 확인하여 둔다.

　ⓜ 트랜지스터가 1차적인가, 2차적인가를 결정하려면 소손 상황 및 회로상에서도 검토하며, 여러 방면에서 판단한다.

나) 과전압 · 과전류에 의해 취사 히터가 출화

　　단상 3선식 배선 방식의 중성선을 잘못하여 공사 중에 결손시켜 부하의 불평형에 의해 과전압 · 과전류가 흘러서 사용하고 있던 중 출화한 경우로서, 히터가 들어있는 알루미늄 다이게스트제(-製) 밑바닥 부분이 용융 변형되어 있다.

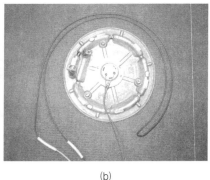

(a)　　　　　　　　　　　　　　　(b)

<그림 9-7> 소손된 밑바닥 코일 주위의 상황(a)과 소손되지 않은 제품(b)

● 관찰 및 조사 포인트

　ⓖ 전기 관계의 보수나 공사 등이 어느 전기 회로에 대해 행해지고, 그리고 단선된 사실 및 다른 전기 회로에 있어서 기기의 퓨즈가 끊어지는 등의 이상 유무를 확인한다.

　ⓝ 보수 공사의 복구 시각과 출화 시각과의 정합성은 어떠한가?

　ⓓ 밑바닥 히터의 이상 발열에 따른 알루미늄 다이케스트의 용융이 관찰된다.

다) 유도 가열용 코일에서 출화

　　<그림 9-8> 유도 가열형 전기 밥솥의 1차측 코일에는 25 kHz의 고주파 전류가 흐르고, 이의 전자 유도에 의해 2차측 코일(밥통)에 유기된 전류에 의한 가열로 밥통 전체가 가열된다. 따라서 1차 코일에 고주파의 전류가 흐르므로 일반 상용 전원의 절연과는 개념을 달리할 필요가 있다.

(a)

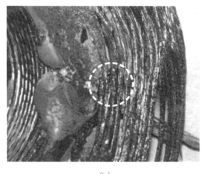
(b)

<그림 9-8> 유도 가열(IH) 전기 밥솥(a)과 1차측 코일(b)

라) 기구 코드로부터의 출화

밑바닥 부분에 설치되어있는 코드의 반단선에 의해 출화한 경우로서, 반단선으로 출화하는 경우에는 부하 전류가 흐르고 있는 것이 전제 조건이며, 이 사례에서는 전기 밥솥이 보온 상태로 사용하고 있었다. 또한 반단선에 이르는 요인을 사용 년수·사용 상황·설치 환경 등으로부터 확인하여 둘 필요가 있다.

9.2 전자레인지

1. 구조와 기능

가) 구조

외함, 가열실 및 문 등으로 이루어져 있다. 외함은 강판, 가열실은 스테인리스 강판 또는 알루미늄판으로 만들어져 있다. 가열실 천장은 플라스틱 커버로 되어 있고 그 위에 마그네트론(magnetron)과 도파관 등이 부착되어 있다.

나) 원리 및 기능

기능 형식에 따라 단 기능 타입은 레인지 기능밖에 없는 것을 말하고, 다기능 타입은 레인지 기능에 오븐 기능, 그릴 기능과 스팀 기능 등을 부가한 것으로, 이들 기능을 여러 가지로 조합시켜 마이컴과 센서에 의해 각종 제어를 하여 자동적으로 조리할 수도 있다.

발진부, 전원부, 제어부, 가열실로 구분되고, 절환 스위치식은 온도 조절기 손잡이를 이용하여 각 분리된 용량의 발열체의 전원 공급을 조작하여 온도를 조절하는 방식이다.

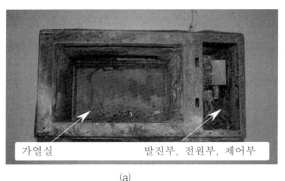

〈그림 9-9〉 소손된 전자레인지 본체(a)와 발진 · 전원 · 제어부(b)

마그네트론은 2극 진공관으로 이 진공관에서 2,450 MHz의 전파가 오븐 고내(庫內)에 발사되게 되어 있다. 이 전파는 마이크웨이브라고 불리며 다음과 같은 성질이 있다.

① 금속에 닿으면 반사하며, 방향을 바꿔 진행한다.

② 도자기 · 유리 · 플라스틱 · 종이 등은 투과하는 것이 많다.

③ 물 또는 수분을 포함한 식품이나 목재 등에 닿으면 흡수되어 열이 된다.

전자레인지에서 식품이 가열되는 원리는 마찰열이다. 분자의 양단에는 정(＋), 부(－) 같은 양의 전하를 갖는 많은 쌍극자가 포함되어 있다. 이들은 마이크로파가 조사되면 정렬 방향이 주파수에 대응하여 1초에 24억 5,000만 회의 스피드로 진동하여 식품 자신이 마찰열을 발생하여 발열한다.

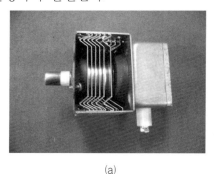

〈그림 9-10〉 마그네트론 외형(a)과 분해 상태(b)

④ 가열실(오븐고 : oven庫) : 전파적으로 밀폐된 식품의 가열 상자로 피가열물이 균일하게 가열되도록 턴테이블이나 전파를 교반하는 스틸러(stirrer), 가열실 내부에 조명등(庫內燈)이 설치되어 있다.

⑤ 발진부 : 마이크로웨이브를 발생시키는 마그네트론, 전파를 가열실 내로 인도하는 도파관(導波管), 가열실 내(庫內)에서 1점에 집중하지 않도록 마이크로웨이브를 교반하는 팬과 마그네트론을 냉각하는 냉각 팬 등으로 구성되어 있다.

⑥ 전원부 : 마그네트론을 작동시키는 직류 3,300V를 발생시키는 고압 회로, 오븐(oven) 기능이 있는 것에는 시스 히터용의 직류 고전압을 만드는 고압 변압기, 고압 커패시터, 제어부에 공급하는 저압 회로 등으로 구성되어 있다.

⑦ 제어부 : 문을 열 때 전파를 방사시키지 않는 구조나 식품에 맞춰서 조리 시간을 설정하는 타이머 등 조리 조정이나 안전성 등을 제어한다.

⑧ 안전 장치 : 전류 퓨즈, 도어 또는 래치 스위치(latch switch : 문을 열면 전원을 차단한다.), 온도 과도 상승 방지 장치 등이 있다.

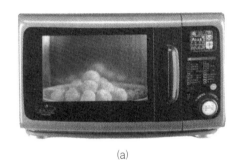

(a)

(b)

<그림 9-11> 전자레인지(a)와 기본 회로도(b)

2. 감식 사례

가) 가열실 내부의 상태(식품의 과열 발화)

전자레인지는 마이크로파 유전 가열을 이용하며 가열하는데, 식품이나 그것의 포장지가 장시간 가열되면 식품이나 포장지가 탄화되어 연소가 일어난다. 이는 튀김·코코아· 감자나 고구마류·시금치 등이 과열되면 수분이 증발되고 이들 식품이 탄화하면 마이크로파에 의해 스파크를 일으키거나 또는 식품 자체가 지닌 철분에 의해 스파크를 일으켜서 출화한다.

또한 포장지를 개봉하지 않고 포장 식품 등에 들어있는 탈산소제(脫酸素劑)를 넣은 채 가열하면 위에서 설명한 원인으로 인하여 발화하기 쉽게 된다.

- **관찰 및 조사 포인트**
  - ㉮ 오븐 내부의 식품·식기·내부 커버가 연소되었는지 확인
  - ㉯ 가열실(oven 庫 : 오븐 곳간) 문짝(door)의 유리나 각 벽면에 그을음이나 기름이 부착되어 있다.
  - ㉰ 뒷면의 합성수지제 배기 가이드가 열을 받아(受熱) 용융되어 있다.

나) 금속 용기의 방전에 의한 발화

전파가 잘 투과하지 않는 용기(스티로폼·스티롤·폴리에틸렌·멜라민·페놀·요소수지) 등을 사용하면 전파를 투과시키지 않기 때문에 그 자체가 발열·스파크를 일으키거나 또는 금속의 경우에는 반사되어 주위의 식품 등으로부터 출화한다.
  - ① 식품과 함께 호치키스 바늘이나 스푼 등이 들어가 있을 때에도 그 자체가 발열·스파크를 일으켜 발화한다.
  - ② 오븐 내부의 식품·식기·내부 커버 연소된 경우
  - ③ 가열실 문(door)의 유리나 벽면에 그을음이나 기름이 부착되어 있고,
  - ④ 뒷면의 합성수지제 배기 가이드가 열을 받아(受熱) 용융되어 있다.

다) 급전구 커버에 부착된 식품 찌꺼기의 발화

오븐고 내의 급전구(給電口) 커버가 식품 찌꺼기 등으로 오염되는 경우에는 조리 시에 식품의 찌꺼기에 전파가 집중되어 탄화하여 출화한다.

- **관찰 및 조사 포인트**
  - ㉮ 외관 및 캐비닛에는 소손된 개소는 관찰되지 않는다.
  - ㉯ 가열실(oven 庫) 유리문 및 모든 벽면이 기름이나 식품찌꺼기 등으로 오염되어 있다.
  - ㉰ 오븐고 내(庫內)의 급전 커버가 소손되어 있다.

라) 기판에 먼지나 벌레 등이 부착되어 절연 파괴로 발화

전원 기판에 기름이나 먼지 부착 또는 본체 내부가 따뜻하여 바퀴벌레가 번식하고, 바퀴벌레의 똥이나 배설물(오줌)이 기판상에 부착하게 되면 이극 단자 사이에 그래파이트나 트래킹 현상이 발생하여 출화한 경우

- **관찰 및 조사 포인트**
  ㉮ 외관적으로는 조작 패널 측의 캐비닛이 소손되어 있다.
  ㉯ 가열실 내에는 그을음은 관찰되지 않는다.
  ㉰ 캐비닛을 분해하면 철판·단열재·기판 등 한 면에 바퀴벌레의 똥이나 잔해가 부착되어 있다.
  ㉱ 기판상 트래킹의 경우는 제어용과 전원용 2종류의 기판 중 전원용 기판이 현저하게 소손되어 있다.
  ㉲ 누설 방전에 의한 경우에는 마그네트론 접속 단자 부근의 방열판에 방전흔이 있다.
  ㉳ 그래파이트화 현상으로 절연이 파괴된 경우에는 절연 기판에 스파크나 아크 흔적이 있다.

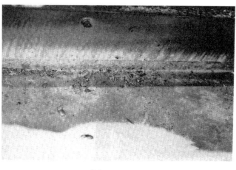

(a)   (b)

〈그림 9-12〉 마그네트론 단자 주변(a)과 문짝 상부 바퀴벌레 잔해(b)

마) 도어 래치 스위치의 접촉부 과열

래치(latch) 스위치는 문을 열 때에 전원을 차단하여 외부에 전파를 방사시키지 않기 위한 리밋(limit) 스위치이다. 래치 스위치에서 출화한 사례로는 2개 사용한 양극(兩極) 차단의 스위치 어느 하나에서 출화한 경우가 있다.

사용 중에 빈번하게 문을 여는 것은 회로상 큰 부하 전류가 흐르고 있는 곳을 차단하는 것이므로 접점 부분에서 스파크를 발생시켜 접점부가 거칠어진다. 이를 빈번하게 반복하면

마침내 접점 부분이 마모되어 접촉 불량을 일으켜서 발열 출화한다.

● **관찰 및 조사 포인트**

㉮ 외관적으로는 조작 패널 측의 캐비닛이 소손되어 있다.

㉯ 가열실(오븐고) 내에는 그을음은 관찰되지 않는다.

㉰ 가열실 문(door)을 열면 도어 스위치 합성수지제의 래치가 소손 또는 용융되어 있다.

㉱ 캐비닛을 분해하면 조작 패널 측의 소손이 심하다.

㉲ 래치 스위치 접점면의 거칠어짐 또는 용융 상황을 확인한다.

㉳ 리밋 스위치의 접점간의 저항을 회로 시험기로 측정하면 수~수십Ω의 저항값이 측정된다.

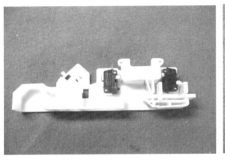
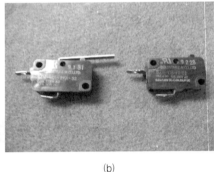

(a)   (b)

<그림 9-13> 사용 중인 래치 스위치(a)와 분리된 래치 스위치(b)

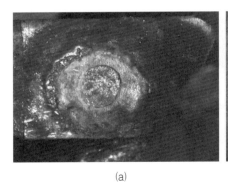

(a)   (b)

<그림 9-14> 접점이 거칠어진 상황(a)과 회전 모터의 분해 상태(b)

바) 회전 구동 모터와 팬 모터 배선 및 코일의 절연 파괴

조리 접시 회전 구동 모터나 송풍 모터의 배선 및 권선이 절연 파괴로 단락 또는 층간

단락을 일으켜서 출화한 경우

냉각 통풍 통로가 먼지나 이물질에 막혀 통풍, 냉각 저해 및 흡기구가 벽측에 있어 공기의 유통이 나쁠 때 발열되어 권선에서 발화한 경우

- **관찰 및 조사 포인트**

㉮ 외관적으로는 조작 패널 측의 캐비닛이 소손되어 있다.

㉯ 가열실(oven 庫) 내(內)에 그을음은 관찰되지 않는다.

㉰ 캐비닛을 떼어내면 모터 주위의 소손이 심하고 절연 열화 등에 의해 모터 권선에 단락흔이나 층간 단락흔이 관찰된다.

㉱ 회전 테이블(turn-table)용 모터를 분해하면 층간 단락이 나타난다.

㉲ 외부로부터 공기를 내부로 흡입하는 팬모터(fan motor)의 층간 단락

㉳ 팬 모터나 회전 테이블 모터에 이르는 배선이 Unit식 부착대의 금속 부분에 접촉되어 진동에 의해 전원 코드 절연 파괴로 단락되어 출화(전자레인지 아래에 설치된 냉장고 진동 등)

㉴ 모터 코일은 장기간 사용하면 절연 열화의 가능성이 있다. 먼지나 습기 등에 의해 절연 열화로 이어지는 경우와 변색 및 팽창, 냄새 등 외관으로부터 이상이 없는가를 관찰한다.

㉵ 분해 후 권선을 주의 깊게 관찰한다.

사) 전원 코드의 단락

전자레인지 자체가 무거우며 부하 전류도 크므로 전원 코드가 전자레인지의 지지 받침 아래 또는 다른 물건에 눌리면 발열하고 마침내 배선 피복이 용융된 후 단락하여 출화한 경우

- **관찰 및 조사 포인트**

외관적으로는 눌려 있는 부분에서 단락 시 나타나는 1차 용흔이 발생한다.

㉮ 코드가 스테이플(staple) 또는 못 등으로 고정되어 있는 경우는 그 부분에서 반단선이 관찰된다.

㉯ 코드가 카펫(carpet)의 아래를 통과하여 사용되고 있으면 코드 자체의 방열 효과가 악화되어 과열 발열 발화한 경우

아) 트랜스(Transformer)와 부품의 절연 파괴

(1) 트랜스의 절연 파괴

① 마이크로파 발생용 고압 트랜스의 층간 단락에 의한 발화(분해 후 권선을 주의 깊게 관찰)

② 전원선의 연결 및 인출 단자의 접촉 불량에 의한 발열로 발화한 경우

③ 타임 스위치가 고장나 가열실(oven 庫) 내에 식품을 넣고 전원 스위치를 끄는 것을 잊었기 때문에 과열되어 발화한 경우

④ 50 Hz 사양의 제품을 60 Hz에서 사용하여 트랜스가 과열하여 발화한 경우

　⑦ 50 Hz의 트랜스를 220V 전압으로 60 Hz에 사용하면 와류손은 일정하나,

　⑭ 히스테리시스손이 감소하여 결국 철손을 5/6로 감소시킨다.

- 철손 $P_i = P_{h(80\%)} + P_e = kB_m^2 f$　단, B_m : 자속 밀도, f : 주파수

　㉠ 자속 밀도 $B_m = V/4.44\ fwA$에서 f가 6/5 배가되고, V도 6/5＝1.2배로 되기 때문에 철손은 $12P_i$가 된다. 여자 전류도 감소하여 전체 손실은 감소한다.

　㉡ 온도 상승도 감소하는데 %임피던스는 대부분이 %리액턴스이므로 주파수에 비례하여 저항분을 무시하면 60/50＝1.2로 약 20% 증가한다.

⑤ 먼지 또는 분진 등이 누적되어 통풍, 냉각 저해로 발열되어 권선에서 발화한 경우(변색, 팽창, 냄새 등 외관으로부터 이상 유무 관찰)

⑥ 전자레인지용 고압 트랜스는 2차 전압이 높기 때문에 절연 파괴 흔적과 정격 용량을 초과하여 과부하로 사용한 경우 등을 관찰

⑦ 승압 전용 트랜스의 고전압부에 사용되는 부품은 프린트 기판에 땜납이 확실히 되지 않으면 스파크 및 아크 방전이 발생하므로 흔적 관찰

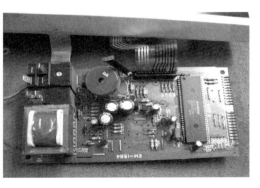

| (a) | (b) |

<그림 9-14> 고압 커패시터, 고압 Diode(a)와 기판 상태(b)

⑧ 트랜스 내부에서 출화한 경우는 권선에 단락흔을 남기는 것이 많다. 경우에 따라 절연물 및 절연 도료만 무염 연소하고 단락흔이 잔류하지 않는 경우가 있다.

⑨ 제작상의 결함 또는 진동 등에 의하여 절연 피복이 손상되어 층간 단락된 경우

⑩ 이상 전압 침입 또는 과전압에 의한 절연 재료의 열화 등

(2) 고압 커패시터, 고압 Diode 등 부품의 절연 파괴로 인한 발화

① 높은 열을 발생하는 할로겐 램프와 근접되게 장착된 부품이나 기구 배선 등의 가연물에서 발화

② 커패시터 내부 소자의 단락 또는 선간 단락으로 아크 발생하면 절연유 분해 가스를 발생하여 압력 상승으로 케이스 팽창 파괴 출화

③ 고조파에 의한 전류 실효값의 증대로 과열 소손

④ 고조파에 의해 전압의 상승으로 절연 파괴되어 소손

⑤ 장기간 사용 또는 물리적인 외력에 의해서 내부 부품 등의 절연이 파괴되어 발화한 경우

9.3 냉장고

1. 개요

냉장고는 냉동기·저장고·운전 제어 장치 등으로 되어 있다. 냉동기는 냉매(冷媒)를 압축·순환시켜 냉장고 내의 열을 흡수하여 외부로 발산시킴으로써 냉장고 안을 저온으로 유지하는 작용을 하고, 저장고는 식품을 넣는 용기(容器)로서 냉동기에 의해 냉각된 내부 온도가 상승하지 않도록 외기(外氣)와 차단하기 위해 내부 상자와 외부 상자 사이에 단열재가 들어 있다.

운전 제어 장치에는 온도 조절기와 서리 제거 장치가 있다. 온도 조절 장치는 냉장고 안을 적당한 온도로 유지시키기 위한 장치이며, 그 온도는 수납(收納)하는 식품에 따라 다르나 대체로 5~7℃이다.

서리 제거 장치는 냉장고 문의 개폐(開閉)에 따라 침입한 외기 중의 수분이나 냉장고 안의 식품에서 증발한 수증기 등이 서리가 되어 증발기에 부착하는데, 서리가 많아지면 냉각력이 저하하므로 제거해야 한다. 서리 제거 히터는 냉각기의 이면 또는 내부 등에 설치되어

냉각기의 서리 제거를 촉진시키고, 드레인 히터는 냉각기의 아래에 설치되어 서리 제거 서 모스탯의 작동에 의해 서리 제거 시에 통전되며 서리의 용융이나 서리 제거 물의 재동결 방지의 역할도 하도록 되어 있다.

전기 냉장고로부터의 출화 원인은 기동 장치 릴레이(starter relay) 작동 시 발생하는 스파크(spark)에 의한 불꽃으로 누설된 가스 등에 착화되는 경우와 트래킹(tracking) 또는 그래파이트(Graphite)화 현상에 의한 절연 열화로 발화한 경우 등이 있다.

2. 원리와 구조

가) 원리

액화된 비점이 낮은 냉매 가스를 압축기(컴프레서 : compressor)로 압축하여 파이프를 통해 냉각기로 보내면 액체의 냉매 가스는 기화함과 동시에 주위로부터 열을 빼앗아서 냉각한다. 냉각기(冷却器 : refrigerator)를 나온 냉매 가스는 응축기(condenser)로 보내져서 액화되고 다시 컴프레서로 보내져서 순환하도록 되어 있다.

냉각기와 저장고 사이에는 팬이 설치되어 있으며 이들 사이에 냉풍을 순환시키고 있다. 냉각기에는 대기 중의 수분이 빙결되어 냉각 효과를 떨어뜨리므로 냉각기의 온도에 따라 On, Off하는 서모 스위치, 통전 시간을 정하는 타임 스위치를 사용하여 서리 제거 히터로 서리를 녹이며, 녹은 물은 드레인 히터로 증발시킨다. 이 서리 제거 히터에는 과열 방지를 위한 온도 퓨즈가 부착되어 있다. 저장고 내의 온도는 고내(庫內) 서모 스위치로 제어되고 있다.

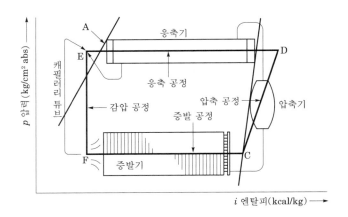

<그림 9-15> 냉동 사이클의 개념

냉장실은 도어의 개폐에 따라 스위치가 On, Off하여 저장고 내의 조명등(照明燈)이 점멸(點滅)한다. 압축기에는 내부 모터의 주(主)코일과 병렬로 보조 코일이 있으며, 기동 시에 큰 회전력을 얻기 위해 통전시킨다.

보조 코일에 통전하면 컴프레서의 온도가 상승하고 정특성(正特性) 서미스터(Ther-mistor, PTC : Positive Temperature Coefficient의 약자로 화학적으로 티탄산바륨, 세라믹의 반도체 소자)가 그 상승한 온도로 인해 저항치가 상승하여 보조 코일에의 전원 공급을 정지한다. 또한, 정특성 서미스터(PTC)의 성질은 온도가 상승함에 따라 저항치도 상승하는 성질이 있다. 이 성질을 이용하여 기동기(starter)에 이용되고 있다. 종래에는 릴레이(relay)를 사용하고 있었는데, 이로 대체되어 PTC를 사용하도록 되었으므로 무접점 릴레이라고도 한다. 컴프레서 모터의 회로에는 과전류 방지를 위한 과부하 계전기(overload relay)가 부착되어 있다.

나) 구조

냉장고는 일반적으로 냉동실, 냉장실 및 기계실로 구성되어 있으며 냉동 사이클에 필요한 압축기(compressor), 응축기 및 냉각기(evaporator : 증발기) 등이 설치되어 있다.

(1) 컴프레서(compressor : 압축기)

<그림 9-16>은 냉장고에 사용되고 있는 일반적인 압축기의 단면도이다. 흡입관과 토출관을 설치한 밀폐 케이스에 상부는 컴프레서, 하부는 모터가 부착된 구조로 되어 있다.(역으로 되어 있는 것도 있다)

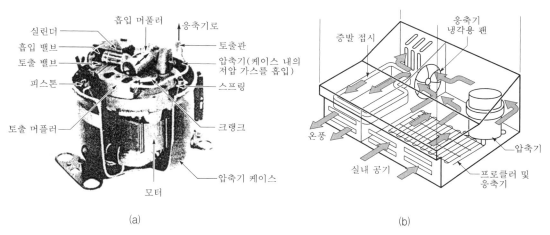

<그림 9-16> 컴프레서(압축기)(a)와 노출되지 않은 응축기 냉각 방식(b)

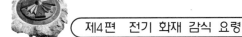

피스톤의 왕복 운동은 모터의 축에 직결된 크랭크에 의하며, 모터의 회전을 왕복 운동으로 바꾸는 것으로 섭동부(攝動部)에의 윤활유 공급은 컴프레서 케이스 밑면으로부터 모터축을 경감시키고 있다. 이 외에 경량 소형으로 효율이 좋은 로터리 컴프레서를 사용하고 있는 것도 있다.

(2) 응축기(condenser)

커패시터는 냉각기(evaporator)에서 빼앗은 열과 컴프레서에 의해 부여된 열을 방출하는 곳으로 여기에 보내진 고온, 고압의 가스상 냉매를 공기 또는 물로 냉각하여 고압의 액체로 하는 장치이다.

가정용 냉장고에 사용되고 있는 커패시터는 일반적으로 자연 통풍에 의한 냉각식이 채용되고 있으며, 방열판이 1매의 판으로 부착되어 있는 플레이트형, 많은 와이어 파이프로 용접하고 있는 와이어형 및 다수의 방열판(fin)에 파이프를 통하고 있는 핀형 등이 있다.

(3) 냉각기(evaporator)

냉각기는 냉장고 본래의 기능인 냉각을 행하는 장치이다. 커패시터로 액화된 냉매는 캐피러리 튜브(모세관)에서 3~4기압으로 감압되며 냉각기에서 증발 기화한다. 이때에 주위로부터 열을 빼앗아 냉각을 행한다. 증발되어 가스 상태로 떨어진 냉매는 압축기에 흡입되어 재차 압축되어 응축기로 보내지는 등 냉동 사이클 작용을 반복하면서 냉장고 안을 냉각한다.

(4) 기동기(starter)

컴프레서의 모터는 커패시터 기동 유도 모터로 주권선, 보조 권선으로 구성되어 있으며 단순히 주권선에 전압을 가해도 회전하지 않는다. 그러나 시동하여 회전시켜 주면 주권선 만으로도 회전을 계속할 수 있다. 이 전환 방법에는 전압형, 전류형, 무접점형(PTC를 사용) 등이 있다.

모터 정지 시에는 프란저가 내려가서 접점 S를 OFF로 하지만 모터의 주권선에 대 전류가 흐르면 프란저 코일은 강하게 자화(磁化)되어 프란저를 흡착한다. 그러면 접점은 판스프링의 힘으로 ON으로 되며 보조 권선에 전류가 흘러 모터가 회전한다. 모터가 가속됨에 따라 주권선의 전류가 감소하여 자력이 약해지며 주권선 만으로도 운전할 수 있는 속도의 전류에 달하며 프란저가 낙하하여 접점 S가 열린다. 그리고 보조 회로를 끊어 주권선만으로 회전을 계속한다.

(5) 과부하 계전기(overload relay)

컴프레서에 과전류가 흘러 권선을 소손시키거나 고온도가 되었을 때 자동적으로 작동하여 컴프레서를 보호하는 장치이다. 구조는 바이메탈이 컴프레서의 온도를 감지하여 작동하는 것과 과전류를 감지하여 작동하는 것이 있다. 모두 접점을 열어 모터를 보호하도록 되어 있다. 전원을 끊은 후에 어떤 일정 시간이 경과하면 바이메탈은 식어 본래의 형태로 되고 접점이 닫힌다. 과부하 계전기는 시동 릴레이와 함께 컴프레서의 측면에 설치되어 있다.

(6) 각종 히터

① 서모스탯(thermostat) 히터

서모스탯 히터 본체 부분의 온도가 주위 온도 및 본체 부분의 설치 위치 관계로 감온 부분의 온도보다 낮아진 경우에 본체 부분에서 감지하여 소정의 역할을 하지 않게 된다. 이 때문에 본체 부분을 조금 따뜻하게 하여 서모스탯 본체 주위의 온도가 내려가도 항상 감온부 온도에서 정상으로 작동하도록 본체 부분 온도를 보정하는 역할을 한다.

② 서리 제거 히터

이 히터는 냉각기의 이면 또는 내부 등에 설치되어 있으며 서리 제거 시에 냉각기의 서리 제거를 촉진시킨다.

③ 드레인 히터

이 히터는 냉각기의 아래에 설치되어 있으며, 서리 제거 서모스탯의 작동에 의해 서리 제거 시에 통전되며 서리의 용융이나 서리 제거 물의 재동결 방지의 역할도 하도록 되어 있다.

④ 냉장실 칸 히터

칸 히터는 중간 경계 반대쪽에 설치되어 있으며 연속 통전하여 중간 칸의 서리 부착 방지의 역할을 하고 있다. 서리 부착 방지 파이프로 되어 있으며 핫(hot) 가스 방식이 채용되고 있다.

⑤ 외부 박스 히터

외부 박스 히터는 외부 박스 전면(前面)의 외주(外周)에 설치되어 있으며 주위의 온도가 대단히 높은 경우에 냉장고의 외부 박스 전면(前面) 온도가 노점 온도 이하가 되면 공기 중의 수분이 응축하여 이슬이 맺히게 되므로 이를 방지하기 위한 것이다. 핫 가스를 이용한 이슬 맺힘 방지 파이프를 설치하고 있는 것도 있다.

3. 감식 사례

냉장고로부터 출화한 경우는 대부분 전기적인 경우가 많다. 각 스위치 접점(문 스위치, 냉동실 온도 조절기, 제상 타이머, 과부하 보호 장치)에서의 불완전 접촉이나 융착, 전원 코드 반단선에 의한 과열, 팬 모터의 과열, 압축기 부분에 연결된 과부하 보호 장치에서의 트래킹 또는 그래파이트, 시동용 커패시터 단락, 전원 코드 단락, 내부 배선의 절연 손상에 이한 단락 등이 원인으로 출화된다. 그 중 많은 개소는 컴프레서에 설치되어 있는 스타터 및 오버로드 릴레이의 부분으로 원인은 대부분 트래킹 현상이다.

가) 기동기의 절연 파괴로부터 발화

냉장고는 내부와 외부의 온도 차이를 갖는 기기로 이슬, 물방울 등이 생기어, 이것과 기기 내의 먼지가 단자 부분 또는 접점 부분에 트래킹(tracking) 현상을 유발하여 소손된다. 페놀수지제 케이싱의 경년 열화에 의해 기동기 내부의 고정 접점과 가동 접점 사이에서 트래킹 현상이 발생하여 출화한 경우

- **관찰 및 조사 포인트**
  - ㉮ 기동기 주위가 소손되어 있다.
  - ㉯ 그래파이트화(化)가 관찰된다.
  - ㉰ 기동 릴레이의 전극에 용융 부분이 관찰된다.
  - ㉱ 소손이 현저하게 강한 부분이 있고 단자부가 부분적으로 용융된다.
  - ㉲ 트래킹에 의한 수지 탄화부를 회로 시험기로 저항을 측정하면 저항이 수~수십(Ω)으로 나타난다.
  - ㉳ 배선 및 단자 접속부의 풀림 등으로부터 발열하여 출화에 도달한 경우도 있으므로, 배선의 상황 및 전기 용흔의 위치 등을 자세히 관찰한다.

나) 서미스터(Thermistor : PTC) 기동 릴레이의 스파크

컴프레서에 부착되어 있는 수지로 된 커버 내의 시동 릴레이의 구조는 릴레이가 아크를 발생하지 않게 하기 위하여 은도금이 된 PTC 히터의 소자가 사용되고 양극간을 스테인리스의 금속구로 눌러 붙여져 있다. 높은 열이 발생하면 열적인 영향에 의해 소자 표면의 은이 용해되어 다른 전극측으로 이동하면 단락되어 발화한다. 또한 쥐가 서식하면 쥐의 오줌 등 배설물이 틈새로부터 서미스터(PTC)에 침입하여 전극간에서 스파크가 발생하여 케이싱(폴리에틸렌 테레프타 레이트)에 착화하여 출화한 경우

기동릴레이

(a)

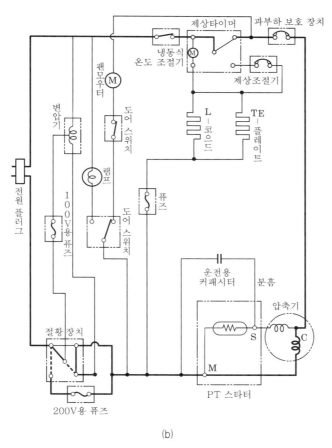

(b)

<그림 9-17> 기동기 주위 상황(a)과 전기 계통 배선도(b)

● 관찰 및 조사 포인트

㉮ 작은 동물의 배설물(쥐의 오줌과 똥), 옮겨온 물건이 퇴적되어 있다.

㉯ 잔존 배선 피복에 쥐가 갉은 흔적이 관찰된다.

ⓒ PTC 소자가 소손되고 내부의 누름 금속구에 용흔이 있다.

ⓓ 은(銀)마이그레이션 현상과 소손 상황이 유사하므로 소자의 은의 흐름 상황을 실체 현미경 등으로 관찰한다.

ⓔ 시동 릴레이 커버가 내부로부터 일부 용융되어 있다.

 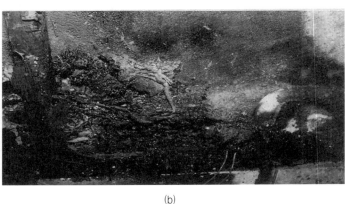

(a)   (b)

<그림 9-18> 냉장고 소손 상황(a)과 압축기를 떼어낸 바닥 퇴적물(쥐 사체)

다) 전원 코드와 배선 커넥터의 접속부 과열

전원 코드는 대부분 인접한 벽체에 연결되거나 멀티콘센트에 연결되어 있게 되며, 냉장고의 뒷면에는 많은 배선이 조합되어 있다. 커넥터 등에 의한 불완전 접촉, 트래킹과 같은 발열요인 및 반단선에 의한 출화 위험이 있다. 커넥터의 접속 부분이 경년 열화에 의해 헐거워져서 접촉 저항이 증대하여 줄열에 의해 발열로 배선 피복에 착화하여 출화한 경우

● 관찰 및 조사 포인트

ⓐ 접속 금구 및 접속 금구 바로 옆 주변의 배선에 용흔이 있다.

ⓑ 다발 배선 부분에서의 출화는 전기적 용흔이 여러 개소에서 발생되어 있는 경우도 있다. 이때에는 용흔을 추적하여 연결 회로를 확인한다.

ⓒ 전원 코드가 몸체의 고온부인 방열부에 눌리거나 무거운 물건이나 카펫(carpet)의 아래를 통과하여 사용되고 있으면 방열 효과가 나빠져 과열 발화한 경우

ⓓ 전원 코드의 플러그 부분에서의 불완전 접촉으로 출화

ⓔ 전원 플러그 인접 부분이나 냉장고 몸체 삽입구 부분에서의 반단선

ⓕ 냉동기 배선 등의 절연물 주변에 물방울 또는 결로에 의한 이슬이 맺히고 스위치 등에 물방울이 맺히게 되는 등 오랜 시간 사용에 의한 접점간의 트래킹 현상에 의하여 불이 나게 된 경우

㉳ 서리 제거 가열선(heater)의 일부가 오랜 사용으로 가늘어지면 전기 저항의 증대에 의해 가열선이 빨갛게 적열되어 출화한 경우
㉴ 부하측 배선이 소손되어 있다.
㉵ 음식물 찌꺼기가 부착된 코드를 쥐가 갈아 피복이 손상되고 단락이 일어나 출화한 경우. 작은 동물의 존재 유무나 잔존하는 코드 피복 등에 이빨 흔적 등을 관찰한다.

이와 같은 경우에 전기 및 물리적 위치 관계 등으로부터 고찰하여 1차적으로 발생한 것과 2차적으로 발생한 것을 특정(特定)한다.

라) 안전 장치 제거에 의한 모터 과열

온도 퓨즈 등의 안전 장치를 제거하여서 업무용 냉장고의 팬 모터(fan-motor)가 과열되어 출화한 경우 압축기(compressor) 등을 냉각하는 팬 모터의 온도 퓨즈(96℃)가 용단되자 다시 이와 같은 일이 일어나지 않도록 수리업자가 제거하고 그 부분을 직결함에 따라 팬 모터가 연속 운전이 되어 과열되고, 경년 열화도 추가되어서 팬 모터의 코일이 층간 단락하여 퇴적되어 있던 면 먼지에 착화하여 출화한 사례

- **관찰 및 조사 포인트**

㉮ 모터 층간 단락의 경우에는 축의 기름 고갈 등 다른 요인에 의한 과부하 운전도 검토한다.
㉯ 연속 정격의 모터인가를 확인한다.
㉰ 최근 수리 상황을 확인한다.

마) 압축기(compressor) 코일의 층간 단락

오랜 기간 사용에 의해 권선의 절연이 층간 단락되어 발화한 경우

- **관찰 및 조사 포인트**

㉮ 뒷면 아랫부분(대형은 위쪽)이 강하게 소손되어 있다.
㉯ 압축기(compressor)의 변색이 심하다.
㉰ 단자 부분은 절연 수지가 용융 또는 탄화되어 있다.
㉱ 압축기(compressor)의 케이싱을 절단하여 내부 관찰
㉠ 압축기 내의 바이메탈 스위치 소손 유무

ⓛ 리드선의 소손 유무와 전기 용흔의 생성 여부 확인

ⓒ 내부 권선 부분의 코일 소손과 층간 단락이 관찰된다.

바) 커패시터의 절연 파괴로 인한 발화

접속 단자가 느슨해져 발화하는 외에 커패시터 내부 소자의 절연 열화에 의하여 발화한 경우, 소자 내부에 강한 소손이 나타나고 소자의 내부에까지 강한 탄화 상태가 식별된다.

● 관찰 및 조사 포인트

㉮ 뒷면 아랫부분 밑바닥의 소손 상황이 강하다.

㉯ 커패시터가 심하게 소손 용융되어 있는 경우

ⓐ 절연 열화에 의해 발화되면 커패시터 케이스에 구멍이 뚫리거나 쪼개지기도 하며, 내부의 전극이나 유전체가 강하게 소손되어 탄화된 상황이 식별된다.

ⓛ 소손된 내부의 전극이나 유전체를 절단하면 절연 열화된 부분으로부터 탄화되어 있는 상태가 관찰된다.

ⓒ 커패시터의 리드선에 단락흔이 관찰된다.

㉰ 내부 소자의 단락으로 아크 발생하면 절연유 분해 가스를 발생하여 압력이 상승되어 케이스 팽창으로 파괴되면서 출화

㉱ 장기간 사용, 물리적인 외력, 이상 전압에 의해서 내부 부품 등의 절연이 파괴되어 발화한 경우

㉲ 고조파에 의한 전류 실효값의 증대로 과열 소손

사) 진동에 의한 내부 배선의 절연 손상

냉장고는 압축기(壓縮機 ; compressor)를 이용하는 바, 작동 중 상시 진동이 발생할 수밖에 없으며, 내부 배선이 견고하게 고정되어 있지 않은 경우, 주변 구조물과의 마찰에 의한 손상에 의해 절연 피복이 소실되면서 발화될 수 있다.

<그림 9-19> 및 <그림 9-20>은 진동에 의해 전원 박스와 내부 배선간의 절연 손상에 의해 발화된 사례와 솔레노이드 밸브의 인입선을 고정하기 위한 나선형 형태의 철판과 인입선 간의 절연 손상에 의해 발화된 사례이다.

● 관찰 및 조사 포인트

㉮ 압축기(壓縮機 ; compressor) 작동 시 발생한 진동으로 인하여 내부 배선이 외함 중

날카로운 면을 가진 절단면과 배선간의 접촉 여부

㉯ 전원 투입 관계

㉰ 최근 수리 상황을 확인한다.

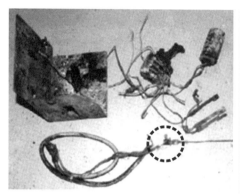

<그림 9-19> 전원 박스와 배선간의 단락

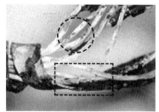

<그림 9-20> 내부 배선과 고정물간의 단락

9.4 냉·온수기

1. 개요

　냉·온수기의 구조는 압축기부, 냉·온수부로 구획되어 있으며, 경우에 따라서 필터부가 부가된 구조로 나뉠 수 있다. 냉·온수기는 냉장고와 마찬가지로 압축기가 장착되어 있기 때문에 압축기 자체에서 발생할 수 있는 발화 원인에 대하여는 냉장고편을 참고하기 바라며, 히터가 발화 원인으로 작용하는 경우에 대하여는 전열기 부분을 참고하기 바란다.

냉 · 온수기는 압축기(壓縮機 ; compressor) 작동 시 항상 진동이 발생되며, 기능상 구획된 부분을 관통하는 전원 배선이나 제어 배선 등이 진동에 의해 손상되는 경우가 발생하기 용이하고, 또한 냉 · 온수기 또한 자체의 정격 용량이 클 뿐만 아니라 온도 제어에 의해 상시 서모스탯의 접점이 접촉 분리 작동을 하기 때문에 경우에 따라서 릴레이 접점의 전극이 아크에 의해 용융 변형되거나 도전성 및 접촉성이 약화될 경우, 전기적인 발열을 유발시킬 수 있고, 또한 아크에 의해 비산된 금속분이 절연물에 도포되면서 절연 파괴를 일으키고 이에 종속적으로 화재가 발생할 수 있다.

2. 원리와 구조

가) 냉 · 온수기의 원리

냉 · 온수기에서 냉수를 만드는 방법은 반도체 냉각 방식과 압축기(壓縮機 ; compressor)를 이용한 방식이 있다.

(1) 반도체 냉각 방식

열전 반도체 소자에 전류를 흐르게 하면 한쪽 면은 뜨거워지고 다른 한쪽 면은 차가워지는 특수한 반도체가 있다. 이것을 이용해서 물을 차갑게 하는 것으로, 이 제품은 고가이고 용량이 작아서 많은 양의 물을 냉각하는 데는 여러 가지 문제점이 있어 작은 용량의 냉장고에 적용된다. 화장품 냉장고도 그 원리이고, 시거 잭에 꽂아서 쓰는 차량용 냉장고도 이 반도체를 이용한 제품 중 하나이다.

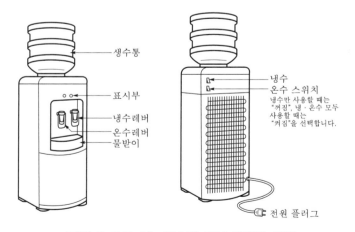

<그림 9-21> 냉 · 온수기 외부 명칭과 형태

(2) 압축기(壓縮機 ; compressor)를 이용한 방법

냉장고나 에어컨에 들어 있는 냉각기를 이용해서 물을 차갑게 하는 방법으로 어떠한 기체를 고압으로 압축을 시켰다가 갑자기 팽창을 시키면 온도를 낮출 수가 있다. 이때 사용되는 기체를 냉매라고 하는데, 프레온 가스가 가장 효율이 좋고 많이 사용하고 있다. 그러나 최근 오존층 파괴 때문에 국가에서 사용 규제를 해서 지금은 신냉매 R-134a라는 기체를 사용하는데 효율은 조금 떨어진다.

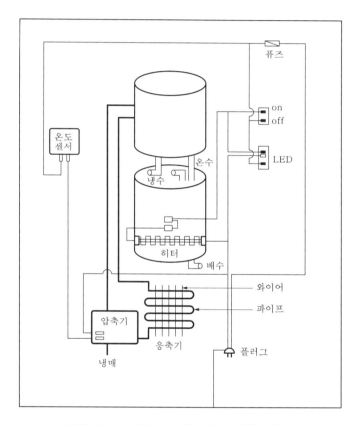

<그림 9-22> 냉·온수기 구조와 전기 배선도

(3) 냉·온수기의 가열 원리

냉·온수기의 통에 물이 전혀 없어도 실제로 냉·온수기 내부에 있는 파이프에는 물이 약간 남아 있다.

온수가 존재하는 공간은 온수통, 온수통과 물 꼭지 사이의 온수 파이프, 통상 뒤쪽에 있는 퇴수구로 연결된 파이프 등에 온수가 잔존하는데, 보통 3.6L 이상 남아 있다. 남아 있는 물은 매우 뜨거운 상태로 새로 찬물을 넣으면 거기 남아 있던 물이 나오거나 그 물과 섞여 나오기 때문에 온수 상태가 유지된다.

나) 냉·온수기의 구조

냉·온수기는 내부 수조 통에 물을 고이게 한 후 그 물을 차고 뜨겁게 만들어 급수하는 구조로 되어 있다. 냉·온수기는 생수통을 이용하는 구조적 특성으로 인해 내부 수조 통이 외부로 노출되어 있다. 냉·온수기는 통상적으로 냉기를 만드는 '압축기(壓縮機 ; compressor)'와 밴드 히터로 온도를 높이는 온수통 그리고 압축기 등으로 구성되어 있다.

(1) 냉수 장치

구조는 냉매 가스의 냉동 장치(冷 cycle)에 필요한 압축기(compressor), 응축기(condenser) 및 냉각기(evaporator) 등으로 이루어진다.

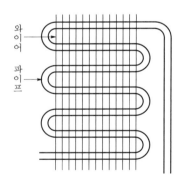

<그림 9-23> 냉·온수기 소손 상황과 응축기 발열판의 형상

(2) 압축기(compressor)

<그림 9-23>은 냉·온수기에 사용되고 있는 일반적인 압축기의 내부 위치도이다. 흡입관과 토출관을 설치한 밀폐 상자에 윗부분은 압축기, 밑 부분에는 모터가 설치된 구조로 되어 있다.

피스톤의 왕복 운동은 모터의 축에 직결된 크랭크에 의해 모터의 회전을 왕복 운동으로 바꾼 것으로, 미끄럼 이동부로의 윤활유 공급은 압축기 상자 바닥면으로부터 전동기

축 속으로 전달되게 되어 있다. 또한 모터와 압축기를 핀으로 고정하여 왕복 운동에 의한 진동이나 소음을 경감하고 있다. 이 외에 최근 로터리 압축기를 쓰고 있는 것도 있으며 이는 경량 소형으로 효율이 좋다는 장점이 있다.

(3) 응축기(condenser)

응축기는 증발기에서 빼앗은 열과 압축기에 의해서 주어진 열을 방출해서 보내진 고온, 고압의 가스형 냉매를 공기 또는 물로 냉각하여 고압의 액체로 만드는 장치이다. 냉・온수기에 쓰이고 있는 응축기는 일반적으로 자연 통풍에 의한 공냉식(空冷式)이 채용되어 있고 방열판이 많은 와이어를 파이프에 용접한 와이어 형태 및 많은 방열판(fin)을 파이프로 통한 지느러미(fin)형이 있다.

(4) 냉각기(evaporator)

냉각기는 냉장 원래의 기능인 냉각을 하는 장치이다. 응축기에서 액화된 냉매는 모세관에서 감압된 후 증발기에서 기화시켜 주위의 열을 빼앗아 냉각을 한다.

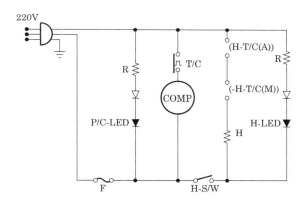

<그림 9-24> 냉・온수기 단선 결선도

(5) 건조기(드라이어)

모터의 정지시는, 플런저(plunger)가 밑에 있는 접점 S를 OFF하고 있지만, 모터의 주권선(主捲線)에 대전류(大電流)가 흐르면 플런저 코일(plunger coil)을 강하게 자화시켜 플런저를 흡착하게 된다. 그래서 접점은 판스프링의 힘으로 ON하여, 보조 권선에 전류를 흘려 모터가 회전하게 된다.

모터가 가속함에 따라서 주권선의 전류가 감소함으로써 자력이 약해져서 주권선만으로 운전할 수 있는 속도의 전류에 달하면 플런저(plunger)가 낙하하여 접점 S를 연다. 그리고 보조 회로를 차단하여, 주권선만으로 회전을 계속한다.

(6) 과부하 계전기(overload relay)

압축기에 과전류가 흘러 권선을 소손시키거나, 고온이 될 때 자동적으로 작동하여 압축기를 보호하는 장치이다. 구조는 그림에 도시한 바와 같이 가열기(heater) 및 바이메탈(bimetal)로 이루어지며 모터와 직렬로 접속되어 있다.

과전류가 흐르면, 바이메탈(bimetal)이 가열기(heater)에 의해 가열되어 구부러져서 접점을 열어 전류를 차단하여 모터를 보호하게 된다. 전원이 차단된 후, 일정 시간이 경과하면 바이메탈(bimetal)이 냉각되어 접점이 붙게 된다. 과부하 계전기는 시동 계전기와 함께 압축기의 측면에 부착되어 있다.

(7) 서모스탯(thermostat)

온도를 자동적으로 일정하게 조절하는 장치로 자동 온도 조절기라고도 한다. 일정한 온도를 보유 또는 유지시키기 위한 항온조(恒溫槽)·전기로·온수기나 전자레인지, 난방 기구 등에 사용된다.

온도 상승에 의해 변화하는 양을 이용하여 어느 일정 온도까지 올라가면 그에 의한 변화가 온도 상승을 정지시키도록 하고 있다. 예를 들면 온도 조절 기구는 전열 기구, 전기 난로·전기 담요 등에 넣은 자동 스위치로 온도가 올라가면 열리고, 내려가면 닫혀 지도록 작용한다. 이를 위해 사용되는 것은 대부분이 바이메탈이다. 바이메탈은 선팽창 계수가 다른 2장의 합금판을 맞붙인 것인데, 온도 변화에 따라 바이메탈이 활 모양으로 굽는 정도가 변하므로 바이메탈의 만곡을 이용해서 스위치를 개폐시킨다.

바이메탈에 사용되는 합금은 팽창 계수가 작은 쪽은 철과 니켈의 합금, 큰 쪽은 구리와 아연, 니켈-망간-철, 니켈-몰리브덴-철 등과 같은 합금이다. 또한 기화하기 쉬운 액체의 기화 압력을 이용한 것도 있으며, 톨루엔 등을 관 속에 봉입하고, 온도에 의한 팽창·수축을 이용해서 바이메탈과 같은 목적에 사용한다.

바이메탈을 원판이나 나선상 등으로 만들어, 온도 변화에 의해 상하, 좌우 또는 축이 어느 각도만큼만 회전하게 한 소자(素子) 등이 있다. 즉, 감온 디바이스(device)로서 그것이 관계되어 있는 공간 온도를 조절하기 위해 전기 회로를 자동적으로 열고 닫을 수 있도록 만들어진다.

자동으로 온도 조절을 수행하는 장치를 자동 온도 조절기(Automatic Temperature Controller) 또는 서모스탯(Thermostat)이라 하며 일반적으로 전열 기구에 사용되는 자동 온도 조절 방법은 바이메탈(Bimetal) 등을 사용한 기계식 제어 방법과 반도체 소자를 이용한 전자식 제어 방법으로 구분할 수 있다. 자동 온도 조절 장치 또는 수은·쌍금속 등의 감온체를 이용하여 온도를 감지하기 위한 소자인 온도 감지기를 뜻하기도 한다.

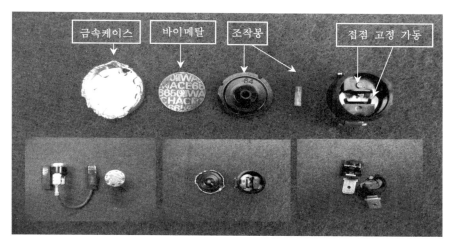

<그림 9-25> 냉·온수기에 사용하는 서모스탯

3. 감식 요령

가) 출화 원인의 경향

전기 냉·온수기의 압축기(compressor)로부터의 출화 원인은 기동 장치 계전기(starter relay)의 불꽃으로 누설된 가스 등에 착화되거나, 스파크(spark)에 의한 인화가 가장 많고, 그 외에 트래킹(tracking) 현상이나 절연 열화에 의한 것 및 단순한 전기적인 스파크(spark)에 의한 화재로 되어있다.

출화에 도달한 경과를 보면 아래와 같이 크게 분류할 수 있다.

(1) 전기 냉·온수기 압축기(compressor)로부터의 출화
- 관찰 및 조사 포인트

㉮ 배면에 있는 압축기(compressor)의 코일 부분에서 층간 단락한 경우

㉯ 내장 콘센트 배선 피복의 손상에 의해 단락한 경우

㉰ 뒷면에 쥐 등의 소동물 등이 배선을 손상하여 단락한 경우

㉱ 전자 접촉기 표면의 접속 단자(ABS 수지)간의 먼지 또는 습기에 의한 트래킹(tracking) 현상으로 발열하여 출화한 경우

㉤ 냉동기(freezer) 절연물 주변에 이상 착상(異常着霜)하여, 이 착상에 의해 스위치가 결로(結露)됨으로써 장시간 사용에 의한 접점간의 트래킹(tracking)에 의하여 출화한 경우

(2) 전기 냉 · 온수기의 기동 장치 등에서의 출화한 경우

● **관찰 및 조사 포인트**

누설하고 있는 가연성 가스, 인화성 위험물의 종이, 분진 등에 기동 장치 스위치 (starter switch)의 불꽃으로 인하여 착화한다. 누설된 가스에 관해서 분석하면, 그 대부분이 프로판 가스(propane gas)이다. 그러므로 최근의 냉 · 온수기는 기동 장치 스위치 (starter switch)를 밀폐형의 구조로 개조하여 서서히 화재가 감소하는 경향을 보이고 있다. 이 외에 제조상의 결함으로 출화하는 사례도 있다.

(3) 서모스탯(thermostat) 등 부품에서 출화한 경우

● **관찰 및 조사 포인트**

㉮ 서모스탯(thermostat) 노출 단자 간 절연체의 오염 등에 의한 트래킹

서모스탯 위치

온수통

밴드히터

<그림 9-26> 온수통과 서모스탯 및 밴드히터 소손 상황

㉯ 서모스탯의 격리된 단자 지지용 절연체의 그래파이트화 현상(접점의 불완전 접촉 시 발생한 스파크 열과 불완전 접촉에 의한 발열이 절연체에 전도되어 탄화)

㉰ 전열기의 서모스탯은 아크열에 의해 열화가 진행되고, 미주 전류(迷走電流 : Stray

Current)에 의한 트래킹 현상에 의해 탄화도 전로가 형성되어 발화

<그림 9-27> 서모스탯의 절연 파괴 상태

나) 부품의 절연 파괴로 인한 발화

접속 단자 이완에 의한 발화 외에 부품 소자의 절연 열화에 의하여 발화한 경우

● **관찰 및 조사 포인트**

㉮ 뒷면 아랫 부분 밑바닥의 소손 상황이 강하다.

㉯ 압축기, 뒷면 배선 등에서 심하게 소손 용융되어 있는 경우

4. 감식 사례

가) 진동에 의한 내부 배선의 절연 손상

<그림 9-28>은 냉・온수기 내부 배선과 외함간의 진동 마찰에 의해 절연 피복이 손상되는 과정에서 발생한 전기적인 발열에 의해 화재가 발생한 사례이다.

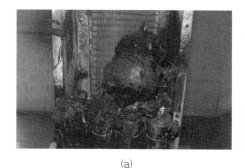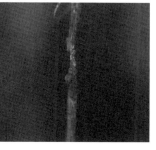

(a)　　　　　　　　　　　　　(b)

<그림 9-28> 기동기 주위 상황(a) 및 전기 계통 상황(b)

내부 배선의 절연 손상에 의해 발화된 것을 확인하기 위해서는 냉·온수기 자체의 연소 형상, 퓨즈나 차단기의 상태 및 전기적인 특이점의 현출이 필수적인 조사 포인트라고 할 것이다.

나) 서모스탯의 절연 손상

<그림 9-29>는 냉·온수기 내부에 설치된 온수 용기로서 온수 용기 하단에 설치된 서모스탯의 외함 부분에서 국부적인 수열 흔적이 식별되며, 가동 접점과 고정 접점 단자 부분에서 전기적인 발열에 의한 용흔이 식별되는 바, 접점간에 발생한 전기적인 발열에 의해 발화된 것으로 추정하였다.

마찬가지로 이의 입증을 위해서는 현장의 연소 형상, 퓨즈나 차단기의 상태 및 전기적인 특이점의 현출이 발화 원인 검사의 필수 요소라고 할 수 있다.

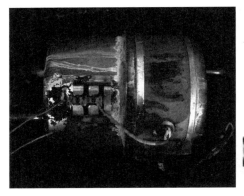

<그림 9-29> 서모스탯 단자간의 절연물의 손상

9.5 세탁기

1. 개요

세탁기는 모터를 동력으로 이용하여 물과 의류를 교반하는 구조가 가장 일반적인 구조이며, 모터, 클러치 어셈블리, 브레이크 등의 기계적인 구조와 전원 장치 및 제어 장치 등의 전기적인 구조가 유기적으로 결합된 기계이다.

세탁기는 세탁기 고유의 부품인 밸브류 및 각종 커패시터의 열화로 인하여 화재가 발생하는 경우가 있으며, 또한 세탁기는 작동 시 항상 진동을 발생할 수밖에 없는 구조이므로, 배선이 견고하게 고정되어 있지 않거나, 수리 이후 배선이 이탈된 경우 진동에 의해 절연피복이 손상될 수 있으며, 진동에 의해 접속 부분의 접촉이 불량해지고 이에 의한 전기적인 발열에 의해 발화되는 경우가 있다.

또한 세탁기는 세탁과 탈수 과정이 반복적으로 적용되며, 타 기기에 비하여 모터의 출력이 높기 때문에 기계적인 손상이나 결함이 있을 경우, 기계적인 발열에 의해 발화되는 사례도 종종 있다.

2. 원리와 구조

세탁기는 1조식, 2조식이 있으며, 2조식(槽式)의 경우에는 세탁조와 탈수조 2개로 분리되어 물의 배수, 급수는 수동으로 행하는 것에 비해 1조식은 전자동이므로 세탁기가 자동으로 급수, 배수를 한다. 이 때문에 세탁기를 구성하는 기판, 전기 부품이 많이 설치되어 있다.

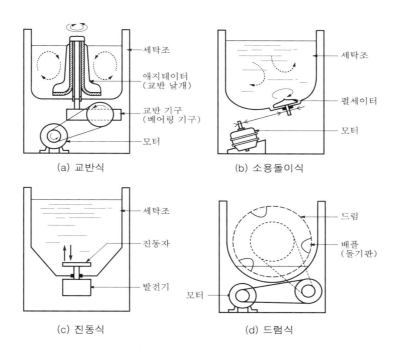

<그림 9-30> 세탁기 구동 방식

3. 감식 사례

가) 배수 밸브의 이상

전자동 세탁조의 배수 밸브에는 배수 마그네트가 사용되고 있다. 이 배수 마그네트 내의 전환 스위치 접점이 채터링(통전 시에 접점의 입절(入切)이 연속해서 일어나는 것을 말하며, 결국 아크 방전에 의해 접점 온도가 급격하게 상승한다)을 일으켜 출화한 경우

(1) 관찰 및 조사 포인트
① 세탁기 사용 중에 "찌찌-"하는 이상음(異常音)이 반복되어 발생하고 있었는지 확인
② 배수 마그네트의 접점을 조사하여 접점에 이상이 있었는지 확인
③ 2차 코일에 단선이 있는가를 확인한다.
④ 배수 마그네트는 배수 밸브의 스프링에 반발하여 코일에 통전 시 프란저를 흡인하여 유지시킨다.
⑤ 코일은 동일 보빈(코일의 원통)에 1차 코일(흡인용), 2차 코일(유지용)과 겹쳐 감기를 하여 열경화성 폴리에스텔수지 내에 매입되어 있다.
⑥ 세탁조에 물이 들어가 회전하고 있을 때에는 프란저에 의해 배수 밸브가 닫혀 있어 배수 마그네트는 통전하고 있지 않지만 전환 스위치는 On 상태이다.
⑦ 탈수를 위해 세탁조 내 물을 배수하는 경우에는 배수 밸브에서 프란저를 떼어 내기 위해 배수 마그네트에 통전이 개시된다.

이 때 전환 스위치가 On 상태이므로 1차 코일(흡인 코일)에 전기가 흘러서 프란저를 흡인하는데 1차 코일 만으로는 흡인력이 약해 프란저를 유지할 수 없지만 프란저가 흡인됨과 동시에 전환 스위치가 Off가 되어 1차 코일, 2차 코일(유지 코일)에 전기가 흘려 흡인 상태가 지속되어 배수 밸브를 계속 열게 할 수 있다.

(2) 배수 마그네트로부터의 출화 기구
배수 마그네트로부터의 출화 기구는 1차 코일이 프란저를 흡인한 후에 스위치 전환으로 1차, 2차 코일에 전기가 흐를 것이지만, 2차 코일이 단선되어서 전기가 흐르지 않게 되어 프란저가 떨어짐과 동시에 다시 전환 스위치가 On으로 전환되어 다시 프란저를 흡인한다. 이 작동을 반복하여 행함으로써 접점이 채터링을 일으켜 발열하여 주위의 합성 수지를 발화시킨다. 이는 공장 제조 시에 단선된 2차 코일을 부품으로서 설치하였고 그리고 검품 시에 우연히 합격되어 통과되어 버렸기 때문이다.

나) 커패시터의 절연 열화

세탁기에는 스위치 전환 시에 발생하는 잡음을 방지하는 잡음 방지 커패시터와 모터의 회전을 제어하는 기동용 커패시터가 설치되어 있다.

이들 커패시터가 절연 열화를 일으켜서 화재에 이른 경우가 있다.

(1) 잡음 방지 커패시터

세탁기를 장기간 고온 다습한 상태에서 사용하여 결로에 의해 잡음 방지 커패시터의 접속 단자 부분이 부식하고 산화 알루미나가 부착하여 알루미늄제(製)의 커패시터 외피를 피크 전류가 흘러 앞에 있는 고정체 저항이 발열하여 출화한 경우 출화한 세탁기는 잡음 방지 커패시터가 상부 조작 패널 내에 있는 것으로, 패널을 떼어내서 안쪽을 조사해 보니 잡음 방지 커패시터 부근이 소손되어 있었다.

<그림 9-31> 세탁기 기동용 커패시터

① 잡음 방지 커패시터에 의한 출화 기구

잡음 방지 커패시터가 절연 열화하여 발화에 이르기까지의 과정은 아래와 같다.

㉮ 세탁기를 목욕탕 등 고온 다습한 장소에 설치됨.

㉯ 커패시터 단자부와 외피의 알루미늄이 부식하여 산화물을 생성함.

㉰ 산화물에 결로 수(水)가 부착하여 연면 거리가 감소함.

㉱ 커패시터 단자와 외피간에 리크 전류가 발생함.

㉲ 리크 전류에 의해 커패시터에 직렬로 접속된 고정체 저항이 이상 발열함.

㉳ 저항을 포함한 실리콘 유리 튜브가 과열하여 가연성 가스를 발생함.

㉴ 실리콘 함침 유리 튜브가 발화하여 저항 소손됨.

㉵ 조작 패널로 연소(延燒)됨.

② 관찰 및 조사 포인트

㉮ 조작 패널로부터 소손되어 있는가?

㉯ 회로도 등으로 잡음 방지 커패시터 위치를 확인하고 소손 상태와 일치하는지 조사한다.

(2) 모터 기동용 커패시터에 의한 출화 기구

세탁기용 모터의 기동용으로서 세탁기 하부에 설치되어 있는 구동용 커패시터의 단자판 접속부 불량에 의해 커패시터의 호흡 작용으로 공기 중의 습기를 흡인하여 절연지가 흡습되어 절연 열화되었다.

이로 인해 내부 소자의 극간에서 단락 상태가 되어 발열하였다. 그리고 열에 의해 내부 함침유가 기화하여 내압이 상승하여 단자판이 파괴되었고, 이 때 발생한 스파크에 의해 기화한 가스에 착화하여 출화한 경우

● 관찰 및 조사 포인트

㉮ 세탁기 하부로부터 소손되어 있는가?

㉯ 결선도를 확인하고 소손된 부위의 부품을 특정한다.

㉰ 커패시터의 단자부를 조사하여 파열의 유무 확인

㉱ 커패시터를 세로로 분해하여 내부의 소손 상황 확인

㉲ 단자판 접속부 불량 부품 혼입 여부 확인

㉳ 커패시터의 호흡 작용에 의해 공기 중의 습기가 내부에 침입 여부

㉴ 공기 중에 노출된 소자가 흡습하여 절열 불량 발생 여부

㉵ 이극간에 누설 전류 흐름 및 상간 단락 발생 여부

㉶ 아크 방전에 의해 소자가 탄화하여 절연 파괴

㉷ 이상 발열에 의해 소자 함침유(素子含浸油)가 가스화

㉸ 커패시터 내압 상승 및 단자판 파열하여 출화

다) 진동 마찰에 의한 내부 배선의 절연 손상

<그림 9-32> 및 <그림 9-33>은 세탁기 외함과 내부 배선간의 진동 마찰에 의해 절연 손상이 발생하고, 이에 의한 발열에 의해 발화한 사례이다.

동 사례의 발화 원인을 입증하기 위해서는 전원의 투입 상태, 세탁기의 작동 상태, 수리 이력 및 전기 용흔 등 전기적인 특이점의 식별이 필수적이다.

<그림 9-32> 세탁기 내부 배선 절연 손상(1)

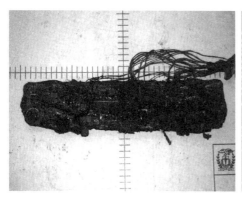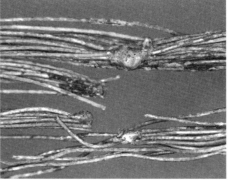

<그림 9-33> 세탁기 내부 배선 절연 손상(2)

<그림 9-34> 기계적인 마찰에 의한 발화

<그림 9-34>는 기계적인 발열에 의해 발화한 사례로서, 세탁기 자체의 연소 형상이 클러치 어셈블리를 중심으로 연소된 상태이며, 클러치 어셈블리 중, 컬링 결합부가 이탈되어 있고, 컬링 결합부가 외측으로 벌어진 상태이며, 접합부가 마찰에 의해 마모된 흔적이 식별되는 바, 탈수와 같은 고속 회전 상태에서 컬링 결합부의 체결력 약화로 인하여 슬립이 발생하고, 슬립에 의한 마찰열로 발화된 사례이다.

9.6 전기 히터

1. 원리와 구조

가스를 열원으로 하는 조리 기기와 달리 배관 공사가 불필요하고 취급이 간편하며 공기 오염이 없는 점 때문에 원룸 아파트의 주방, 사무소의 다실(茶室) 등에 설치되어 있다.

가) 니크롬선 히터

전원은 단상 220V를 주로 사용하며 스위치는 전원은 On, Off하는 외에 열량을 "강", "중", "약"으로 전환하는 것이 있다.

나) 시스 히터(Sheath Heater)

주방(unit kitchen : 유니트 키친) 요리장 등에 설치되어 있으며, 시스 히터는 금속 보호관 중심에 전열선을 코일 모양으로 내장하고 보호관과 열선 사이 공간에 절연 분말인 산화 마그네슘을 넣어 함께 충전하여 열선과 보호관을 절연시킨 전열관으로 니크롬선 히터를 高니켈 합금제의 파이프(pipe)로 국물 넘침 등에 대하여 보호하고, 전력은 1.2~2 kW 정도이다.

스위치는 눌러 돌리는 식의 로터리 스위치로 전원의 On, Off 및 단계적으로 전력 조절을 한다. 작동은 2액션(누른다. 돌린다)이지만 경사지게 힘이 가해지거나 하면 스위치가 들어가 버리는(On 상태) 경우가 있다.

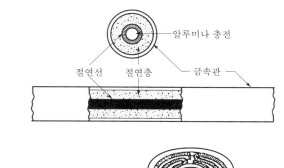

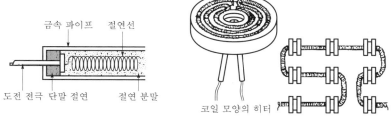

<그림 9-35> 시스 히터의 구조도와 전기 풍로의 구조

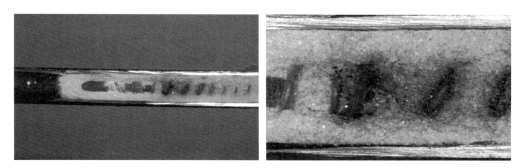

<그림 9-36> 시스 히터의 과열 형태

2. 감식 사례

가) 복사열(輻射熱)에 의해 출화한 경우

스위치의 Off 망각 등에 의해 통전 상태를 방치하면 주위 가연물이 복사열에 의해 과열되어 출화한다.

● 관찰 및 조사 포인트

㉮ 히터부 주위에 가연물이 소손되어 있는 것이 관찰된다.

㉯ 일반적으로 냄비 등 조리 기구가 전기 풍로 위에 놓여 있으며 물이 없는 상태에서 가

열되어지는 등의 상황이 관찰된다.

㉰ 스위치의 On, Off 상황을 확인한다.

나) 가연물의 접촉에 의해 출화한 경우

주위 가연물이 직접 사용 상태의 전기 풍로나 히터에 접촉된 경우 또는 낙하된 경우에 발화하여 출화한다.

- **관찰 및 조사 포인트**

  ㉮ 발굴시 히터부에 착화된 가연물이 부착되어 있지 않은 경우도 있으므로 소손 방향성 이 현저하게 나타나 있는 가연물 등을 상세히 관찰 조사한다.

  ㉯ 스위치의 On, Off 상황을 확인한다.

  ㉰ 전기 풍로 상부에 행주 등을 걸어 둔 집게 등의 흔적이나 주변에 낙하된 행거나 행주 등이 관찰된다.

다) 착각 또는 신체나 물건이 접촉되어 출화

원룸 아파트 등에서는 전기 풍로의 스위치 부분이 협소한 통로 부분에 위치하는 경우가 많으므로 지나다닐 때 잘못하여 신체의 일부나 짐이 스위치에 닿아 스위치가 켜져서 히터 위에 올려져 있는 가열물에 착화하여 출화한 경우

- **관찰 및 조사 포인트**

  ㉮ 전기 풍로 위 가연물이 탄화되어 있는가를 확인한다.

  ㉯ 스위치의 On, Off 상황을 확인한다.

  ㉰ 주의에 다른 발화원이 되는 것은 없는가?

  ㉱ 원룸 아파트 등에서 전기 풍로가 놓인 앞 공간이 좁고 신체가 접촉되기 쉬운 상황에 있는가?

  ㉲ 스위치가 좌우 어느 쪽으로 돌려도 스위치가 켜지게 되는가?

  ㉳ 스위치 상황을 판단할 수 없는 경우에는 가동편(可動片)의 위치를 동형품(同型品)과 비교 검토한다.

- **예방 대책**

  ㉮ 가아드를 설치한다.

㉯ 스위치 손잡이를 조작면보다 오목하게 한다.

㉰ 전원의 On, Off 스위치를 별개로 설치하고, 또한 주의 취급설명서 등을 자세하게 설명하여 예방에 주력한다.

라) 전원 코드의 단락으로 인한 발화

이동 가능한 전기 풍로, 히터 등의 전원 코드를 꺾거나 구부리거나 물건을 올려놓은 상태로 사용하는 경우에 배선 피복이 손상되거나 또는 방열이 나빠져서 배선 피복이 용융하여 단락되면 출화한다.

● **관찰 및 조사 포인트**

㉮ 평상시 사용 상황 및 배선 주위 물건의 배치 상황 등을 청취한 후에 발굴 시 진술 내용과 일치하는지를 확인한다.

㉯ 가연물의 접촉 등에 의한 히터부로부터의 출화 가능성을 부정하기 위해 히터부에 탄화물이 부착되어 있는가? 이는 2차적인 부착에 의한 것인가? 출화 직전의 주위 환경을 파악한다.

㉰ 전원 코드를 손으로 비틀어 꼬아 접속하였는가? 물건이 위에 놓여 있었는가? 또는 착화물과의 위치 관계는 어떠한가? 확인한다.

㉱ 이 경우에 전기 풍로에 가장 가까운 전기 용흔이 발화의 원인인 화원(火源)이 되며, 이 용흔을 표시하고 주위를 포함한 사진 촬영과 확대 촬영을 한 후에 위치 관계를 계측하여 둔다.

마) 시스 히터의 과열에 의한 출화

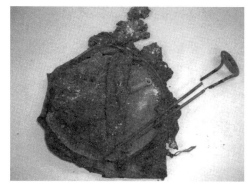
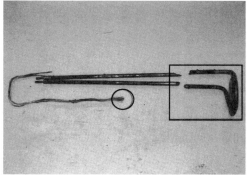

<그림 9-37> 물통으로 사용하던 합성수지 용기 내 시스 히터의 과열 발화

시스 히터 내부의 열선이 과밀하게 감겨진 경우나 이상 과전압이 유입될 경우, 이에 의한 이상 과열로 발화되는 경우가 있다. <그림 9-36>은 과열된 시스 히터의 내부를 절단한 사진으로, 니크롬선 및 절연물에서 과열 형상이 식별된다.

9.7 토스터(Toaster)

1. 출화(出火)의 위험성

수동, 자동, 전자동식이 있으며, 일반적으로 용량은 600W 정도이다.

가) 발화 원인의 경향

① 자동 온도 조절기의 고장 및 자동 스위치가 없는 수동식 토스터를 통전 상태로 방치하면 발화 원인이 된다.
② 본래의 사용 목적 이외의 용도에 사용하여 통전 상태인 채로 방치하거나 가연물에 접촉된 경우
③ 다른 기구와 서로 바꿔 코드를 콘센트에 꽂거나 잘못 스위치를 넣어 통전된 채로 방치한 경우
④ 가연물에 접촉시킨 채 통전 상태로 방치한 경우
⑤ 기구 내 스프링의 파손 또는 서모스탯의 접점이 용착하거나 기계적으로 접점 상태인 채로 작동 안 되는 기구를 통전 상태로 방치한 경우
⑥ 통전 상태인 기구에 가연물이 접촉된 경우
⑦ 전원 코드의 절연 파괴에 따른 발열
⑧ 받침대 승강 기구의 고장에 의한 계속 통전 과열 등

나) 고장

빵이 완전하게 구워지면 자동으로 용수철의 밀어내는 기구에 의해 빵을 밖으로 밀어냄과 동시에 전기 접점을 분리하여 전원을 차단한다. 전기 접점이 용착되거나 또는 물건이 닿아서 토스터의 밀어내는 장치가 작동할 수 없는 상태 또는 전원이 차단되기 전에 히터선에 가연물이 닿거나 접촉하는 경우에는 화재의 원인이 된다.

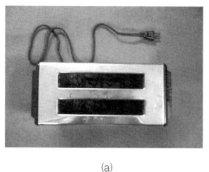
(a)

(b)

<그림 9-38> 사용 중인 토스터 외형(a)과 히터 단선 유무 측정(b)

2. 감식 요령

가) 수동식 토스터

통전 방치 여부의 입증을 위해 콘센트 전원 코드의 접속 상황과 전원 스위치의 상태(狀態)를 조사(調査)한다. 또한 전원 코드에 전기적 용융 흔적의 유무를 확인한다.

나) 자동식 토스터

수동식의 경우와 마찬가지로 통전 상태를 확인한다. 또한 자동 온도 조절기의 접점의 용착 유무나 스프링의 절손(折損) 유무 등을 확인한다.

다) 형식에 따른 감식 요령

토스터는 각 형식에 의해 발화 위험이 다르고 감정 요령도 달라진다.

① 전자동식은 일정 온도에 도달하면 자동적으로 전로가 개방되기 때문에 일상적으로 사용하다 방치한 경우에도 발화 위험성이 없다.

② 자동식은 전원 코드를 콘센트 등에 꽂은 채 방치하고 손잡이에 어떤 물건이 닿아 스위치가 닫힌 (ON)상태로 되어 일정 온도에 도달하여도 전로(電路)가 개방되지 않는 경우와 자동적으로 전로가 열리기 이전에 발열체에 가연물이 접촉된 경우 등의 발화 위험성이 있다.

③ 수동식은 통전 상태의 입증은 스위치의 개(OFF)·폐(ON)를 손잡이를 돌려서 행하든가 또는 레버를 아래로 당기는 등 기계적으로 행하기 때문에 탄화된 위치에 의해 판정한다.

레버를 아래로 하여 전로가 닫히는 것은 물건이 떨어지는 등으로 자동식과 같은 이유에 의해 전로가 닫혀 통전 상태로 되는 것으로 이 사실의 판단도 중요하다.

3. 감식 사례

220V, 600W인 자동식 토스터를 사용한 후 콘센트에 전원 코드를 접속한 채로 토스터의 커버를 씌워 선반 위에 놓아둔 뒤 약 두 시간 후에 출화되었다. 토스터를 분해해 보니 스위치의 스프링 편측(片側)이 상당히 늘어난 상태로 되어 있었다. 출화 당시 스프링에 의해 스위치가 들어간(ON) 상태였던 것으로 입증되었음.

Chapter 10

냉 · 난방 관련 기기

에어컨

1. 원리와 구조

에어컨의 주요 부품은 압축기, 응축기(실외기), 팽창 밸브 증발기(실내기) 등이 있다. 이들 여러 중요한 부품을 서로 연결하여 냉매의 흐름을 통제하기 위해 전자 제어기를 장착한 것이 에어컨이다. 냉매는 압축기를 통과하면서 압력이 올라가고 주변에 열을 발생하면서 액체로 된다. 또한 액체 상태의 냉매는 드라이어를 통해 수분을 빼앗기고 팽창하면서 증발기에서 다시 기체화되면서 주변의 열을 빼앗고 찬 공기를 배출하게 되는 것이다. 에어컨은 냉장고와 마찬가지로 컴프레서나 송풍 모터 작동 시 발생한 진동에 의해 내부 배선의 절연 피복이 손상될 수 있으며, 또한 진동에 의해 접속 부분의 접촉이 느슨해지고 이에 의한 전기적인 발열에 의해 출화되는 경우가 있다.

가) 에어컨의 원리

(1) 냉방 전용 에어컨의 원리

냉매 가스는 압축기에 의해 고온 고압으로 압축되어 응축 액화된다. 액화된 냉매는 모세관(Capillary tube)을 통해 압력이 강하되어 증발기로 들어가고, 여기에서 주위로부터 열을 빼앗아 증발한다. 증발된 냉매는 가스가 되어 다시 압축기로 들어가서 순환 작용이 반복된다. 이 증발기의 찬 곳으로 송풍기로 방의 공기를 통과시켜서 그 공기를 차게 하여 다시 실내로 내보낸다. 이를 반복함으로써 방이 점점 차가워진다.

(2) 히트 펌프식 에어컨의 원리

실내 공기가 갖고 있는 열을 차례차례 시외로 운반하여 방출한다. 이 운반 메커니즘을 사용하여 역으로 실내에 방출하도록 한 것이 히트 펌프식 난방이다. 냉방 장치 내 냉매의 흐름을 역으로 하여 실내측의 열교환기(코일)로 증발 냉매를 액화하고 실외 측의 열교환기로 액냉매를 증발시키면 열의 이동도 역이 되어 실외측 열교환기로 열을 빼앗고 실내측의 열교환기로 열을 실내로 방출할 수 있다.

이와 같이 냉동 사이클의 냉매 흐름을 냉방 시와 역으로 하는 것으로 냉방 장치를 난방 장치로서 사용하는 장치를 히트 펌프식 에어컨이라고 부른다. 냉동 사이클의 흐름을 역으로 하기 때문에 사방(西方) 밸브를 이용하고 있다.

장점으로서는 전열에 의한 난방의 경우와 비교했을 때 소비 전력이 작다. 단점으로서는 외기온이 0℃ 부근까지 저하되어 가면 실외 열교환기에 서리가 부착하여 난방 능력이 저하한다. 실외 열교환기에 부착된 서리를 해동하려면 냉매의 흐름을 정확히 냉동 시와 같게 한다. 이 사이에는 실내측에 난방이 되지 않으므로 이 점이 히트 펌프식 에어컨 결점의 하나이다.

(3) 냉방 · 제습 겸용 에어컨의 원리

냉방 전용 에어컨의 실내 열교환기를 증발기 겸용 가열기 2개로 나눠서 냉방 시에는 모두 증발기로서 열교환을 시키고 제습 시에는 우선 한쪽의 증발기로 냉각과 동시에 제습하고 이어서 다른 쪽 증발기를 가열기로서 응축 방열시켜서 따뜻하게 하여 제습 효과와 함께 실내 공기를 쾌적하게 하기 위한 냉매 회로를 갖고 있는 에어컨이다.

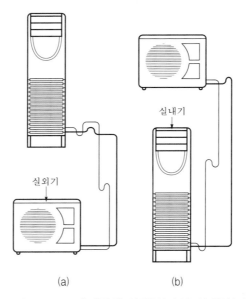

실내기

실외기

(a)   (b)

<그림 10-1> 에어컨의 실외기(a)와 실내기(b)

에어컨의 사용 전원으로는 단상 2선식 220V, 3상 3선식 220V, 3상 4선식 380/220V가 있다. 에어컨은 소비 전력이 크므로 전용 회로에 배선되어 있는 것이 일반적이며, 특히 3상 220V 에어컨은 독립된 분기 회로(分岐回路)를 사용하고 있다.

나) 에어컨의 구조

에어컨은 실외기 내부에 컴프레서가 설치되어 있고, 실내기 내부에 열교환기 및 송풍 모터가 설치된 분리형의 구조와 하나로 된 일체형의 구조가 있다. 분리형이란 보통 벽걸이형 에어컨을 뜻한다.

분리형 실내기 구조는 매우 단순하여 케이스, 공기 필터, 열교환기(증발기), 브로와로터, 모터 등으로 구성되어 있으며 실외기에서 보내준 냉매액이 증발하고 브로와로터를 가동하여 공기를 열교환시켜 냉방을 만들어 준다. 실외기 구조는 압축기, 열교환기(응축기), 팬 모터, 드라이어 필터, 모세관 등으로 구성되어 있다.

(1) 기능에 의한 분류
① 냉방 전용의 것
② 냉방, 제습 겸용의 것
③ 냉방, 히트 펌프 난방 겸용의 것
④ 냉방, 제습 및 히트 펌프 난방 겸용의 것
⑤ 냉방, 전열 장치 난방 겸용의 것
⑥ 냉방, 제습 및 전열 장치 난방 겸용의 것

(2) 유닛 구성에 의한 분류
① 일체형(창문형)의 것
② 분리형의 것

(3) 응축기의 냉각 방식에 의한 종류
① 공냉식의 것
② 수냉식의 것

(4) 정력 전압 및 정격 주파수
① 단상 220V, 60 Hz
② 3상 220V, 60 Hz

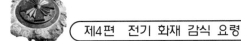

③ 3상 380/220V, 60 Hz

다) 냉동 사이클로의 주요 부품 등

(1) 압축기(壓縮機 : compressor)

압축기는 냉동사이클 중의 심장부로서, 냉매(기체)를 압축하여 고온 고압 상태로 하여 내보낼 때에 증발기(evaporator) 중의 냉매를 흡입하여 액화냉매가 낮은 온도에서 증발될 수 있도록 압력을 높여 압축 상태로 유지하기 위한 것으로 동시에 냉매를 순환시키는 작용도 겸하고 있다. 바꿔 말하면 열을 냉각기에서 방열 부분으로 운반하는 펌프라고 할 수 있다.

(2) 응축기(凝縮器 : condenser, 냉각기)

응축기는 압축기에서 토출된 고온, 고압의 냉매가스를 냉각하여 액화시키는 장치로 냉매 가스가 냉각기에서 피냉각물로부터 뺏은 증발열과, 압축기 내에서 압축될 때에 얻은 열을 물이나 공기로 방출하는 부분이다.

(3) 증발기(蒸發機 : evaporator)

증발기는 핀, 헤어핀, U벨트 등으로 구성되어 있다. 냉방 운전 시 실내 코일은 실내 공기와 냉매의 열교환을 하게 하여 실내 공기를 냉방(또는 제습)한다. 기본적으로는 냉각기(condenser)로 사용되는 실외 코일과 거의 동일하지만 그 작용은 완전히 반대이다. 냉방 시에는 실내 코일은 냉각기로서 작동한다.

(4) 모세관(Capillary tube)

모세관은 일반적으로 내경 0.7~0.8mm로 길이가 2~3m의 가늘고 긴 동관이 사용되고 있다. 응축기를 나온 고온 고압의 액상 냉매는 모세관을 통과할 때에 그 관 벽의 저항으로 저온 저압이 된다.

압축기의 운전이 멈춘 후에도 압력이 높은 응축기 측의 냉매는 압력이 낮은 냉각기(condenser) 측으로 흘러 들어가서 응축기 측과 냉각기 측의 압력이 균형을 이룬다. 이 사이의 시간은 3~4분간이 보통이며 압축기가 일단 정지한 후에 다시 운전을 개시할 때까지 압력 균형이 좋은 상태이면 모터의 기동은 용이해진다.

(5) 사방(四方) 밸브

사방 밸브는 냉·난방 겸용형의 에어컨에 이용되며 전자 코일의 통전에 의해 냉방 사이클에서 난방 사이클로 전환하기 위한 밸브이다.

2. 감식 사례

가) 에어 컴프레서용 모터의 층간 단락

실외기의 컴프레서용 모터 권선이 절연 열화되어서 권선이 층간 단락하여 터미널부가 용융, 내압(29.4 Pa)으로 터미널부가 빠져서 배선 피복에 착화하여 출화한 경우

절연 열화에 이른 요인은 천장 가까운 위치에 설치함으로써 발생한 환경 부적격 배기 부분에 쓰레기 봉투제(製)의 덕트를 설치함으로써 발생한 과부하 운전, 제조 공정 시의 잘못 등이 있다.

● 관찰 및 조사 포인트

㉮ 컴프레서의 터미널부에 용융 개소가 있다.

㉯ 모터 권선에 층간 단락에 의한 전기 용흔이 있다.

나) 배수 모터의 층간 단락

천장 매입형 실내기의 배수용 모터 권선이 층간 단락하여 출화한 경우. 넓은 실내에서는 실내기 설치 위치에서 옥외까지 상당히 긴 거리가 되어 자연 구배에 의한 배수가 될 수 없어 강제 배수용 배수 펌수가 설치된다.

출화 원인으로서 장기 사용에 의한 경년 열화, 필터를 통과한 먼지나 티끌이 퇴적하여서 배수가 질척하게 되어 과부하 운전에 의한 가능성 등이 고려될 수 있다.

● 관찰 및 조사 포인트

㉮ 전원 스위치를 Off하여도 타이머로 그 후 수분간 배수 모터는 작동하는 기종이 있다.

㉯ 모터 권선에 층간 단락에 의한 전기 용흔이 있다.

다) 전원선의 단락

실외기의 전원선(3상 220V)이 정상 인출구에서 배선되어 있지 않고 본체 아래 부분(低部)의 예리한 프레임에 접하여 있어 운전 시 진동에 의해 배선 피복이 손상되어 프레임을

매개로 지락하여 단락하였다.

이 회로에는 누전 차단기가 설치되어 있었는데 관계자가 재운전시키려고 작동된 누전 차단기를 강제로 계속 투입하여 지락 부분에서 발열하여 최종적으로는 단락까지 이른 경우이다.

- **관찰 및 조사 포인트**

  ㉮ 지락하면 본래의 전로에서 대지로 일부 전류가 누설되므로 누전 차단기의 작동 상황을 확인한다. 작동하지 않은 경우에는 누전 차단기의 고장 검사를 실시한다.

  ㉯ 누전 차단기가 설치되어 있지 않은 경우에는 1선 지락시 스파크로 단락에 이르는 경우가 있다.

  ㉰ 지락 위치에서부터 연소 방향성을 나타내는 경우가 있다.

  ㉱ 지락 위치의 금속 프레임에는 용흔이 있다.

  ㉲ 고정 앵글의 접지 저항을 측정하여 값이 작은 것을 확인한다.

라) 전원선이 진동에 의해 본체의 프레임 부분과 접촉 단락

천장 매입형 실내기의 전원선(단상 220V)이 예리한 본체 프레임 부분과 접촉되어 있어 운전 진동에 의해 배선 피복이 손상되어 단락하여 천장에 착화하여 출화한 경우

- **관찰 및 조사 포인트**

  ㉮ 전원선의 가장 부하측 전기 용흔에 착안하여 이 전기 용흔의 2차측(기기측)에는 전기적인 이상이 관찰되지 않는다는 것을 확인한다.(용단되어 있지 않은 전류 퓨즈가 발굴되었다.)

  ㉯ 발생 요인으로서 금속의 각(角) 등 예리한 부분에 닿아 있거나, 공사 시 잘못하여 손상시킨 것을 알아차리지 못하는 등이 열거될 수 있다.

  ㉰ 금속을 개입하여 단락한 경우에 접촉 저항이 크므로 배선 차단기가 순간적으로 작동하지 않은 경우가 있다.

마) 쥐에 의한 결로 방지 히터선의 반단선

천장 매입형 실내기의 토출구에 배선되어 있는 히터선(40W)을 쥐가 갉아서 반단선이 되어 있는데 이를 알지 못하고 냉방 운전을 하여 줄열에 의해 발열하여 배선 피복에 착화하여 출화한 경우

● 관찰 및 조사 포인트

㉮ 관계자로부터 쥐 등의 존재 상황을 청취한다.

㉯ 쥐똥이나 갉은 흔적 여부가 관찰된다.

바) 전원 코드를 손으로 비틀어 꼬아 접속하여 접속부 과열

창문형 에어컨의 전원선을 손으로 비틀어 꼬아 접속하여서 사용 중에 접촉부 고열이 발생하여 저해 있는 커튼에 착화하여 출화한 경우

● 관찰 및 조사 포인트

기구 내의 배선에 전기적인 이상이 관찰되지 않는다.

㉮ 전기 용흔이 있는 직근에 손으로 비틀어 꼬아 접속한 부분이 잔존해 있는지 확인한다.

㉯ 다른 개소에도 손으로 비틀어 꼬아 접속을 한 경우가 있으며 참고로 한다.

㉰ 손으로 비틀어 꼬은 접속 등에 의한 접촉부 과열의 경우에는 배선 차단기는 일시적으로는 작동하지 않는다.

<그림 10-2> 에어컨 실내기 화재 상황

사) 배선의 오접속

천장에 매달아 설치하는 타입의 실내기를 분해하여 청소한 다음 조립하는 과정에서 보조 히터(3상 220V) 제어용 릴레이의 접속을 잘못하여 항상 "접(接)"의 단자에 접속하여 히터가 과열하여 주위의 합성수지 성형품에 착화하여 출화한 경우.

또한 보조 히터에는 온도 과도 상승 방지 장치가 설치되어 있어도 잘못 접속하면 온도

과도 상승 방지 장치가 작동하여도 릴레이는 보조 히터의 전원을 차단할 수 없다.

● **관찰 및 조사 포인트**

㉮ 출화 전에 어떤 작업이 있었는가?

㉯ 릴레이 단자의 접속에 잘못은 없는가?

㉰ 잘못 접속에 의해 안전 장치의 기능?

아) 기판과 단자 연결 부분의 접촉 불량

<그림 10-3> 기판과 전원선 단자 연결 부분의 접촉 불량

<그림 10-3> 및 <그림 10-4>는 에어컨 실내기 내부의 제어 기판에 접속된 실외기 전원선 단자 부분에서 출화한 사례로서, 전술한 바와 같이 송풍 모터 작동 시 발생한 진동에 의해 실외기 전원선과 기판 단자간의 접촉이 불량해지고, 반복적인 전류 단속 및 접촉 저항 증가에 의해 전기적인 발열이 발생하고, 이에 의해 발화된 사례이다.

<그림 10-4> 전원선 단자 연결 부분의 접촉 불량

그림에서 보는 바와 같이 양자 모두 단자의 접촉 부분에서 전기적인 발열에 의한 용흔이 식별된다. 동 사례의 발화 원인을 입증하기 위해서는 마찬가지로 주연소 부분, 전원 투입 관계, 퓨즈의 용단 관계 및 진동 발생의 정황적인 부분을 조사하고 해석하여야 한다.

10.2 선풍기

1. 원리와 구조

선풍기는 바람을 일으켜 몸에서 땀을 증발시키면서 땀과 함께 열을 빼앗아 가므로 시원하게 하는 계절용 전기 제품이다. 선풍기의 기능에는 좌우 회전, 타이머 기능 등이 있다. 그리고 가장 중요한 기능으로서 미풍에서 강풍까지 날개의 회전 속도를 전환할 수 있는 기능이다. <그림 10-5>는 일반적인 선풍기의 외형과 소실된 형태이다.

(a)   (b)

<그림 10-5> 선풍기 외형(a)과 소실된 선풍기 분해 형태(b)

가) 팬의 회전수를 바꾸는 원리

선풍기 모터는 세탁기 모터와 마찬가지로 유도형 커패시터 모터로 주권선, 보조 권선, 회전자, 커패시터로 구성되어 있다. 회전 원리는 보조 권선에 직렬로 접속되어 있는 커패시터에 의해 진상 전류가 흐르고 이에 의해 발생한 자계와 주권선에 흐르는 전류에 의해 발생한 자계(磁界)로 회전 자계를 발생하여 원활하게 회전자가 돌아간다.

따라서 이 모터에 가해지는 전압이 220V보다 낮으면 발생하는 회전 자계도 약해져서 회전자를 돌리는 힘도 작아지고 회전 속도도 낮아진다. 즉, 전압을 조정하여 회전수를 바꾸고 있는 구조이다.

모터에 직렬로 조속 코일이라고 불리는 철심 코일을 넣는 방법에 따라 스위치가 「강」인 경우에는 주권선에 220V가 가해지고, 모터는 최고 속도가 된다. 스위치가 「약」인 경우에는 조속 코일에서 전압 강하가 발생하여 주권선에는 220V보다 낮은 전압이 가해지므로 모터는 저속이 되며 날개에서는 미풍이 발생한다.

조속 코일을 생략하고 보조 권선이 그 역할을 하고 있는 경우도 있다. 일반적으로 모터의 속도 제어를 하는 타입에서는 인버터에 의한 제어가 대부분이지만, 선풍기의 경우에는 비용 관계상 보급까지는 이르지 않고 있다.

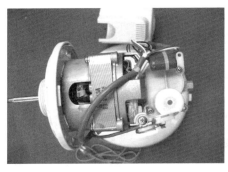
(a)

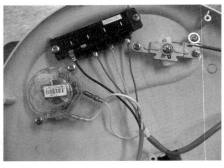
(b)

<그림 10-6> 선풍기 상부(a)와 속도 조절 스위치(b)

나) 좌우 회전 기구의 원리

선풍기가 머리를 좌우로 회전하는 것은 자동차 와이퍼의 움직임과 같은 크랭크 기구이다. 좌우로 회전하는 기구에 부가적으로 라켓 버튼이나 각도 전환 레버가 있는 것도 있다. 전체의 구성을 보면 모터의 회전 운동을 기어로 감속시켜 크랭크 기구에 의해 좌우 회전 운동으로 변환하도록 되어 있다. 좌우 회전 운동은 일반적으로 클러치 버튼을 사용하고 있다.

모터의 회전축은 웜기어로 되어 있으며 웜휠에 의해 가로 방향의 회전으로 바뀐다. 또한 웜기어 외에도 다른 기어를 넣어 감속시키는 방법을 취하고 있다.

다) 단락 코일형 모터

자극의 돌출부에 끊어진 부분을 만들고 이곳에 단락 코일을 설치한 것으로 이 방식에서는 1차 권선이 만드는 주자계와 단락 코일 중에서 유기된 단락 전류로 만드는 자계(주자속보다 90° 늦은 위상)로서 회전 자계에 상응한 자계를 만든다. 이 방식의 모터는 성능이 떨어지지만 구조가 간단하므로 가격이 비교적 저렴한 특징이 있다.

2. 감식 사례

선풍기에서 출화한 사례로는 모터 코일의 층간 단락, 커패시터의 절연 열화, 기구 내 배선의 반단선 등이 있으며, 팬 모터 코일에는 <그림 10-7>과 같이 온도 퓨즈(115℃ 정도)가 들어 있는 것, 또한 좌우 회전 운동은 전용 모터로 행하고 있는 것도 있다.

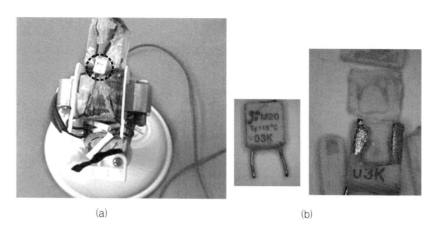

(a) (b)

<그림 10-7> 선풍기 팬 모터 코일의 온도 퓨즈(a)와 퓨즈 분해(b)

가) 기구 내 배선의 반단선

첫 번째 출화한 선풍기는 작동 상태가 나빠서(스위치를 넣어도 작동하지 않음) 구입 후 1개월에 교환한 것이었다. 출화 당일 스위치를 넣어도 작동하지 않았으나 약 20분 후에 겨우 작동하였는데 그 후 잠깐 있다가 이웃집에 놀러가서 집을 비우게 된 후 약 30분 후에 출화한 경우로 감식 결과는 모터에 이른 배선에 도금이 되어 있어서 배선이 고화되었고, 좌우 회전 운동의 영향으로 고화된 배선이 반단선 되면서 발열하여 출화한 경우

* 관찰 및 조사 포인트
  ㉮ 단락 코일형 모터, 유도형 커패시터 모터 등 종류 파악
  ㉯ 모터 코일에 온도 퓨즈(115℃)가 설치되어 있어도 코일의 층간 단락도 생각하여 코일의 소손 상황도 확인한다.
  ㉰ 스위치 접점의 거칠어짐이나 접속부 용흔 등을 확인한다.
  ㉱ 전기 부품·배선 등을 복원하여 이상 개소를 분명히 한 후 부하측의 용융 상황 등에 대해서는 출화 원인과 관련하여 세밀하게 관찰한다.
  ㉲ 반단선(半斷線)에 이르는 요인은 다각도로 검토한다.

나) 커패시터의 절연 열화

커패시터는 2매의 금속박 전극간에 유전체로서 아주 얇은 종이나 플라스틱 필름을 사용하고 있다. 이 전극간에 핀홀이 있거나 경년 열화에 의해 케이스의 기밀이 저하되어 습기를 띠면 절연 열화를 발생시키고, 전극간에 누설 전류가 흘러서 발열하며 가연성 가스가 발생하여 출화한다.

- **관찰 및 조사 포인트**
  - ㉮ 커패시터가 절연 열화로 발화하면 커패시터의 케이스에 구멍이 뚫리거나 또는 내부 전극이나 유전체가 강하게 소손되어 탄화한 상황이 관찰된다.
  - ㉯ 소손된 내부 전극이나 유전체를 절단하면 절연 열화 된 부분에서 탄화한 상황이 관찰될 수 있다.
  - ㉰ 커패시터의 리드선에 전기 용흔이 관찰되는 경우도 있다.

다) 모터의 층간 단락

모터 코일은 일반적으로는 동선에 절연 피복에 한 폴리에스텔 동선 등이 사용되고 있다. 코일에 사용된 동선은 미소한 상처나 장년 사용에 의한 절연 열화가 생긴 경우에 선간에서 접촉하면 코일의 일부가 전체에서 분리되어 링 회로를 형성한다. 이 링 회로에는 부하가 없는 것과 마찬가지이므로 남은 대부분의 코일과 비교하면 큰 전류가 흘러서 국부 발열하여 출화한 경우

(a)

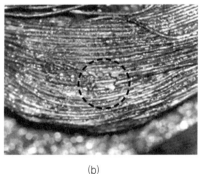
(b)

<그림 10-8> 선풍기 스위치의 상태(a) 및 권선의 층간 단락흔(b)

- **관찰 및 조사 포인트**
  - ㉮ 표면적으로 관찰되지 않은 경우에는 코일을 세심하게 분해하여 관찰한다.

㉯ 전기 용흔의 위치를 화살표 등으로 표시하여 전체 및 확대 촬영한다.
㉰ 전원의 투입 관계 및 스위치의 상태를 면밀하게 조사한다.

10.3 전기 스토브

1. 원리와 구조

전기 스토브는 발열체에서 발생한 열을 복사나 대류를 이용하여 따뜻하게 하는 난방 기구이다. 형식으로는 반사형과 대류형이 있으며 대류형에는 자연 대류를 이용한 것과 팬을 이용한 강제 대류식의 것이 있다.

가) 반사 스토브

반사 스토브는 히터의 뒷면에 스테인리스나 알루미늄 반사판을 설치하여 히터로부터의 방사열과 반사판으로부터 반사되는 열을 조사(照射)하는 방식이다. 이 스토브는 600~800W의 것이 많으며 열은 일정 방향에 방사되므로 국부적으로는 효율 좋게 따뜻하게 할 수 있다. 히터를 2본 설치한 것이 많고 이들을 전환하기 위한 전환 스위치가 설치되어 있으며 온도 조절 장치는 붙어 있지 않다.

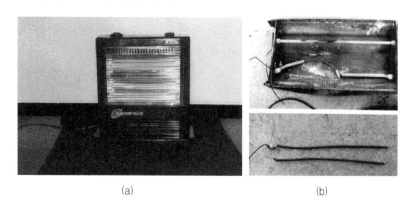

(a)   (b)

<그림 10-9> 사용 중인 스토브(a)와 소손된 스토브 형태(b)

반사판 뒷면에 팬을 설치하여 기체 내(器體內)의 데워진 공기를 앞으로 보내는 대류 겸용의 반사형 스토브도 있다. 또한 히터를 세로형으로 하여 열의 방사 방식을 바꾼 각도 조절 기구도 있다.

안전 장치는 1965년~1970년경부터 대부분의 기종에 전도 시 스위치를 Off 하는 전도 Off 스위치가 밑바닥(低部)이나 내부에 설치되어 있다.

히터는 나선상으로 석영관 또는 유리 세라믹 관의 속에 봉입되어 있다. 석영관은 열방사가 좋고 열선(적외선)을 잘 통과하므로 적외선 스토브라고 불리고 있다.

나) 대류형 스토브

대류형 스토브는 반사형과 같이 열을 집중시키지 않고 히터로부터의 열을 공기의 대류를 이용하여 실내 전체를 따뜻하게 하는 것이다. 소비 전력은 1.5~3 kW 정도의 것이 많다.

2. 감식 사례

가) 가연물의 접촉

침대 옆에 놓고 사용하고 있던 전기 스토브에 취침 중 몸을 뒤치다가 이불이 접촉되어 착화하여 출화한 경우

- **관찰 및 조사 포인트**
  ㉮ 전기 스토브를 기점으로 하여 주위에 확대되는 소손 상황이 관찰된다.
  ㉯ 가연물의 접촉 또는 복사열에 의해 출화하면 화재열과 스토브 자체의 발열 영향으로 인해 반사판에 "가지색"의 변색이 생기는 경우가 있다.
  ㉰ 전기 스토브가 특히 강하게 소손되고 가아드 등에 천 등의 탄화물 부착이 관찰된다.

나) 잘못하여 스위치가 On 된 경우

책상 밑에 Off 상태의 전기 스토브와 종이 상자가 놓여 있었다. 의자에서 일어설 때 전기 스토브의 전원선(코드)이 다리에 걸려 플러그가 빠졌고 전기 스토브 본체도 종이 상자에 접하였으며 스위치가 On으로 되었다. 이를 전혀 알지 못하고 플러그를 콘센트에 꽂아서 접하고 있던 종이 상자에 착화하여 출화한 사례이다.

- **관찰 및 조사 포인트**
  ㉮ 관계자의 출화전 행동 및 물품 배치 상황을 확인한다.
  ㉯ 전원 스위치의 위치 및 접촉 개소를 확인한다.
  ㉰ 전도 Off 스위치의 작동·부작동 상황을 확인한다.

다) 가연물의 낙하

옷장에서 옷을 꺼내다 스위치가 들어가 있는 스토브 위에 옷이 낙하되었는 데도 이를 전혀 알지 못하고 아래층으로 내려가 버려서 옷에 착화하여 출화한 사례다. 발견이 늦어서 인근 건물로 연소(延燒)된 경우

● **관찰 및 조사 포인트**

㉮ 전원 및 전도 Off 스위치의 위치를 확인한다.

㉯ 배선 전체를 복원 차원에서 전개하고 플러그를 포함한 기기 전체를 분명히 한다.

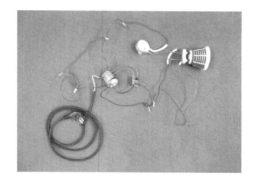

<그림 10-10> 스토브의 배선 전개

라) 과열에 의한 출화

전기 스토브의 열선이 과밀하게 감겨진 경우나 이상 과전압이 유입될 경우, 이에 의한 이상 과열로 발화되는 경우가 있다. <그림 10-10>은 니크롬선이 용융된 상태로서, 가연물 연소 시 발생한 발열(약 1,200℃ 전후)에 의해서는 니크롬선(1,425℃)이 용융될 수 없다.

<그림 10-11> 전열선의 용융 형태

10.4 세라믹 히터

1. 원리와 구조

가) PTC 서미스터 세라믹 히터

세라믹 히터는 PTC(Positive Temperature Coefficient) 서미스터(주성분은 세라믹 반도체)를 발열체로 사용하고 있으며, 일반적인 구조는 발열체(PTC 서미스터)의 양측에 알루미늄 방열판과 알루미늄 시트를 끼워 일체화시킨 구조이다.

① 알루미늄 시트에 전압을 가하면 방열판을 통하여 발열체에 전류가 흘러 발열한다.
② 송풍기로 보내진 공기는 방열판을 통과하면 온풍이 되어 나온다.

세라믹 히터는 저온 시에는 전류를 잘 통하지만 소정의 온도(스위치 온도) 이상이 되면 그 저항치가 급격하게 상승하며 전기를 거의 통하지 않은 성질을 갖고 있다. 결국, 발열체에 전압을 인가하면 전류가 흘러 줄열에 의해 자기 발열하여 온도가 상승한다. 그러나 스위치 온도에 달하면 급격하게 저항치가 증대하고 전류가 감소하여 일정하게 되며 이 상태에서 발열량과 열 방산량의 균형이 유지되어 자동적으로 그 이상 온도가 올라가지 않게 된다. 즉, 자기 온도 제어 작용을 한다.

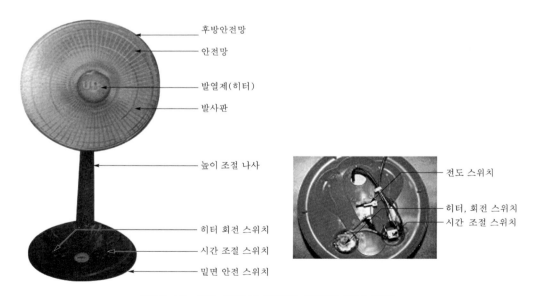

<그림 10-12> 적외선 세라믹 히터의 각부 명칭

나) 원적외선 세라믹 히터

<그림 10-12>는 원적외선 세라믹 히터로 전기 에너지를 복사 에너지로 변환시켜 사용하는 에너지 전환 장치의 하나이다.

이 히터는 내장된 니크롬선 코일의 수명이 길어야 하며, 균일한 온도 분포를 얻기 위하여 히터 자체의 부분 가열이 없어야 한다. 부분 가열 현상은 주로 코일의 피치가 일정치 않아 국부 저항의 증가로 일어나거나 세라믹 재질의 불균일, 소성 시 비틀림 등으로 인한 형상의 불균일 등에 원인이 있으므로 외관상으로 울퉁불퉁한 면이 없어야 하고 전원 스위치를 넣었을 때 붉은 가열 반점이 보지 않아야 한다.

2. 감식 사례

세라믹 히터에서 출화한 화재 사례로는 전기 부품, 배선 접속부의 접촉부 과열에 의해 출화한 경우.

가) 풍량 온풍 전환 스위치와 전원선 접속부의 과열

풍량 온풍 전환 스위치와 전원선을 접속하고 있는 부분에서 접촉부 과열에 의해 출화한 경우로 전원선을 S자형의 스프링으로 누르는 구조에서 이 S자형 스프링이 사용 중에 작동하지 않아서 접촉 저항이 증가하여 줄열에 의해 과열되어 출화하였다.

- **관찰 및 조사 포인트**
  - ㉮ 과거 같은 종류의 화재 사례와 비교 검토한다.
  - ㉯ 외관 관찰에서는 6면(상하 좌우 전후) 모두 관찰
  - ㉰ 배선 상황으로부터 전기적으로 이상이 발생된 개소를 검토한다.
  - ㉱ 회로적으로 부하측에서 전원측으로, 특히 부하측 또는 부하의 이상 개소를 세밀하게 관찰하고, 실장 상황(實裝狀況)에서 넓은 범위를 검토한다.
  - ㉲ 정상인 부분과 비교하여 사진 촬영한다.

나) 히터 전원의 공통 단자의 접촉부 과열

이 발열체의 공통 단자는 난방 최강 시에는 다른 단자 2배의 전류가 흐른다. 사용 중에 공통 단자의 접촉부가 헐거워져서 줄열에 의해 발열하여 비닐수지 계통의 단자 커버에 착화하여 출화한 경우

- **관찰 및 조사 포인트**

  ㉮ 분해하기 전에 소손 개소에 있는 전기 부품 등 상황을 제품 매뉴얼이나 관련 자료를 확보한다.

  ㉯ 관계 자료를 참고로 부품의 손상을 최소화 되도록 분해한다.

  ㉰ 부품을 떼어 내기 전에 전기적 이상을 발생시킨 부분을 촬영, 전기적 측정 등을 먼저 행한다.

  ㉱ 부하측 기기나 기구 내 배선 등 전기적인 이상이 발생한 부분을 확대 촬영 및 세밀하게 조사한다.

다) 회로 설계 불량에 의한 기판 과열

<그림 10-13> 세라믹 히터에서 화재가 발생한 사례로서, 다층 제어 기판 중, 릴레이 설치 부분이 천공되고, 프린트선에서 전기적인 발열에 의한 용흔이 식별되는 점으로 보아, 릴레이 설치 부분의 결함에 의해 화재가 발생한 것으로, 비교 제품의 시험까지 동시에 행하였다.

적외선 열상 장치를 통하여 시험한 결과 기판 중 릴레이 설치 부분의 온도가 약 60℃까지 상승하였고, 단열시킨 경우 더욱더 온도가 상승할 것이며, 소자의 온도가 올라가면 소자 자체 및 기판의 절연 능력이 열화되고, 이에 의해 절연 파괴된 것으로 볼 수 있다.

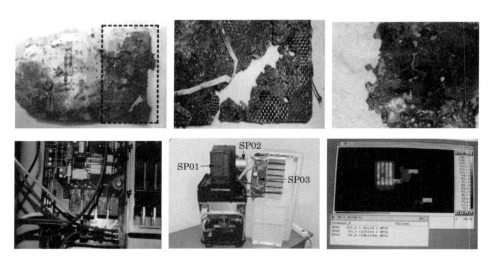

<그림 10-13> 온풍기 기판의 결함에 의한 화재

10.5 전기 카펫

1. 원리와 구조

전기 카펫은 발열체 및 발열체와 교차로 삽입된 검지선(檢知線)을 샌드위치상(狀)으로 가공한 본체와 컨트롤러로 구성되어 있는 것이 가장 일반적인 구조이다. 발열체는 코드 히터를 사용하며, 이것이 카펫 전체에 둘러쳐져 있으며 전류를 흘림에 따라 카펫 전체가 발열하는 것이다.

가) 히터선(–線)

히터선(線)은 2중 권선 구조이며 내측 권선이 발열선, 외측 권선이 이상 온도 감지용의 단락선이다.

가령, 히터선의 어딘가에서 이상 온도(160℃)가 발생하면, 그 부분에서 나일론층이 녹아 발열선에서 단락선에 전류가 누설되어 컨트롤러 내의 온도 퓨즈가 과전류에 의해 용단되어 전원을 차단하는 구조로 되어 있다.

나) 검지선

2중 권선 구조로 히터선을 따라 둘러쳐져 있으며 히터선의 온도를 검지하여 온도 제어 회로에 전달하는 역할을 한다. 플라스틱 서모스탯은 온도에 따라 그 임피던스가 크게 변화하는 특성을 갖고 있으며, 이 임피던스를 도선(K_1)–도선(K_2)으로 검출하여 온도를 제어한다.

다) 제어 회로

카펫 본체 온도에 따라 검지선의 플라스틱 서미스터의 임피던스가 변화함으로써 도선(K_1)에서 도선(K_2)에 흐르는 온도 검출 전압 V_a로서 검지하여 미리 설정한 기준 전압(V_b)를, IC에서 비교하여 트랜지스터(Tr) 및 릴레이(RY)를 작동시켜 히터(H)에 통전한다.

라) 안전 회로

(1) 리미터

카펫 본체 온도가 높아질 때 온도 검출 전압(V_a)에서 미리 설정한 기준 전압(V_c)를 IC

에서 비교하여 사이리스터(SCR)를 작동시켜서 발열 저항(R)에 통전, 발열 저항에 밀착시킨 온도 퓨즈(F_t)를 용단한다.

(2) 릴레이 접점 용착

트랜지스터(Tr)가 Off가 되어도 릴레이 접점이 용착되어 있을 때에는 사이리스터(SCR)를 On으로 하여 발열 저항(R)에 통전, 발열 저항에 밀착시킨 온도 퓨즈를 용단한다.

(3) 히터선 과열

히터선의 어딘가가 이상 온도가 되면 그 부분에서 나일론층(N)이 녹아서 회로가 되어 발열 저항(R)에 통전하여 발열 저항에 밀착시킨 온도 퓨즈(F_t)를 용단한다.

2. 감식 사례

가) 컨트롤러 내의 트래킹

전원 플러그는 콘센트에 꽂혀 있었지만 전원 스위치는 Off인 상태에서 출화한 경우. 온도를 조절하는 릴레이가 장시간 사용하는 중에 On·Off하는 사이의 스파크에 의해 수지제(樹脂製) 케이스(폴리프로필렌)가 흑연화되어 트래킹 현상에 의해 기판에 착화하여 출화한 경우

- **관찰 및 조사 포인트**
  ㉮ 양극간의 전위차는 스파크가 발생할 전기적 용량이 있는가?
  ㉯ 그래파이트화(化)할 가능성이 있는 재질인가?
  ㉰ 접점면의 거칠어진 상황 및 주위 탄화물의 도통 상황을 확인한다.

나) 면상 발열체(面狀發熱體)와 서모스탯 배선이 접촉하여 아크

시공 공사를 수반하는 마루 난방 시스템에서 출화한 경우로서 시공 방법은 마루 구조 합판 위에 단열용 우레탄 쿠션 펠트를 깔고 그 위에 히터 및 히터 보호와 내장 마감재의 니들 펀치 카펫을 깔고 최상면에 마감 카펫을 깔고 있었다.

히터는 240×80 cm의 카본 면상(面狀) 발열체로 면화 화학 섬유로 된 포에(布) 카본을 함침시켜 양면을 폴리염화 비닐의 절연 시트에 끼워 넣어 양단에 전극을 설치한 것이다.

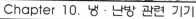
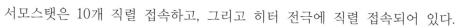
서모스탯은 10개 직렬 접속하고, 그리고 히터 전극에 직렬 접속되어 있다.

서모스탯의 배선 접속부에서 접촉부 고열이 발생하면 그 부분의 절연 피복이 손상한다. 그리고 노출된 배선이 면상(面狀) 히터에 닿으면 아크가 발생하며, 우레탄 카펫에 착화하여 출화

● **관찰 및 조사 포인트**

다른 부분에 대해서도 확인하여 둔다.

MEMO

Chapter 11

조명 기구

1. 원리와 구조

조명 기구는 주위를 밝게 하기 위한 목적에서 점차 인테리어로서의 형태를 갖도록 바뀌는 추세에 있으며, 다양한 종류의 것이 상품화되어 있다.

백열 전구는 전구의 가운데에 있는 필라멘트에 전류가 흘러서 고열을 발하고, 이것이 빛이 되어 빛나는 성질을 이용하여 만들어진 것으로, 불활성 가스인 아르곤 등을 봉입한 유리구(球)에 필라멘트(텅스텐선)가 넣어져 있어 2,200℃까지의 고온에 견딜 수 있다.

아르곤 가스를 봉입한 이유는 텅스텐 필라멘트와 화학 반응하지 않은 불활성 가스를 넣어 고온에서 발광하는 필라멘트의 증발·비산을 제어하여 수명을 길게 하기 위함이다.

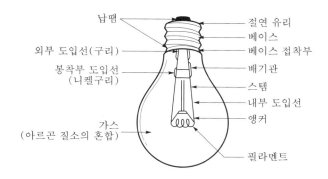

<그림 11-1> 백열 전구의 구조와 각부 명칭

한편, 점포나 스튜디오, 무대의 조명이나 자동차의 헤드라이트 등에 사용되는 할로겐 전구의 구조는 고온에 견디는 석영 유리관으로 벌브(球)를 만들며 고온에서 필라멘트를 점등한다. 벌브 내에는 불활성 가스와 함께 요소, 불소, 염소 등의 할로겐화물을 봉입하여 텅스

텐 증발에 의한 흑화를 막고 있으며 봉입 가스의 압력을 높게 하여 좁은 공간에서의 체류를
일으키기 어렵게 하여 열손실을 적게 하고 있다. 이런 이유로 인해 할로겐 전구는 보통 전
구보다도 200℃ 정도 높은 온도에서 필라멘트를 점등하고 있으므로 발광 효율이 10% 정도
높고 수명은 2배 정도 길다.

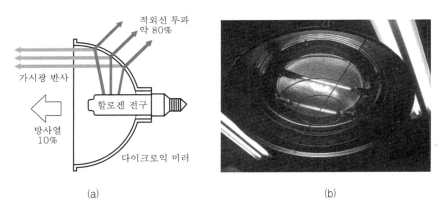

<그림 11-2> 할로겐 전구의 원리(a)와 현장 설치 상태(b)

2. 감식 사례

가) 점등 중인 백열 전구가 움직여서 출화한 경우

백열등 스탠드 등의 전구 스위치가 켜진 상태에서 이블 등의 가연물로 넘어지거나 닫게
되면 백열 전구가 가연 물질 또는 포제(布製)의 갓에 접촉하여 출화한 경우

- **관찰 및 조사 포인트**
  ㉮ 점등 상황(사용 시간·통전 상태 여부)
  ㉯ 주위의 상황(가까이에 가연물이 놓여 있는가)
  ㉰ 고장이나 상태가 좋지 않은 상황(점등되지 않는다. 접촉부가 이전부터 이상하였다 등)
  을 관계자로부터 청취한다.
  ㉱ 가연물이 탄 상황이나 상태를 분명히 한다.
  ㉲ 가연물의 크기, 상태, 주위의 상황, 전구의 종류, W수, 형상, 갓의 재질을 확인한다.
  ㉳ 전원 스위치의 작동 상황(통전 상태 유무) 및 배선 코드의 상황(테이블 탭을 매개로
  한 것인가 그렇지 않은 것인가)을 확인한다.
  ㉴ 유리구의 변형, 변색 및 용융을 확인한다.

나) 점등 중에 백열 전구 유리가 파손된 경우

● 관찰 및 조사 포인트

㉮ 백열 전구의 유리가 점등 중에 파손되면 필라멘트는 공기 중의 산소에 접촉되어 연소하며 전부 또는 일부가 소실되거나 또는 리드선과의 접촉 개소에서 용융되며 잔조 부분은 앵커(필라멘트 지지)에 용착되는 경우가 있다.

㉯ 필라멘트에 이와 같은 현상이 발생되어 있을 때에는 출화 당시 점등 상태에 있었다고 볼 수 있다.

㉰ 필라멘트는 0.02∼0.05 mm 정도의 가는 텅스텐을 사용하고 있으므로 점등 중이지 않더라도 유리가 파손되면 필라멘트가 손실되는 경우가 있다.

<그림 11-3> 점등 중에 백열 전구 유리가 파손된 상태

㉱ 점등 중의 손실인가 소등 중의 물리적 외력에 의한 손실인가의 판정은 쉽게 판정할 수 있다. 소등 중에 끊어지면 앵커 부분에서 절단되어 리드선과의 접속 부분은 남아 있으며 앵커에 용착하는 경우는 없다. 또한 손실 부분을 확대경 등으로 관찰하면 점등 중 손실일 때에는 용융된 흔적이 관찰되는데 비해 소등 중 물리적 외력에 의한 경우에는 용융 흔적이 관찰되지 않는다.

㉲ 백열 전구의 표면 유리는 점등 중 고온이므로 가연물이 접촉되어 있으면 가연물의 연소와 상승 작용을 하여 유리의 표면은 더욱 고온이 되어 열화(劣化)되어 간다. 이 때문에 내부의 가스 압력이 높아지며 유리 표면의 장력이 약해져서 부풀어 올라 유리에 구멍이 생겨 내부 가스가 분출되는 경우가 있다. 화재 현장에서 백열 전구의 유리 파편에 구멍이 뚫려 있는 것이 발견될 때에는 백열 전구는 출화 당시 점등된 상태에서 유리 표면에 가연물이 접촉하고 있었을 가능성이 높다고 볼 수 있다.

<그림 11-4> 점등 상태에서 가연물이 접촉되어 유리구에 구멍이 생긴 상태

㉕ 백열 전구와 가연물의 관계는 백열 전구의 종류, 형상과 가연물의 질, 양, 상태 등에 따라 착화, 발염하는 경우와 그렇지 않는 경우도 있으므로 백열 전구 부근에 있는 가연물의 소손 상황을 상세히 관찰·조사함과 동시에 경과 시간 등도 고려하여 판정한다.

다) 가연물이 전구에 접촉하여 출화한 경우

점등 중인 조명 기구에 코트를 걸쳐 두어 고온이 된 전구에 접촉되어 출화한 경우

- **관찰 및 조사 포인트**
  ㉮ 가연물이 탄 상황이나 상태를 분명히 한다.
  ㉯ 점등 및 주위의 상황(근처 가연물)을 관계자에게 녹취
  ㉰ 가연물의 크기, 상태, 주위의 상황, 전구의 종류, 와트 수, 형상, 갓의 재질을 확인한다.
  ㉱ 유리의 변형, 변색 및 용융을 확인한다.

라) 스탠드 위에 숙박자가 속옷을 걸어서 전구에 접촉하여 출화

- **관찰 및 조사 포인트**
  ㉮ 점등 상황과 주위의 상황을 관계자로부터 녹취한다.
  ㉯ 전원 스위치의 작동 상황(통전 상태 여부) 및 전원 코드의 상황 확인
  ㉰ 가연물의 탄 상황이나 상태를 분명히 한다.
  ㉱ 가연물의 크기, 상태, 주위 상황, 전구의 종류, 형상, 갓의 재질 확인
  ㉲ 유리의 변형·변색 및 용융 상태 등을 확인

마) 기구 배선으로부터 출화

천장에 매달아 설치한 점포 조명용 스포트라이트의 배선 접속부가 진동에 의해 접촉 불량이 되어 출화한 경우

- 관찰 및 조사 포인트
    - ㉮ 점등(시간·통전) 및 주위의 상황, 고장이나 상태가 좋지 않은 상황을 관계자로부터 녹취
    - ㉯ 가연물의 탄 상황이나 상태를 분명히 한다.
    - ㉰ 가연물의 크기, 상태, 주위 상황, 전구의 종류, 와트 수, 형상, 갓의 재질을 확인한다.
    - ㉱ 유리의 변형·변식 및 용융을 확인한다.
    - ㉲ 사용 시간, 통전 상황을 확인한다.
    - ㉳ 소손품의 단자부 등에 타서 떨어져 나가거나 타서 가늘게 된 것을 조사하기 위해서 동형품과 비교한다.

바) 전구의 변형된 형태로부터 연소 진행 방향 식별

고정된 백열 전구의 변형된 형태로부터 발화 장소의 연소 진행 방향을 판단할 수 있다.

<그림 11-5> 백열 전구의 소손 형태로부터 연소 진행 방향 판단

11.2 형광등(Fluorescent Lamp)

기체 방전등의 일종으로 저압 기체 방전을 이용하여 수은 원자에 고유한 자외선(253.7 nm)을 발생시키고 이를 유리관 내에 도포되어 있는 형광체에 조사하여 형광체를 여기(excitation)시켜 가시광의 발광을 일으키도록 한 것이다.

1. 원리와 구조

형광등은 조명 기구 중에서 백열 전구와 함께 가장 많이 보급되어 있는 조명 기구의 하나이며, 폭넓은 발광색의 특징을 살려 복사, 팩시밀리 등의 원고를 읽어 들이는 용, 레저용 회전 전등이나 식물 육성용 광원 등에도 사용되고 있다. 또한 형광관은 직관·둥근형 타입 뿐만 아니라 디자인성이나 수납성을 고려한 콤팩트형 형광 램프도 보급되고 있다.

형광등은 시동 방식에 따라 글로우 스타터형, 래피드 스타터형, 스림 라인형 등으로 나눠진다. 주로 가정의 기구나 스탠드에는 글로우 램프를 이용한 글로우 스타터형 형광등이 사용되고 있다.

가) 안정기

안정기는 형광 램프에 초기 시동 전압을 공급하여 램프의 방전을 용이하게 하는, 즉 램프를 점등시키는 시동 장치와 같은 역할을 한다. 램프가 초기 점등되면 전압이 지속적으로 감소하면서 전류가 상승하여 결국 램프가 파괴되는 현상이 일어난다. 이를 방지하기 위하여 안정기가 필요한데 점등 후 안정기는 램프에 일정한 전압을 공급하여 전류를 제한하게 된다. 즉, 안정기는 형광 램프에 일정한 전압을 계속적으로 공급하여 램프의 방전을 단속해 점등을 지속적으로 유지시켜 주는 역할을 하는 것이다. 안정기에는 크게 자기식과 전자식이 있다. 자기식은 철심에 동선을 권선한 철심 쵸크 또는 변압기 형태로, 역률 개선 또는 잡음 방지 등을 위한 커패시터나 저항 등으로 구성된 것이다. 동선에 코일을 감은 간단한 구조라고 할 수 있다.

나) 형광등의 시동 방식

(1) 글로우 스타터형 형광등

글로우 스타터형 형광등의 회로도는 스위치, 안정기, 글로우 램프 및 잡음 방지 커패시터 등으로 구성되어 있다. 글로우 램프 내에는 바이메탈 전극이 있어 글로우 방전 후에 발열로 인해 전극의 접점이 닫혀 형광등의 전극에 전류가 흘러 전극이 가열된다.

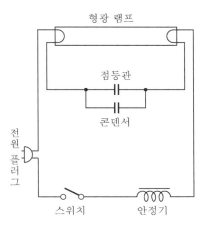

<그림 11-6> 글로우 스타터형 형광등의 배선

바이메탈 전극의 접점이 닫힘으로써 글로우 방전은 멈추고 접점이 식어 바이메탈 전극이 본래의 상태로 되돌아 접점을 연다. 이 때 안정기의 코일은 전류의 변화를 방해하는 방향으로 자기 유도 작용에 의해 고전압이 유기되며, 이것이 형광등의 전극에 가해져서 방전을 개시한다. 그 후에 안정기의 작동으로 전류를 일정하게 유지한다.

안정기는 에나멜 절연을 한 코일이 철심에 다층 감겨 있으며 주위를 절연성 충전재로 채워 금속 케이스에 수납한 것이다. 또한 잡음 방지용 커패시터는 글로우 스타터에 의한 TV나 라디오에의 잡음을 방지하기 위해 설치되어 있다.

(a)   (b)

<그림 11-7> 글로우 스타터형 형광등 점등관(a)과 잡음 방지용 커패시터(b)

글로우 스타터형 형광등은 전원 스위치를 넣으면 전원 전압은 점등관(글로우 램프)에 즉시 걸린다. 점등관은 유리 또는 플라스틱관 속에 고정 전극과 바이메탈로 만들어진 가

동 전극(可動電極)으로 이루어 졌으며, 그 안에는 아르곤 가스가 밀봉되어 있는 구조로 되어 있다. 스위치를 켜면 점등관의 전극 사이에 방전이 일어나 바이메탈이 가열되어 늘어나 고정 전극과 접촉한다. 거기서 비로소 형광등에는 폐회로(閉回路)가 구성되어, 방전관인 필라멘트에 전류가 흘러 가열된다.

잠시 후, 가열로 인해 늘어나 고정 전극에 연결되었던 가동 전극이 식으면서 두 전극은 서로 떨어지게 된다. 이 때, 높은 전압이 유도되어 순간적으로 형광등이 점등되게 되는 것이다.

(2) 래피드 스타터형 형광등

래피드 스타터형 형광등은 일정 전압이 되면 On · Off 상태가 되는 스위칭 소자인 사이리스터를 이용한 것으로 약 1초 이내에 점등한다.

래피드 스타터형 형광등의 회로도는 <그림 11-8>과 같으며, 전원을 넣으면 전극간에 안정기의 2차 전압이 인가됨과 동시에 전극 예열 코일의 전압도 전극에 가해져 약 1초 동안 전극 가열로 열전자가 방사되어 전극간에 가해진 전압으로 점등한다. 이 타입은 점등 중 전극이 가열을 계속하고 있으므로 전자 방사 물질을 다량, 견고하게 충전할 수 있는 3중 코일을 채용하고 있다.

(3) 스림라인형 형광등

쇼 케이스 내 등에 사용되고 있는 관경이 가는 스림라인형 형광등은 1본 핀의 전극으로 양 전극간에 갑자기 안정기로부터 높은 2차 전압을 가해서 전극의 예열없이 시동시키는 것이다. 필라멘트 양 끝에 전압이 인가되기 시작하면, 필라멘트 자체가 먼저 가열되기 시작한다.

형광등에 사용되는 필라멘트는 대부분이 텅스텐으로 만들어져 있으며, 이는 텅스텐이 금속 중 가장 높은 온도까지 견딜 수 있는 특성을 가지기 때문이다. 열전자의 방출을 증대시키기 위해 이 전극(필라멘트)에는 열전자가 튀어나가기 쉬운 물질인 바륨이나 스트론튬이 발라져 있다. 또한 같은 이유로 산화물들을 입혀 놓은 경우도 있다. 텅스텐은 900℃에서 열전자를 방출시키는 열 전극이다. 따라서 필라멘트의 온도가 900℃ 정도까지 올라가게 되면, 열전자가 방출되기 시작한다.

최근 길쭉한 U자 또는 H자 모양으로 된 32W FPL, 종전 36W급에 비해 소비 전력이 6% 줄어든 반면 광속은 6%, 효율은 12%씩 개선되었는데, 3파장 형광 물질을 사용해 색상 구현력도 뛰어나다.

반도체 기술의 진보에 따라 형광등 점등 시의 어른거림을 개선하기 위해 다이오드, 전해 커패시터, 트랜지스터 등으로 구성된 인버터 회로 방식이 있다. 이는 50/60 Hz의 교류 전류를 44,000 Hz의 고주파로 점등하는 방식으로, 보통 형광등보다 50~60% 더 밝고, 어른거림이 없으며, 즉시 점등한다. 또한 안정기 특유의 윙윙거리는 소리가 없어 조용하다 등의 특징이 있다.

2. 감식 사례

가) 안정기로부터의 출화

형광등 기구에 의한 화재는 안정기에 관계된 것이 대부분을 차지하며 그 원인으로는 절연 열화, 층간 단락, 이상 발열 등 여러 가지가 있다. 특히, 안정기의 경년 열화에 의해 안정기 내의 권선 코일의 절연 열화된 선간에서 접촉하여 코일의 일부가 전체에서 분리되어 링 회로를 형성하면 큰 전류가 이 부분에 흘러 국부 발열하여 출화한다.

안정기에서 출화에 이르는 과정은 다음과 같다.

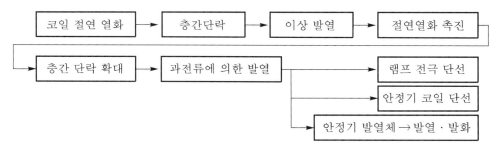

<그림 11-9> 안정기에서 출화에 이르는 진행 과정

- 관찰 및 조사 포인트
  ㉮ 출화 시의 사용 상황은 어떠하였는가?
  ㉯ 출화 직전에 이상(점등하지 않았거나 이음·이취 등)이 없었는가?
  ㉰ 안정기 내의 충전제가 열을 받아 케이스의 틈새로부터 흘러 나와 있는지 여부와 충전제 소손 유무(균열, 핀 홀 등)
  ㉱ 권선 코일에 전기 용융흔의 발생 유무 관찰
  ㉲ 안정기 내장된 등기구에 보호 회로 장착 유무
  ㉳ 설치 부주의에 의한 것
  ㉴ 외적 요인 등

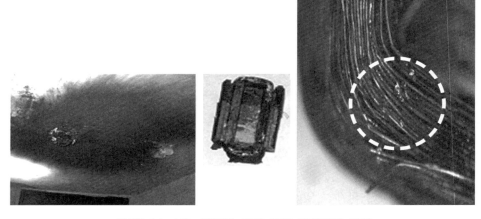

<그림 11-10> 안정기 코일 층간 단락으로 출화

나) 점등관으로부터의 출화

형광등의 초기 점등에 대한 예열 역할을 하는 것으로 유리관을 사용하는 것과 플라스틱 관을 사용하는 것이 있다.

● 관찰 및 조사 포인트

㉮ 출화 시의 사용 상황과 출화 직전에 이상(점등하지 않았거나 이음 · 이취 등)이 없었는가?

㉯ 램프 내에 봉입되어 있는 전극이 고온 발열되어 플라스틱 관에 착화

㉰ 점등관의 바이메탈이 작동할 때 생기는 아크열로 용융되어 지속적으로 과전류가 흐를 때 발생하는 것이 일반적이다.

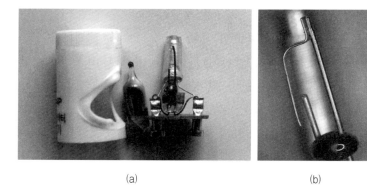

(a) (b)

<그림 11-11> 점등관 소손 상황(a)과 바이메탈(b)

 ㉣ 점등관을 삽입하는 소켓과 점등관의 베이스(소켓과 전기적으로 접촉 하는 금속체) 사이에 접촉 불량이 발생하는 경우 그 부위에서 전기적인 저항으로 인해 고온 발열하며 출화하는 경우

다) 전자 회로의 부품에서 발화하는 경우

 형광등에는 전자 회로가 없는 일반식과 전자 회로를 가진 전자식이 있다. 그 중 전자 회로의 부품에서 발화하는 경우와 회로 기판의 납땜 접속부에서 발화하는 경우가 있다.

- 관찰 및 조사 포인트
  - ㉮ 커패시터, 코일, 반도체류(다이오드, 트랜지스터 등)의 절연 파괴
  - ㉯ 과전압 침입 여부
  - ㉰ 부품과 기판의 트래킹 현상
  - ㉣ 납땜부의 접촉 저항 증가(땜 부분 균열, 납땜 불량 등으로 인해 땜 부분이 들뜨거나 이완)

라) 인입선 및 등 기구 내 배선에서 발화

- 관찰 및 조사 포인트
  - ㉮ 기구 내 배선의 접속 불량으로 인한 국부 발열로 발화
  - ㉯ 인입선 또는 기구 내 배선이 구조물 사이에 심하게 끼이거나 찍힘으로 인해 절연 피복에 손상으로 선간 단락
  - ㉰ 선간 간접 단락(2선의 도체가 동시에 노출된 상태에서 형광등의 금속체 등을 중간 매체로 2선간의 단락이 간접적으로 일어나는 현상)
  - ㉣ 지락 등으로 인해서 발화하는 경우(1선이 형광등 금속부에 접촉된 가운데 누설되는 전류가 건물의 금속재 등을 통해서 대지로 전류가 흐르는 현상)
  - ㉤ 진동에 의해 등기구 외함에 접촉된 피복이 손상하여 선간 또는 기구 케이스를 사이에 끼고 단락된 경우(단락흔)
  - ㉥ 등기구를 조립할 때 피복 손상된 코드 및 리드선으로부터의 발화

 외부에서 화염을 받은 경우에는 기구 내에서 단락하기 이전에 전원이 어딘가에서 단락되거나 전원 차단기가 작동되어 전원을 차단하므로 케이스 내의 배선에 전압이 인가된 상태로 연소되는 경우는 거의 없다고 생각하여도 좋다.

11.3 네온등

1. 원리와 구조

네온 방전 설비는 크게 네온관, 네온 변압기, 점멸·개폐기류, 1차측(저압측 220V) 및 2차측(고압측 15,000V)의 배선 등으로 구성되어 있다. 네온관은 유리관(14 mm관 주로 사용) 양 끝에 전극을 붙이고 한쪽 전극 부근에 치프관(chip tube)을 부착한 후 수은과 네온 가스를 주입하여 만든다. 이것들은 네온 변압기를 많이(大量) 사용하는 대규모 광고탑에서부터 조그만 간판에 이르기까지 매우 다양하다.

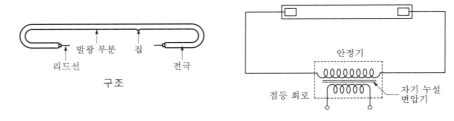

<그림 11-12> 네온등 결선도

<그림 11-13> 네온관 점등용 변압기

네온 방전은 일종의 냉음극(冷陰極) 방전관의 글로우(glow) 방전으로 한쪽 단에 음극, 다른 단에 양극을 설치한 유리관 가운데에 수 mmHg~10 mmHg 정도의 저압 네온 가스 또는 아르곤 가스, 수은을 봉입한 것이다. 이 관에 적당한 저항을 직렬로 연결하여 고전압을 가하면 글로우(glow) 방전이 안정되어 일어나고 가스 특유의 아름다운 빛을 낸다.

이 방전도 형식에 따라 3단계로 나눠지며, 네온을 채우면 빨갛게 빛나고, 수은 증기를 봉입하면 밝은 청녹색으로 발색(發色)하는 것처럼 봉입 가스의 종류에 따라 발광색이 변한다. 구조는 유리관과 전극부로 되어 있다.

2. 감식 사례

네온관등 설비의 출화 위험은 네온 변압기 2차측의 네온 회로 및 부대 설비와 네온 간판(옥상, 벽면 네온 사인, 돌출, 처마 위, 처마 밑 네온 사인) 등으로 방전한 경우와 네온 변압기 1차측 저압 회로 단락 또는 연결 코드와 애자의 절연 열화에 의해 주로 발생한다.

가) 네온 변압기 2차측 회로에서 부대 설비 등에 방전되어 출화한 경우

● 관찰 및 조사 포인트
  ㉮ 사용 상황(상시 점등되어 있는가, 타이머 설정으로 점등 시간을 설정하고 있었는가, 사용 년수, 증·개축 상황)
  ㉯ 이상 유무(점등 시 어른거림, 잡음의 유무 등), 배선용 차단기 등의 작동 상황 등을 관계자로부터 확인한다.
  ㉰ 1차·2차측 배선의 리드선, 전기 방식 배선 방법, 공사 방법, 전선 굵기 및 보안 장치에 대하여 목시(目視)나 설계도 등에 의거 확인한다.
  ㉱ 배선에 전기 용흔이 있거나 소손의 상태가 강한 경우에는 주위 공작물과 배선의 상태를 신중하게 관찰 및 조사한다.
  ㉲ 빗물의 침입이나 쥐 등에 의해 절연이 손상되는 등의 영향은 받는 경우도 있으므로 이러한 것도 조사한다.
  ㉳ 방전관에 이상이 있는 경우에는 유리관이나 튜브 서포터가 관등 회로 전압이 높기 때문에 오손되고, 이로 인해 누설 전류가 흘러서 불꽃 방전이 일어난다.
  ㉴ 전선 피복에 트래킹을 일으킨 상황이 관찰된다.
  ㉵ 배선이 다른 공작물(금속)에 접촉되어 있다.
  ㉶ 네온관 끝(端部)의 전극부 부근에 젖은 수건(towel)이 걸려서 뒷면의 간판(염화비닐製)에 전극부로부터 누설·방전하여 출화한 경우

나) 고전압 누전에 의해 출화한 경우

● 관찰 및 조사 포인트
  네온 사인을 점등하는 데에는 7~15 kV 정도의 고압이 필요하므로 네온 사인용 변압

기가 사용되고 있으며, 이 변압기는 보통 누설형이고 2차측이 단락되어도 20(mA) 이상의 전류는 흐르지 않게 되어 있다.(콜드 캐소드형 120 mA)

이 변압기의 양단에 연결한 배선의 절연이 불량하고 목재 등에 근접하여 있으면 전류가 목재로 흐르는 경우가 있다. 건조한 목재의 저항은 매우 크기 때문에 수백 볼트 정도의 전압이면, 비록 접촉하여도 흐르는 전류는 미약하지만 전압이 10 kV 정도의 고압이기 때문에 10 mA 이상의 전류가 통전되면 목재 자신이 발염 발화하여 화재의 원인이 될 수 있으며, 특히 이슬비가 올 때에 화재가 많이 발생되는 경향이 있다.

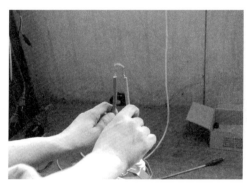 

<그림 11-14> 네온 변압기(15kV) 아크 방전에 의해 종이에 착화된 상황

다) 네온 문자반(文字盤)에서 출화

● 관찰 및 조사 포인트

네온관등 설비의 화재는 그 대부분이 고압 누설 방전에 의한 것이지만 출화 부위가 네온 문자반에서 일어난 것이면 그 출화 원인은 아래와 같다.

㉮ 네온관지지 애자의 탈락 또는 파손에 의해 네온관 리드선이 함석판 또는 간판 목재에 접촉하여 방전

㉯ 네온관의 파손에 의해 간판(看板) 목재에 방전

㉰ 네온 전선의 지지 혹은 딴 물건에서 손상을 받아 방전

㉱ 네온 방전등용 안정기의 절연 열화에 의한 누전

㉲ 네온 전등 설비의 2차측 전압이 고압이기 때문에 수분·먼지 이격 거리의 단축 등에 의한 절연물의 절연 내력이 떨어지면 절연물의 표면에 연면 방전(沿面放電)이 일어나기 쉽다. 절연물의 표면에 연면 방전이 일어나면 누설 전류가 적어도 줄열에 의해 절연물에 탄화구(炭化溝)가 생긴다. 이 탄화구는 도전성을 가지기 때문에 보통 누설 방전이 촉진(促進)되어 탄화구의 범위가 심(甚)하게 패어 있는 것이 검출되는 것도 이 때

문이다.

㉺ 네온관등 설비를 감식할 때는 피복(타고 남아있는 배선의 피복)에 탄화구가 생겨 있는가? 없는가? 또 목재 등의 구조재에 국부적으로 심하게 탄 것이 보이는가? 어떤가에 따라 누전 방전의 사실을 규명한다.

㉻ 설비의 경년 변화, 파손 상황, 네온의 점멸 상황(일부 누설 방전에 의해 네온의 일부가 꺼지는 경우가 있음), 잡음 등의 유무, 비, 눈, 먼지의 부착 상황, 공사상의 미비 등에 의해 누설 방전이 일어날 가능성의 유무를 고찰하고 원인 결정을 한다.

㉼ 네온 점멸기의 단자부에 드럼의 구리가루가 부착하여 절연물 표면에 누설 전류가 흐르는 트래킹 현상에 의한 화재 발생

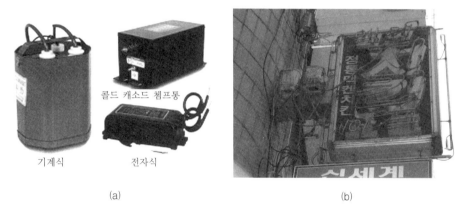

콜드 캐소드 챔프통

기계식   전자식

(a)   (b)

〈그림 11-15〉 네온관용 변압기 종류(a)와 설치 상황(b)

라) 실내용 전자식 네온 사인

최근 점포 안과 윈도 안의 옥내에 많이 사용하는 네온 사인과 미니 전자식 네온 변압기는 고주파 진동을 이용하고 있기 때문에 접지극이 있는 콘센트에 연결 사용하여야 한다. 접지극이 없는 콘센트에 연결하여 사용할 경우 네온 변압기의 외함에 접촉하면 누설 전류가 흘러 쇼크를 받을 우려가 있으며, 이때 가연성의 분진이 많이 쌓여 있는 상태에서 스파크가 발생하면 발화 위험이 있으므로 네온 변압기의 외함에는 반드시 접지를 하여야 한다.

변압기의 누설 전류를 적게 하기 위해 배선의 길이를 5 m 이하로 시공하고, 변압기를 밀폐된 박스에 넣어서 사용하는 경우에는 변압기 체적의 6배 이상의 용적과 충분한 통풍구를 설치하여야 하고, 함 내의 온도를 60℃ 이하가 되도록 하여 발열에 의한 화재를 예방한다.

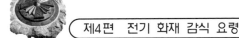

- **관찰 및 조사 포인트**
  - ㉮ 설치 위치, 사용 상황(상시 점등, 점등 시간 타이머 설정 여부, 사용 연수), 이상 유무, 배선용 차단기 등의 작동 상황 등
  - ㉯ 방전관에 이상이 있는 경우에는 유리관이나 튜브 서포터가 관등 회로 전압이 높기 때문에 누설 전류가 흘러서 불꽃 방전이 일어난다.
  - ㉰ 전선 피복 트래킹 발생 유무
  - ㉱ 배선이 다른 금속과 접촉 유무

11.4 HID 램프(High Intensity Discharge Lamp : 고압 방전 램프)

1. 원리와 구조

방전 램프는 전류가 이온 가스를 통과할 때 빛이 발생하며 특히 두 전극 사이에서 아크를 형성하는 것으로 나트륨 램프, 메탈헬라이드 램프, 수은등 등이 있다. 이들 HID 램프의 구조와 점등 원리는 비슷하다.

최근 많이 사용하는 메탈헬라이드 램프는 메탈 화합물을 통과하면 빛이 발생한다. 발광관 속에 발광 물질로 수은 이외에 각종 금속 할로겐 물질이 들어 있으므로 발광 물질의 조합에 따라 다양한 빛을 얻을 수 있다.

백열 전구는 소비 전력을 3~8% 정도만 빛으로 전환시키는 반면 방전 램프는 15~35% 정도를 빛으로 전환시키고 나머지는 열(적외선)과 자외선(UV) 등이다. 연속 스펙트럼을 방사하기 때문에 자연색과 거의 같은 광으로, 연색성이 좋다. 매우 높은 광효율, 적은 열 부하량, 탁월한 연색성, 긴 수명은 메탈헬라이드 램프의 장점이다.

일반적인 메탈헬라이드 램프의 평균 수명은 9,000~12,000시간이며, 초기 비용이 비싼 것이 단점이다. 그러나 설치 후 유지 관리비, 조명 효과 등을 감안하면 충분히 경제적인 광원이다. 형태와 발광관 내 할로겐 물질 종류에 따라 분류한다. 메탈헬라이드 램프의 구조는 다음과 같다.

① 보온막 : 발광관 온도를 균일하게 하도록 내열성 보온제를 도포
② 전극(주전극, 보조극) : 장수명의 스칸듐 전극 사용
③ 리드 와이어, 수명 중의 특성을 안정시키는 리드와이어의 사용(퓨즈 역할)
④ 외관 : 경질 유리 사용

⑤ 발광관 수명 중 안정된 특성을 가지도록 특수한 석영 유리관 사용 메탈헬라이드 램프
  의 구조

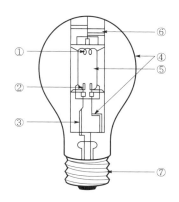

<그림 11-16> 메탈헬라이드 램프의 구조

⑥ 저항, 바이메탈 : 실(seal)부를 전해 크랙으로부터 보호하는 독자적인 구조
⑦ 베이스 : 접착제 또는 메커니컬로 부착

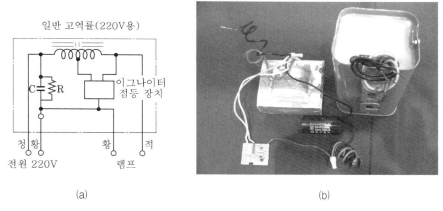

<그림 11-17> 고압 나트륨 램프 회로도(a)와 분해 상황(b)

2. 감식 사례

● 관찰 및 조사 포인트

  ㉮ 램프 자체 발열과 배선 및 안정기 등의 사용 상황(상시 점등, 타이머 설정, 사용 연수 등)
  ㉯ 점등 시 어른거림이나 잡음의 유무 등 이상 유무, 배선용 차단기 등의 작동 상황 등을
    확인

㉒ 1차·2차측 배선의 전선 굵기와 배관 방법

㉣ 배선에 전기 용흔이 있거나 소손의 상태가 강한 경우에는 주위 공작물과 배선의 상태를 조사

㉤ 빗물의 침입이나 작은 벌레나 새 등에 의해 절연 손상 여부

㉥ 방전관에 이상이 있는 경우에는 유리관이나 튜브 서포터가 관등 회로 전압이 높기 때문에 오손되고, 이로 인해 누설 전류가 흘러서 불꽃 방전이 일어난다.

㉦ 전선 피복에 트래킹 발생 및 방수 기능을 하는 고무 패킹 삽입 유무

㉧ 안정기 권선의 층간 단락 유무 등

<그림 11-18> 메탈헬라이드 램프와 소손된 안정기

11.5 LED램프(Light Emitting Diode Lamp)

LED조명은 적색(R), 녹색(G), 청색(B) 등 전기 에너지를 흘려 주면 자체적으로 빛을 내는 LED소자를 하나 또는 여러 개 묶어서 만든다. LED의 발광 원리는 1907년 반도체에 전압을 가했더니 빛이 나오는 것이 관측되면서 발견됐다.

1. 원리와 구조

Light Emitting Diode의 약자로 발광 다이오드를 뜻하며 이는 화합물 반도체의 특성을 이용해 전기 신호를 적외선 또는 빛으로 변환시켜 신호를 보내고 받는 데 사용되는 반도체 소자로 가전제품, 리모컨, 전광판, 각종 자동화 기기 등에 사용된다. 반도체의 전자(e)는 외

부 전압에 따라 에너지의 편차가 생기게 되는데, 이때 높은 에너지에서 낮은 에너지로 바뀌는 순간 빛을 발하게 되는 것이다. LED는 저 전압에서 구동할 수 있는 발광 소자로서 다른 발광체에 비하여 수명이 길며, 소비 전력이 낮고, 응답 속도가 빠르며, 내 충격성이 우수한 점을 지니고 있다. 또한 소형 경량화가 가능하다는 장점이 있어 표시 용도를 중심으로 응용이 확대되고 있다.

전자의 에너지 차이가 크면 청색, 작으면 적색, 중간 정도면 녹색의 빛을 낸다. 1962년 미국 제너럴일렉트로닉스(GE)가 처음 적색 LED를 상용화했고, 1993년 일본 니치아 화학공업의 수지 나카무라 박사가 청색 LED를 개발했으며, 이어서 1997년 청색 LED에 노란색 형광체를 사용해 하얀 빛을 내는 백색 LED를 개발했다. LED는 색의 기본요소인 적, 녹, 청에 백색까지 내면서 다양한 총천연색 빛을 만들 수 있게 된 것이다. 특히 백색 LED 개발로 인해 LED 조명이 전자제품 디스플레이용에서 일반 조명을 대신할 수 있는 램프로 확산할 수 있는 기틀을 다지게 됐다.

2. LED 조명의 특징

LED 조명은 일반 백열전구에 비해 5분의 1, 형광등에 비해 3분의 1 수준의 전력만 있으면 작동하기 때문에 에너지 절약형 제품이다. 또한 수명은 약 3만 시간으로 일반 백열등이나 형광등에 비해 5~15배 이상 길다. 밝기 또한 형광등 이상의 수준까지 향상된 상태에서 형광등처럼 수은 등 유해물질이 전혀 사용되지 않기 때문에 친환경적인 제품이다. 현재 나와 있는 LED램프는 일반 형광등이나 할로겐램프에 비해 2~3배 이상 비싼데, 이는 LED램프는 여러 개의 LED소자를 결합해서 하나의 램프를 구성하기 때문이다. 향후 하나의 LED소자로도 충분한 밝기를 낼 수 있는 고출력 LED제품이 등장할 것으로 예상되기 때문에 가격 또한 점차 내려갈 것으로 전망된다.

3. LED 특징 및 장단점

LED가 차세대 조명으로 장점이 많아 각광받는 것은 틀림없지만 아직 개선해야 할 분야와 가격의 문제점이 남아 있다.

가) 장점

① 응답 속도가 빨라 리모컨이나 근거리 광통신 등에 이용 가능
② 저전압, 저전류로 작동 가능하여 표시등, 배터리로 사용 가능

③ 반영구적 수명(이론상 100년 이상 수명 보장)

④ 효율이 20% 내외로 거의 형광등 수준 정도로 높다.

나) 단점

① 다른 발광체(전구등)보다 가격이 비싸다.

② 단색광이 주종이고, 최근에 나온 white LED의 경우도 blue LED 종류이다.

③ 휘도(밝기)에 한계가 있다.

④ Point 발광이라 노트북 등과 같은 Backlight용으로는 적합하지 못하다.

⑤ 저전압 작동이라 가정용 전원으로 직접 구동이 힘들다.

<그림 11-19> 적색 · 청색 · 녹색의 빛을 각각 내는 LED 램프

4. LED 램프 표시형 퓨즈 홀더

가) 사용 용도 및 특징

① 퓨즈의 용단과 동시에 LED의 발광으로 퓨즈의 교체 시기를 알려 준다.

② 개별적인 탈부착이 가능하다.

③ 부착 구멍은 범용으로 설계되어 있다.

④ 커버 손잡이(발광부)에 돌출된 부분이 있어 퓨즈 교환이나 점검 시 퓨즈관의 탈부착
이 가능하다.

나) 용도

공작기계, 배전반, 자동제어기기 등

다) 회로 전압

AC 110~220V, DC 12~28V

라) 램프 전류

1~4mA

 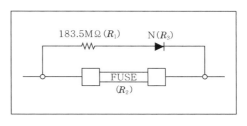

<그림 11-20> LED 램프 표시형 퓨즈 홀더

5. LED 전광판 화재 사고 사례와 대책

① 컨버터 2차 직류(DC) 배선의 절연 부적합(누전) 및 누수 등으로 누전될 경우 직류 회로 보호 장치가 없어 사고로 이어진다. 컨버터 1차측에 부착된 교류(AC) 차단기는 작동하지 않는다. 따라서 2차 배선은 절연 저하되지 않도록 규격 전선을 사용하고 방수(IP65 이상) 등급을 적용하여 완벽하게 공사를 마감한다.

② 입력측에서 과전압 등 서지가 침입하면 컨버터 내부 바리스터(varistor)나 커패시터가 절연파괴 소손된 경우

입력 정격 전압 220V일 경우 380V 이상의 과전압 대비, SPD를 부착하여 서지 전압 억제

③ LED 패키지 및 등기구의 고장 모드(failure mode)는 납땜 크랙, 형광체 열화 등

④ 컨버터는 절연형을 사용하면 안전성이 향상됨(비절연형 저렴함)

⑤ LED 등기구가 축열되지 않도록 효과적인 통풍으로 전광판 케이스 측면 둘레에 방수·방열구를 만들고 전광판의 작동 열 냉각 설치 등으로 방열 효율 개선

㉮ 전광판 케이스 상부에 차양을 설치하여 태양직사광선에 의한 전광판 보드의 발광 효과 저하 방지

㉯ 전광판 케이스 측면에 여러 개의 방열 팬을 부착하여 전광판의 과열을 방지하게 함으로써, 경년 열화에 따른 절연 저하 등 화재 리스크를 줄임과 동시에 수명 연장

⑥ 광(光) 열화를 일으키는 주요 원인은 주로 칩, 와이어, 수지와 전자부품의 결함이므로 결함을 유발시키는 온도와 습도, 진동 등을 관리하여 스트레스 해소

⑦ LED 제품의 임의적인 구조 변경과 고가 부품 누락 등에 의한 경우

LED 제품의 핵심 요소인 전원 공급 장치(SMPS ; Switching Mode Power Supply)의 부품 중에서 수명을 결정하는 것은 커패시터이다. 예를 들면 주변 온도가 50℃일 경우 85℃의 커패시터를 선택할 경우 수명은 약 2년, 105℃의 커패시터를 사용할 경우의 수명은 약 7년 정도이다. 아레니우스의 법칙에 따르면 커패시터의 사용 온도가 10℃ 증가할 때마다 수명은 2배 증가하고 커패시터의 특성도 좋아진다.

<그림 11-21> LED 전광판 화재와 소손된 모듈 케이스 후면

⑧ 그림 11-22는 약한 화염에 의해 소손된 LED lamp의 저항 특성을 나타낸 것이다. 한 개의 module에 여러 개(12개)의 광원이 직렬로 연결되어 있는데 LED의 전기 저항 특성을 분석하기 위해 회로 테스터를 이용하여 측정한 결과 순방향 저항은 1.7MΩ(그림 중앙)이고, 그림 우측의 역방향 저항은 236MΩ이 측정된다.

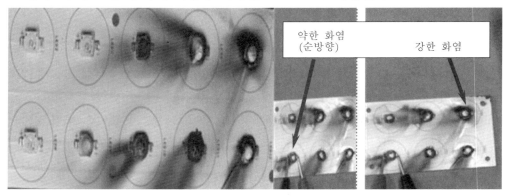

<그림 11-22> 소손된 LED 상태와 저항 특성 측정

불에 많이 탄 부분과 적게 탄 LED lamp의 저항 특성을 측정한 결과 순방향 및 역방향의 저항은 무한대를 나타내고 불에 많이 탄 LED lamp는 그림과 같이 회색빛을 띤 흰색이며 기판에서 떨어지는 미세한 박리 현상을 나타내는 등 LED lamp의 저항값을 측정하여 비교하면 발화원의 진행 방향을 판단할 수 있는 법공학적인 근거 자료로 활용할 수 있다.

MEMO

Chapter 12

영상 기기

텔레비전

1. 구조와 원리

컬러 브라운관 텔레비전 수신기(이하 TV라 한다)는 모든 가정에 100%를 초과할 정도로 많이 보급되어 있다.

이 같은 TV의 영상은 카메라로 분해된 화면(주사선 525본, 매초 30매의 화면)을 전파에 태워서 수신기인 TV에서 분해된 화면을 조립하여 영상으로 하고 있다.

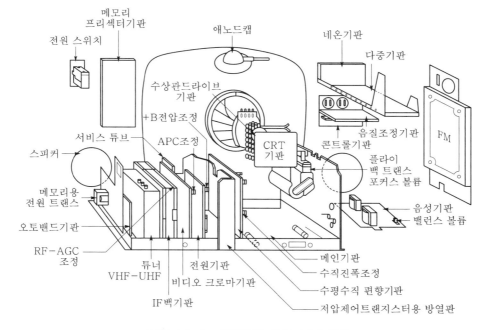

<그림 12-1> 텔레비전 구성 부품 명칭

이와 같이 화면의 분해와 조립을 하는 것을 주사(走査)라고 하며, TV 내에는 횡방향의 주사(수평 주사 : 적, 녹, 청의 색을 발광하는 3종류의 발광체의 작은 점의 모임으로 되어 있다)와 상하 방향의 주사(수직 주사)의 화면이 1초간에 30매 조립되어 영상화되고 있다. 수평 주사가 발광체를 발광시켜서 떨어진 위치에서 형광면을 보면 3색이 서로 섞여 본래의 영상을 그대로의 색으로 볼 수 있다.

TV의 회로는 그 작동상 크게 나누어 영상 수신부, 음성 수신부, 영상 재현부 및 전원 회로로 구성되어 있다.

가) 영상 수신부

영상 전파를 수신하여 영상 신호로 복조(複調)하는 회로이다. 이 중에는 튜너 회로, 영상 중간 주파 증폭 회로, 영상 검파 회로 등이 있다.

나) 음성부

음성 전파를 수신하여 음성 신호로 복조하여 스피커를 울리는 회로로서 음성 검파 회로, 음성 중간 주파 증폭 회로, FM 검파 회로, 저주파 증폭 회로 및 스피커로 구성되어 있다.

다) 영상 재현부

수신관의 형광면에 주사(走査) 래스터(Raster-TV에서 방송하지 않을 때 켜면 나타나는 가는 가로줄 무늬)를 그리게 하는 전자빔을 영상 신호로 변조하여 영상을 재현하는 회로로서 영상 증폭 회로, 대성 증폭 회로(帶城增幅回路), 퍼스트 게이트 회로, 자동 포화 조정 회로, 컬러 킬러 회로, 색동기 회로(色同期回路), 복조기 회로(複調期回路), 동기 분리 회로(同期分離回路), 수직 편향 회로, 수평 편향 회로 등으로 구성되어 있다.

라) 전원 회로

수신기의 각부 회로의 전자관에 히터 전류, 양극 전압(陽極電壓 : B전압이라고도 한다.) 등을 공급하는 회로이다.

마) 브라운관(-管 : Braun Tube) 주요 부품별 기능과 역할

(1) 브라운관(-管 : Braun Tube : CRT, Cathode Ray Tube)

전기 신호를 광(光)신호 형태로 바꾸는 표시(Display) 부품의 일종. 브라운관의 음극에 설치된 전자총의 열전자 발생 장치에서 발생된 전자빔(음극 전자, 열전자)이 방출되면 이 전자는 강한 플러스 전기에 이끌려서 튜브를 따라 주사하게 된다.

이때 편향철(Deflection Yoke)의 전위에 의해서 전자 빔(Beam)이 상하 좌우로 편향되고, 패널(Panel) 내면의 양극 전압에 의하여 스크린(Screen)의 발광 물질인 삼색 형광체(R, G, B)에 부딪쳐서 빛이 발광함으로써 2차원 표시(Display)를 가능하게 한다. 전자는 형광체(Phosphor)가 코팅되어 있는 스크린의 뒷면 즉 형광면을 때려 형광체를 발광시키고 글자나 도형 등의 영상을 화면상에 디스플레이하게 된다.

전기 신호를 전자빔의 작용에 의해 영상·도형·문자 등의 광학적인 상으로 변환하여 표시하는 특수 진공관으로 음극 선관(陰極線管 : CRT : cathode-ray tube)이라고도 한다. 1897년 독일의 K. F. 브라운이 발명한 것으로, 유리로 만든 진공 용기·전자총(電子銃)·편향계(偏向系), 표시부(表示部)인 형광면으로 구성된다.

전기 신호를 영상으로 변환하는 방법에는 전기 신호로 전자 빔을 편향하여 신호 파형에 따른 도형을 얻는 방법과, 형광 물질에 충돌하는 전자 빔의 양을 전기 신호로 제어하여 휘도(輝度)의 변화를 얻는 방법이 있다.

브라운관을 용도에 따라 분류하면, 텔레비전용의 흑백 및 컬러 수상관, 컴퓨터의 단말기로서 높은 해상도를 가지는 표시관, 파형 관측용의 오실로스코프(oscilloscope)에 이용하는 측정용 브라운관, 레이더에 사용되는 레이더관, 파형이나 영상을 일시적으로 축적하는 축적관 등으로 나눌 수 있다. 높은 진공으로 배기된 유리 용기의 한 면에 형광 물질(용도에 따라 형광 물질 다름)을 발라 막을 만들고, 이와 반대쪽에 전자총(음극·그리드·전자 렌즈로 구성)을 두고, 상하좌우에 2조의 편향판(텔레비전용은 편향 코일)을 배치하여 봉입한다.

전자총은 음극으로부터 방출되는 전자들을 집속하여 전자 빔을 만들도록 해서 형광막위에 작은 휘점(輝點)을 그리도록 한다. 전자 빔은 서로 직각으로 배열된 2조의 편향판이나 편향 코일 사이를 통과할 때, 외부로부터 편향판이나 편향 코일에 가해진 신호 전압에 의해 편향되어 형광막 위의 휘점이 상하 좌우로 이동한다.

브라운관은 크게 나누면 공업용 브라운관과 텔레비전용 브라운관으로 나눌 수 있는데, 공업용 브라운관 전기 현상이나 파형관 측을 위한 오실로스코프·주파수 분석기·의료용 모니터에 이용되는 관측용 브라운관은 여기에 속하는데, 대부분이 정전 집속·정전 편향형이다. 레이더용 브라운관은 정전 집속·전자 편향형이 주류를 이루고 있으며, 컴퓨터용·방송국용 등의 표시용 브라운관 등은 높은 해상도가 요구된다.

텔레비전 수상기용 브라운관(CPT : Color Picture Tube)은 흑백용과 컬러용에 따라 구조가 다르다. 정전 집속·전자 편향으로 보다 밝고, 콘트라스트와 해상도가 좋은 고품

위 영상이 요구됨은 물론 편향 전력·히터 전력 등이 적은 것이 요구된다.

　편향 각도는 90°, 110°, 114°의 것이 많다. 컬러용은 적색·녹색·청색으로 발광하는 형광체가 모자이크형으로 규칙적으로 발라져 있는 형광면과, 3개의 전자 빔을 발생시키는 전자총으로 구성되어 있는 섀도 마스크(shadow mask)형이 사용되고 있다. 브라운관(CRT, Cathode Ray Tube)의 종류는 CRT(Cathode Ray Tube : 칼라 브라운관 총칭)과 CPT(Color Picture Tube : TV용 브라운관), CDT(Color Display Tube : 모니터용 브라운관) 등이 있다.

(2) 전자총(電子銃 : Electron Gun)의 역할 및 작동

　전자를 만들어 방출시킴. 열전자를 방출하는 Heater, Cathode와 전자 빔을 제어 및 가속하는 전극으로 구성되어 있다. 음극으로부터 방사되는 전자의 양을 제어하는 일과 방사 전자를 집속해서 전자 빔을 만드는 발생 장치이다.

　전자총 자체가 집속 기능을 가진 정전 집속형(靜電集束形)과 관의 외부로부터 가해진 자기장에 의해 집속하는 전자 집속형(電磁集束形)으로 나누어지는데, 전자 집속형은 취급이 복잡하여 특수 용도의 브라운관에만 이용된다.

　전자 현미경·진행파관·브라운관·사이클로트론 등과 같이 전자류(電子流)를 가늘게 빔 모양으로 죄어서 작동시킬 필요가 있을 경우 그 전자 빔의 발생 장치로 이 부분은 대체로 기관총과 같은 통(筒) 모양으로 길고, 마치 탄환의 흐름과 같이 전자류를 쏘아 내므로 이런 이름이 붙었다.

　전자 빔의 지름은 전자 현미경의 경우 1μm 이하이고, 브라운관 등에서는 1 mm 이하 정도이다. 구조는 음극으로부터의 열전자(熱電子)를 중앙에 구멍이 뚫린 도넛 모양으로 된 전극을 몇 개 통과시켜 점점 가늘게 죄어 나간다. 가속 전극에 거는 양(+)의 직류 전압이 높을수록 전자는 세차게 그것에 당겨져서 고속으로 튀어 나가게 된다.

　이 가속 전압과 전자의 속도 에너지는 비례하므로 사이클로트론 등에서는 가속 전압으로 규모의 크기를 나타낸다. 전자총의 중간에 있는 전극(그리드)에 교류 신호 전압을 걸면 신호에 따라 전자 빔은 밀도 변조(密度變調)를 받아 짙어졌다 옅어졌다 한다. 가정의 텔레비전 화상(畵像)은 역시 이 원리에 의해서 시시각각으로 변하는 신호에 따라 각부의 농담(濃淡)을 전자총으로부터의 전자 밀도에 의해서 그려낸다.

(3) 편향 요크(D.Y : Deflection Yoke : 편향철)

　방출된 전자 빔을 편향시켜줌. 수평, 수직 코일에 전류를 흘려서 전자 빔을 상하좌우로 편향한다.

편향계(偏向系 : Deflection System)란 집속 작용을 받은 전자 빔을 편향시켜 형광면 상에 관측 파형이나 텔레비전과 같이 상을 그리게 하는 것으로서, 정전 편향계와 전자 편향계의 2종류가 있다. 정전 편향계는 전자총의 다음에 배치된 서로 마주보는 2개의 편향판 사이에 편향 전압을 걸어서 전기장에 의해 전자 빔의 진행 방향을 변화시킨다. 전자 편향계에 비해 편향각이 작고 편향 감도도 낮지만, 편향되는 주파수가 높아서 관측용 브라운관에 많이 이용된다.

전자 편향계는 브라운관의 목 부분에 장치한 요크 코일에 전류를 흘려, 이 자기장에 의해 전자 빔을 편향한다. 이것은 주로 텔레비전 수상관이나 레이더용 브라운관에 이용되고 있다.

(4) Funnel Glass

뒤(후면) 유리. CRT를 외부를 구성하는 주요 유리(Glass)

(5) Band

안전을 위하여 Panel 외부에 Band를 하여 외부 충격이 발생할 경우 안전을 도모하는 기능을 함. CRT의 폭축(爆縮)을 방지해 주는 방폭 밴드

(6) Panel Glass

앞(전면) 유리

(7) Shadow Mask

전자 빔이 Panel 제 위치에 도착하도록 3색의 전자 빔을 선별해주는 역할. R, G, B의 전자 빔을 통과하게 하는 기능을 하여 각 R, G, B 형광체에 전자 빔이 정 위치에 발광하게 함.

(8) Phosphor(형광체)

가시 광선을 발광하는 물질로써 전자 빔이 부딪히면 발광을 하는 형광 물질임. Color CRT에서는 R, G, B(Red, Green, Blue) 3색 형광체가 사용된다.

(9) CPM(Convergence, Purity Magnet)

Neck에 부착하여 CPM의 자계로 빔을 조정하여 R, G, B의 3색을 조정하여 백색이 되도록 함.

(10) Inner Shield

외부의 자계를 차폐하여 자계에 의한 Beam의 변화를 방지하여 색순도를 유지할 수 있도록 함.

(11) 내외장 흑연

도전체로서 전기의 이동을 도와주며 전하를 축적하여 전위의 변동에 대응하여 일정한 전위를 형성토록 함.

(12) Frame

외부의 충격 등에 Mask를 지지하는 기능으로서 안정적인 화면을 재현할 수 있도록 함.

바) 컬러 브라운관 구조 및 작동 원리(전자 흐름도)

- **주요 구성 부품**

    Panel(전면 유리), Funnel(후면 유리), 전자총, CPM, 편향 요크, Frame, Mask, Inner Shield, 형광체, 내외장 흑연 및 Band로 구성

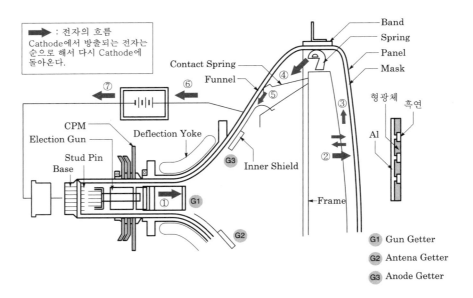

<그림 12-2> CRT의 주요 부품

2. 경과 및 안전 조치

1980년 후반 TV에서 화재가 증가하였다. 그 원인의 대부분은 고압 트랜스에 의한 것이었다.

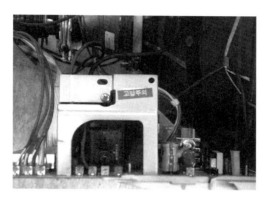

<그림 12-3> 플라이백 트랜스

<표 12-1> 플라이백 트랜스 각부의 재질 등

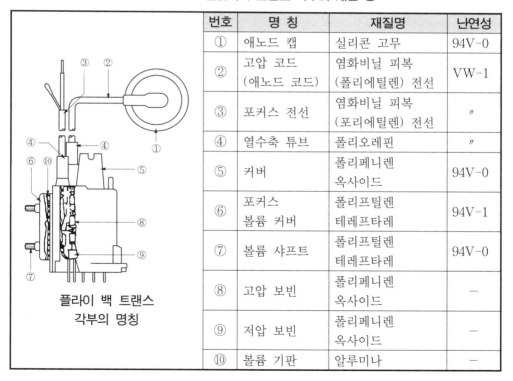

플라이 백 트랜스
각부의 명칭

번호	명 칭	재질명	난연성
①	애노드 캡	실리콘 고무	94V-0
②	고압 코드 (애노드 코드)	염화비닐 피복 (폴리에틸렌) 전선	VW-1
③	포커스 전선	염화비닐 피복 (포리에틸렌) 전선	〃
④	열수축 튜브	폴리오레핀	〃
⑤	커버	폴리페니렌 옥사이드	94V-0
⑥	포커스 볼륨 커버	폴리프틸렌 테레프타레	94V-1
⑦	볼륨 샤프트	폴리프틸렌 테레프타레	94V-0
⑧	고압 보빈	폴리페니렌 옥사이드	―
⑨	저압 보빈	폴리페니렌 옥사이드	―
⑩	볼륨 기판	알루미나	―

① TV 화면을 발광시키기 위한 고전압 발생 장치인 고압 트랜스(이하 플라이백 트랜스라고 한다)와 그 주변의 각종 부품 등의 안전성 확보

② 프린트 배선 기판 접속 강도의 확보

③ 난연성의 확보

플라이백 트랜스의 안전성 확보의 하나로서 종래의 플라이백 트랜스의 결점은 제조 공정상 에나멜제 권선의 감는 방법에 불량품(불균일)이 나오기 쉬운 "색션 감기"를 채용하고 있었으므로 전압차에 의해 층간 단락이 일어나기 쉬운 점과 절열재의 에폭시 수지를 주입할 때에 기포가 들어가는 경우가 있었다. 그래서 안전 설계 가이드라인에서는 1층마다 절연지를 넣고 감는 "적층 감기"에 의해 권선을 균일하게 감아 불량품이 없도록 개선하고 있다.

3. 감식 사례

TV의 출화에 이른 경과를 보면 고압 회로의 누설 방전이나 플라이백 트랜스의 층간 단락, 기판 부분에서의 트래킹 현상, 기판 부분에서의 납땜 불량에 의한 발열, 전원 코드의 단락이나 플러그의 트래킹 현상 등의 사례가 대부분이다.

가) 고압 회로의 누설 방전

고압 회로에서의 누설 방전에 의한 화재는 플라이백 트랜스, 고압 저항, 애노드(anode) 코드나 애노드 캡 등의 고압부에서 발생하며, 특히 플라이백 트랜스로부터의 누설 방전에 의한 화재가 많이 발생하고 있다.

• 플라이백 트랜스(포커스 볼륨)의 누설 방전

플라이백 트랜스의 포커스 볼륨부의 절연 열화로 내부 단자 부분에서 수직 진폭 조정 볼륨에 누설 방전(6,800V)으로 그 부근의 면 먼지 등이 개입하여 뒷면 커버에 착화하여 출화한 경우

이 출화된 TV의 뒷면 커버는 폴리프로필렌제(가연성), 메인 기판은 종이 페놀, 플라이백 트랜스는 변성 폴리페니렌제로 안전 설계 가이드 라인 이전의 것이었다.

• 관찰 및 조사 포인트

㉮ TV가 사용 중이었는가? TV의 출화 직전의 상황이나 사용 년수, 리콜 제품에 해당하

는가? 등을 확인한다.

㉯ TV 케이스는 플라이백 트랜스 설치측의 소손이 심한 경우가 관찰된다.

㉰ 플라이백 트랜스의 외장 몰드 케이스에 국부적으로 강한 소손(방전 흔적)이 있고 포커스 볼륨 부근의 탄화 부분에 크랙이 관찰된다.

㉱ 포커스 유닛을 절단한다. 기판의 포커스 전극의 납땜 부분에서 외측으로 향해 탄화하고 누설 방전되어 있는 상황을 관찰할 수 있다.

㉲ 누설 방전된 흔적이 접지부(部)를 향해 발생되어 있는가 확인한다.

㉳ 방전된 접지측에 방전흔이 남아 있는가 확인한다.

전자 빔 부근의 브라운관에 균열이 생겨 브라운관 외부에 누설 방전이 발생하여 먼지에 착화하여 출화한 경우

● **관찰 및 조사 포인트**

㉮ TV 사용 중에 발생하였는가? 출화 직전 상황이나 사용 년수 등을 확인한다.

㉯ 회로도를 참고로 회로별로 저항치 등을 측정하여 이상 개소를 확인

㉰ 편성 요크를 떼어내니 내측에 그을음이 부착되어 있고 편성 요크 고정 밴드 직하의 브라운관 균열 여부 관찰

㉱ 누설 방전된 흔적이 주위의 접지선에까지 달해 있는지 유무 관찰

〈그림 12-4〉 전자 빔 부근의 브라운관의 균열 파손

나) 플라이백 트랜스의 층간 단락

장기간 사용에 따라 권선의 절연 피복이 열화되어 상하 및 좌우의 권선과 권선이 단락하

여 발열하여, 플라이백 트랜스 내 충전 수지의 크랙으로부터 외장 몰드 케이스의 밖에 분출하여 출화하였다.

● **관찰 및 조사 포인트**

㉮ TV가 사용 중이며, 출화 직전에 화상이 사라지거나 깜박거리지 않았는가? 확인한다.

㉯ TV 내부를 보니 플라이백 트랜스 부근에 검은 그을음이 관찰된다.

㉰ 플라이백 트랜스의 외장 몰드 케이스의 일부에 용융부나 크랙의 발생 유무 관찰

㉱ 기판 상측에 이상은 관찰되지 않는다.

㉲ 플라이백 트랜스를 X선 촬영하여 내부 권선의 일부에 용융 개소가 있는가? 확인한다.

㉳ 플라이백 트랜스를 절단하니 내부 권선 및 층간 주위의 수지가 소손되어 있는 것이 관찰된다.

다) 기판 구성 부분에서의 트래킹

기판상 플라이백 트랜스의 핀과 접지 패턴의 사이에서 부착한 먼지에 의해 트래킹 현상이 발생하여 기판에 착화하여 출화한 경우

● **관찰 및 조사 포인트**

㉮ TV는 사용 중이었는가? 확인한다.

㉯ TV 케이스는 플라이백 트랜스 부근의 저면이 심하게 타 있는 것이 관찰된다.

㉰ TV 내부의 기판은 플라이백 트랜스 부근의 소손이 심하고 수평 드라이브 트랜스로부터 플라이백 트랜스에 걸쳐서 소실되어 있는 것이 관찰된다.

㉱ 플라이백 트랜스에 누설 방전의 흔적 등 소손은 관찰되지 않는다.

<그림 12-5> 플라이백 트랜스에서 발화

⑩ 플라이백 트랜스를 떼어내니 10번 핀이 설치된 메인 기판이 하얗게 백화하고 소손이 심한 것이 관찰된다.

⑭ 소손 부분의 어스 패턴이 결손되어 있는 것이 관찰된다.

⑮ 그래파이트화할 가능성이 있는 재질인가?

라) 트래킹 현상으로 기판에 착화하여 출화

브라운관 내부의 새도 마스크나 주변 금속이 착자(着磁)되어 있으면 3색 전자 빔의 편향이 흐트러져서 색이 나빠진다. 그러므로 TV 스위치를 넣은 때에 교류의 크기 변화를 이용하여 소자(消磁)하는 회로가 있으며, 이 회로의 구성 부품 중에 포지스터(온도의 상하에 다라 저항이 증감하는 반도체)가 있다.

대기 전압(待機電壓)이 걸려 있는 TV에서는 전원이 Off 상태에서도 전압이 인가되어 있다. 이 포지스터의 단자 부분에 먼지, 티끌, 수분이 부착하여 탄화 도전 경로가 형성되어 트래킹 현상을 발생하여 기판에 착화하여 출화하였다.

● 관찰 및 조사 포인트

㉮ 대기 전압이 걸려 있었는가? 출화 직전의 상황이나 사용 년수 등 확인

㉯ TV 캐비닛(케이스)의 소손 상황을 관찰한다.

㉰ TV 내부는 기판 표측 및 상측 모두 포지스터 부근이 심하게 소손되어 있다.

㉱ 그래파이트화(化)할 가능성이 있는 재질인가?

㉲ 포지스터를 떼어내서 확인하니 케이스 아래에 탄화가 있으며 내부 서미스터 및 누름 단자에 용융 등의 강한 탄 흔적이 관찰된다.

㉳ 포지스터를 분해하여 내부 소손 상황을 확인한다.

㉴ 포지스터가 설치된 기판은 포지스터 단자 사이에서 흑연화하여 트래킹 현상의 증상이 관찰된다. 도통 상태 확인

마) 기판의 납땜 불량에 의한 발열

수평 왜곡 보정 코일(TV 화상을 미세하게 조정하는 변압기)의 리드 다리와 동박(銅箔)의 접속부에서 납땜에 크랙이 발생하여 방전하여 기판에 착화하여 출화한 경우

● 관찰 및 조사 포인트

㉮ TV 출화 직전의 상황이나 리콜 해당 제품인지에 대해 확인한다.

㉯ TV 캐비닛(케이스 0은 중앙 부분의 소손이 관찰된다.

㉰ 낙하되어 있는 부품을 채취하고 낙하 부품의 소손 상황이나 다리의 용융 상황을 확인
   한다.

㉱ TV 내부는 전원 편향 기판상의 핀 쿳션 트랜스(화면의 상하왜곡 횡선을 수평으로 바
   르게 보정하기 위한 변압기) 부근이 심하게 소손되어 있는 것이 관찰된다.

㉲ 핀 쿳션 트랜스의 리드 다리가 용융되어 있는 것이 관찰된다.

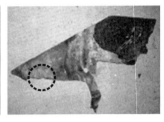

<그림 12-6> 프린트 기판에서 발화

바) 반도체의 고장에 의해 출화

기판상의 트랜지스터 내부의 단락에 의해 과전류가 흘러 세멘트 저항기가 발열하여 출화
하였다.

● 관찰 및 조사 포인트

㉮ TV 출화 직전의 상황이나 리콜 해당 제품인지에 대해서 확인한다.

㉯ TV 캐비닛에 소손은 관찰되지 않는다.

㉰ TV 내부는 기판이 소손되어 세멘트 저항이 파괴되어 있는 것이 관찰된다.

㉱ 회로도를 기초로 동형품과 비교하여 각 반도체의 저항치나 도통 상태를 확인한다.

사) 전원 코드의 단락

TV를 벽면에 바짝 붙여 설치하여 TV와 연결된 밑동 부분 등에서 전원 코드가 눌리어
단락하여 출화하였다.

● 관찰 및 조사 포인트

전원 코드에 전기 용흔이 관찰된다.

아) 전원 코드의 트래킹 현상

TV는 장기간 콘센트에 꽂은 상태에서 사용되고 있는 경우가 많고, 먼지 등이 축적하기 쉬우므로 트래킹 현상이 발생하여 출화한다.

- **관찰 및 조사 포인트**
  - ㉮ 플러그에 트래킹 현상 특유의 흔적이 있는가 확인한다.

- **발화 원인**
  - ㉮ 사용자의 취급 부주의나 오사용
  - ㉯ 고전압부에 쌓여 있는 먼지가 습기를 흡수하거나 외부로부터 머리핀, 벌레 또는 물 등이 들어가서 화재가 발생하는 경우
  - ㉰ 경년 열화
  - ㉱ TV 위에 물이 담긴 꽃병이나 컵 등을 놓아 둘 경우 컵이 쓰러져 물기가 TV 내부로 들어갈 경우 바로 합선 사고로 이어질 수 있다.
  - ㉲ TV 화재의 경우 대부분 제품 내부의 누전이나 합선에 의한 것

12.2 대형 영상 장치

1. 구조와 원리

대형 영상 장치는 영상을 AV 컨트롤 유닛으로서 디지털 신호로 변환하고 각 디스플레이 유닛로 송신하여 이 신호를 형광 방전관에서 1색으로 변환하고 있다. 영상은 이 무수(無數)의 형광 방전관이 구조적으로 배열된 화면에 의해 비춰진다. 디스플레이 유닛은 머더보드라고 불리는 기판이 좌우에 하나씩 있고 기능은 좌우 모두 같으며 각 머더보드에는 또한 종(縱) 4매, 횡(橫) 2열로 드라이브 보드라 불리는 기판이 8매 설치되어 있다.

이 드라이브 보드에는 8개의 형광 방전관이 설치되어 있으며 램프 중에는 적, 녹, 청의 3색 1조의 발광체가 2조 들어있다. 이 1조 발광체의 적, 녹, 청의 발광 강도로 1색을 나타내고 있으며, 백부터 흑까지의 색을 표현하고 있다.

2. 감식 사례

　　대형 영상 장치의 디스플레이 유닛의 머더보드에 있는 전원 커넥터 부근에 태풍에 의해
빗물이 침입하여 커넥터 단자간에서 방전이 발생하여 커넥터 커버에 착화하여 출화한 경우

● **관찰 및 조사 포인트**

　　㉮ 대형 영상 장치 화면 상측의 디스플레이 유닛은 하단 2단 및 3단째의 소손이 심한
　　　것이 관찰된다.

　　㉯ 소손되어 낙하한 부품은 채취하고 소손된 코드 등에 번호를 붙여 디스플레이 유닛을
　　　떼어내서 소손을 확인한다.

　　㉰ 머더보드의 전원 커넥터 부근이 현저하게 소손되어 있는 것이 관찰된다.

　　㉱ 전원 커넥터 단자가 용융되어 있는 것이 관찰된다.

　　㉲ 같은 시기에 설치된 동형품의 머더보드와 비교하여 이상을 확인한다.

Chapter 13

전기 설비 및 전기 기계 기구

13.1 배전 선로

1. 가공 전선로

가) 고압 및 특별 고압 가공 전선로

① 고압 가공 전선의 지락

② 전주상(電柱上) 특별 고압 전선의 충전 부분이나 전선 클램프 부분의 절연 커버가 접촉하고 있던 수목의 가지나 잎에 스쳐 빗물 등의 영향으로 절연 파괴되어 나무를 매개로 지락 출화

③ 특고 압전선에서 주상 변압기에 이르는 2차측 리드선에서 나무를 개재하여 지락 출화

④ 고압 전선의 고압 애자 커버에서 나무를 매개로 개재하여 지락 출화

⑤ 고압 전선의 고압 본선 분기 커버에서 나무를 개재하여 지락 출화

⑥ 까치, 날짐승 등이 전주의 완금 부분에 다리를 걸치고 특고 압전선의 충전부에 접촉되어 지락 출화

⑦ 전주의 특별 고압 전선 절연 피복을 까치가 쪼아 노출된 심선에 까치집의 철사가 접촉하여 집을 개재로 지락 출화

나) 저압 전선의 지락

전주의 가로등 인입선이 헐거워진 자유 밴드(가공 케이블 고정 밴드)에 접촉, 손상된 피복 부분에서 가공 케이블 지선을 개재하여 지락하여 이 와이어 위의 전화선에서 출화한 경우

다) 특별 고압 인입선

구내 재산 분계점 특별 고압 인입선(CNCV)의 단말 접속(스트레스콘)부에서 워터 트리

(Water Tree) 현상에 의해 절연 열화하여 접지선과 단락하여 출화한 경우

● 관찰 및 조사 포인트
  ㉮ 전주 위 등 소손이 높은 장소(高所)에 있는 경우, 그 주위에 수목이나 새집 등이 있는가? 또는 소손된 낙하물 등으로부터 상황을 판단한다.
  ㉯ 전선 피복의 손상 개소 등을 상세히 조사함과 동시에 지락 회로가 형성되었는가를 검토한다.
  ㉰ 강우(降雨) 등 출화 시 기상을 고려하여 조사한다.
  ㉱ 조수류(鳥獸類)의 소손에 대해서도 조사한다.

2. 지중 전선로

지중 선로에는 비교적 전기·화학·기계적으로 안정되고, 유지·보수가 용이하며, 방재 면에서도 유리한 가교 폴리에틸렌(XLPE) 케이블이 폭넓게 사용되고 있다. 내부 반도전층은 도체와 절연체 사이의 빈틈을 채워 이곳에서의 부분 방전을 방지하고, 전계 분포를 고르게 하여, 절연체의 절연 내력을 높여준다.

외부 반도전층은 폴리에틸렌 계통의 절연체와 도전체인 카본 블랙(carbon black)을 혼합하여 만들어진 재료로 절연층과 중선선 사이의 전기력선 분포를 고르게 한다. 외피는 케이블의 최외층으로 케이블의 보호를 위한 외부 보호층으로, 금속 외장층의 부식을 막아주는 기능을 고려하여 방식층이라 부르기도 하고, 국내에서는 시스(sheath) 등으로 부른다.

가) 반도전층

반도전층은 열가소성 수지를 사용하고, 사용 전압이 높아짐에 따라서 발생되는 열적·기계적 열화 특성을 보완하기 위해 반도전층 재료를 열경화성 수지로 사용한다. 반도전층의 역할은 전계 차이의 완화 및 방사 전기장의 균일화 효과, 금속과 고분자 절연체의 직접 접촉 방지, 도체 금속 거칠기 영향 배제, 자동 산화 반응에 의한 열화 억제 등이 있다.

나) 절연체

가교 폴리에틸렌은 폴리에틸렌의 분자 사이를 가교시켜 폴리에틸렌의 결합을 해소시킨 절연 재료이다. 폴리에틸렌은 융점 이상에서 열을 가하여 결정 상태를 분자가 있을 때는 액체 상태로 되지만, 분자간을 화학적으로 결합한 가교 폴리에틸렌은 융점을 초과한 분자

사이가 자유롭게 되지 않으므로 액체 상태로는 되지 않는다. 이 결합을 가교라 부르며, 구조적으로는 망상형 구조를 갖는다. 현재 전력 케이블의 제조에 이용하는 것은 주로 화학적으로 가교하는 방법이다.

다) 외피

중성선 위를 흑색의 폴리염화비닐(polyvinyl chloride : PVC)이나 폴리에틸렌으로 피복한 것으로, 두께는 3 mm 정도이다. 그 중 폴리염화비닐은 자외선 등에 대한 내후성이 좋고 난연성이 우수하며, 폴리에틸렌은 내한성과 내유성 및 내수성이 우수한 재료이다.

라) 전력 케이블의 열화 요인

(1) 전기적 열화

XLPE와 같은 유기 절연 재료의 전기적 열화의 주요 요인은 코로나 또는 전기 트리에 의한 것이다. 코로나는 절연체 내부의 보이드나, 절연체와 도체 또는 차폐층 사이의 공극 등에서 코로나 방전이 일어나 서서히 절연체를 침식시켜 내전압 성능을 저하시킨다. 또한 전기 트리는 절연체의 내·외부 반도전층에 포함된 예리한 돌출 부위 등에 형성되는 국부적인 고전계에 의한 국부 파괴에 의해 발생되며, 서서히 열화가 진행되어 결국 내전압 성능을 저하시킨다.

(2) 열적 열화

전력 케이블의 열에 의한 열화는 절연 재료의 산화와 분해 등에 의한 화학 반응에 의한 것으로 가장 일반적인 열화 요인이다. 케이블을 구성하고 있는 절연 재료가 허용치를 초과하는 온도에 의해 열화 되면, 절연 저항이 떨어져서 내전압 성능이 약화되고, 인장·신장률 등 기계적 성능 또한 저하된다. 절연 재료에는 이와 같은 열에 의한 영향을 받아도 일반적인 사용 환경에서는 큰 지장이 없으나, 허용 온도를 초과한 운전은 절연 수명을 급속히 단축시킨다.

<표 13-1> 케이블의 절연 재료별 운전 허용 온도

(단위 : ℃)

절연 재료	연속 최고 허용 온도(℃)	단시간 최고 허용 온도(℃)	단락시 최고 허용 온도(℃)
LDPE	75	85~90	190
XLPE	90	105	230
EPR	80	90~95	230

① 단시간 최고 허용 온도 : 연속되는 30일 사이에 누적 시간이 10시간 이내인 경우에는 케이블을 그 온도로 유지하여도 지장이 없는 온도를 말하며, 통상 연속 최고 허용 온도보다 10~15℃ 높다.

② 단락시 최고 허용 온도 : 단락 사고나 지락 사고 시 고장 전류의 지속 시간이 2초 이하인 경우 케이블의 운전에 지장이 없는 온도를 말한다.

(3) 흡수 열화

XLPE와 같은 고분자 유기 절연 재료는 일반적으로 수분이 침투되지 않는다고 생각하지만, 물속에 장기간 침수되어 있으면 흡습하게 된다. 이 영향으로 케이블 속으로 수분이 침입하고 또한 전계가 걸리면, 절연체 내부의 전극이 균일하지 않은 부분에서 나뭇가지 모양으로 물이 진전하는 현상을 수트리 열화라고 하며, 케이블의 주요 열화 형태로 특히 주목받고 있다.

내부 반도전층을 압출 구조로 하는 경우에는 트리 발생이 거의 없지만, 압출 콤파운드 속에 있는 이물질이 절연체와의 경계면으로 빠져나온 곳과 보이드, 내부 반도전층의 돌기에서 수트리가 발생할 수 있다.

(4) 화학적 열화

케이블에 발생되는 팽창이나 균열은 주위에 있는 약품류를 케이블이 흡수하거나, 또는 반대로 케이블 내에 함유된 배합제가 추출되어 케이블 본래의 절연 성능이 손상되는 현상이다. 화학 트리에 의하여 열화된 케이블은 도체 쪽으로부터 검은색의 나무가지 모양의 물질이 절연 체중으로 확장되어 절연 파괴로 이어진다. 화학 트리는 유화물이 존재하면 케이블에 전압을 인가하지 않을 때도 발생된다.

(5) 트래킹 열화

뚜껑을 사용하지 않은 테이프를 감은 단말과 몰드콘 형태의 단말에서는 염분, 먼지에 의한 오손에 의해서 표면 누설 → 미소 연면 방전 → 표면 탄화 소손이 일어나, 즉 크래킹 열화를 발생시켜 최종적으로 표면 플래시오버 혹은 단말 파괴에 이르는 열화 형태로 자외선과 오존은 단말 표면에 크랙을 발생시키고 트래킹 열화를 촉진시킬 수 있다.

(6) 이물질에 의한 영향

케이블 제조는 여러 개의 압출기를 사용하여 연속적으로 이루어져 내부 반도전층의 압출과 절연층의 압출이 거의 동시에 이루어진다. 이때 반도전층과 절연층이 접하는 계면과 절연층 내부에 여러 종류의 결함들이 발생한다. 이들은 불완전한 가공 공정에 의하여 일어나는 것이 대부분이나 경우에 따라서는 재료 자체에서 발생되는 경우도 있으며, 중요한 것은 이들 결함들이 절연 수명에 큰 영향을 준다는 것이다.

가장 흔히 존재하는 것들로서 보이드와 수분, 기타 불순물 등이 있다. 보이드의 경우 일반적으로 공기로 채워져 있으며 불순물로는 가공 중에 압출기의 마모로부터 유입된 금속 입자 또는 먼지 등 여러 종류가 있다. 수분의 경우 화학 가교제의 분해에 의하여 존재하는 것이 일반적인데, 초기에는 분자 정도의 수분 형태로 존재하다가 결국에는 물방울의 형태로 존재하게 된다.

이 외에도 절연층에는 띠 모양의 결함이 존재하기도 한다. 이 띠 모양의 결함은 표면에 오염된 미소한 고체가 용해될 때 발생하는 것이다.

3. 감식 사례

가) 케이블 헤드, 외피의 방재 도료 상태 및 접속 개소의 손상 여부 확인

<그림 13-1> 특별 고압 인입선(CNCV)의 단말 접속부

나) CV 케이블 및 CORR의 워터 트리(Water Tree)

① 지중 매설 부분의 CV 케이블이 워트리 현상에 의해 절연 열화하여 단락하여 출화한 경우
② 지하철 인상 부분에 사용하던 CORR 케이블 종단 접속부 절연 파괴

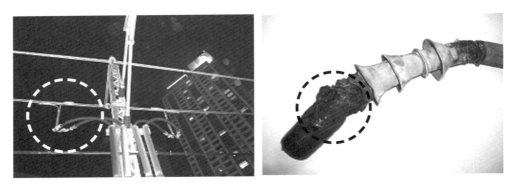

<그림 13-2> 지하철 급전용 고압 케이블(CORR)의 단말 접속부

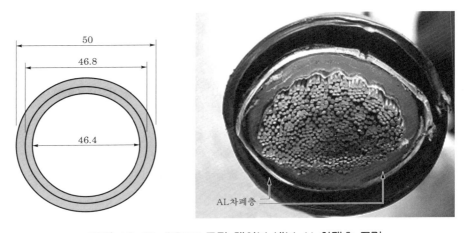

<그림 13-3> CORR 급전 케이블 내부 AI 차폐층 굵기

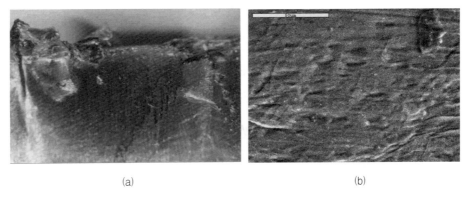

(a)   (b)

<그림 13-4> 차폐층(AL박) 물질(×12배)(a)과 차폐층 물질 조직(SEM)(b)

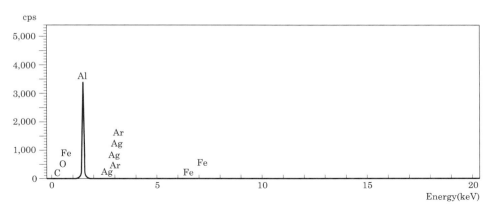

<그림 13-5> 성분 분석 결과

㉮ Al : 76.07%, C : 18.63%, O : 3.45%, Ag : 1.12%(EDX)

● **관찰 및 조사 포인트**

㉮ 워터트리 현상이란 CV 케이블 내부의 수분이 국부적 전계 집중적 개소에 있어서 절연체(가교 폴리에틸렌) 중으로 미립자가 도어 수지상으로 퍼져가는 현상을 말한다.

㉯ 워터트리는 1960년대 중반부터 1970년경에 제조된 것에 많이 발생하고 있으므로 부설 시기나 경과를 조사한다.

  ㉠ 작업원의 작업이나 기기의 조작 내용으로부터 사용했던 기자재 등을 조사하고 흔적을 관찰한다.

  ㉡ 현장에서 가능하면 측정 등을 실시하고 필요에 따라 재현 실험 실시

㉰ 고압 케이블의 손상 : 배수 공사 중, 전동 착압기로 지중의 흄관을 파괴하고 있는 중에 내부에 시설되어 있던 고압 케이블의 피복을 손상시켜서 단락하여 출화하였다.

㉱ 가설 케이블의 전자 유도 작용 : 3상 3선식 27,500V OF 케이블의 이설 공사에서 동도 내의 통전되어 있지 않은 OF 케이블(변전소까지의 약 9 km는 접속을 종료하고 있었다.)에 다른 통전되어 있는 케이블로부터의 전자 유도 작용에 의해 유도 전압(AC 23V)이 발생하여 급유 연관(給油鉛管 : 케이블의 절연유로서 작업용 기름 탱크로부터 케이블 단말에 공급하는 관)과 스테인리스 트래프 밴드 사이에서 방전하여(지락 전류 AC 30V), 구멍이 뚫린 연관(鉛管)에서 누설되어 나온 절연유에 착화하여 출화한 경우

13.2 특별 고압 수·변전 설비

1. 수·변전 설비

가) 변압기 2차측 배선의 단락

변전실 내 변압기의 2차측 배선(220V 단상 2선식, 220V 3상 3선식, 380/220V 3상 4선식)이 단락하여 중성선이 용단되어서 전력을 공급하고 있던 세대에 이상 전압이 인가되어 접속되어 있던 기기에서 출화한 경우

나) 단로기

변전실 평지붕 부분의 균열 개소에서 눈이 녹은 물이 단로기 위로 떨어져서 단로기 설치용 L자 강과의 사이에서 누설 방전하여 전선 피복에 착화하여 출화한 경우와 변전실 내에서 사다리를 사용하여 지붕 수리를 하고 있던 중에 신체 일부가 수전 중인 단로기에 접촉, 아크 방전하여 출화한 경우

다) 진공 자기 접촉기(VCS)

고압 커패시터반에 설치된 진공 개폐기의 진공 스위치관이 경년 열화 등에 이해 진공도가 저하, 접점간에서 발생한 아크 방전을 소화하지 못해 애자가 파손하여 직근의 아크릴판에 착화한 경우

<표 13-2> 각 코일 저항치의 측정 결과

상(相)	1회째 측정 저항치(Ω)	2회째 측정 저항치(Ω)	75℃ 환산에 있어서 공장 출하 당시(Ω)
X−U	1.6	1.5	1.16
Y−V	1.2	0.9	1.15
Z−W	1.8	1.5	1.15

[비고] 1회, 2회 측정 모두 분위기 온도는 24℃에서 실시했다.

라) 직렬 리액터

① 전기실 고압 진상 커패시터용 직렬 리액터(油入自冷式·커패시터 정격 용량의 6%)에 고조파 전류의 영향으로 이상 전류가 흘러 코일에서 출화

② 건식(에폭시 수지로 몰드) 직렬 리액터가 고조파 전류의 영향으로 이상 전류가 흘러 코일이 발열하여 애폭시 수지에 착화하여 출화한 경우

마) 고압 진상 커패시터(SC)

• 고압 진상 커패시터(50kWA)가 절연 열화(경과 년수 6년)하여 출화한 경우

커패시터 내부에는 유전체가 국부적으로 분해되어 발생하는 분해 가스의 축적에 의해 내부 압력이 증가하여 케이스가 변형하는 것을 이용하여 기계적으로 차단부를 파단시켜 회로를 차단하는 보호 장치가 설치되어 있었지만 작동하지 않았다.

• 관찰 및 조사 포인트

㉮ 변전실 등의 화재 시에는 전력 복구 공사 등을 서두르는 경우가 많으므로 신속하게 현장 사진 촬영 등을 해 둔다.

㉯ 보호 장치의 작동 상황이나 정전 기타 파급 사고에도 착안한다.

㉰ 고주파 발생은 배전선의 왜곡이 커지는 야간에 많다.

㉱ 직렬 리액터 용량이 커패시터 용량의 6%의 경우 발생한다.

2, 큐비클식 특고압 수전 설비

가) 진공 차단기(VCB)

① 옥상에 설치된 큐비클에 태풍 영향으로 통기구에서 빗물이 들어가 특고압 수전반 내의 진공 차단기상에 적하되어 단자간에서 누설 방전하여 배선 피복에 착화하여 출화한 경우

② 태풍에 의해 빗물이 옥상 설치의 큐비클 저판(펀치메탈)에서 침입하여서 진공 차단기의 충전부가 절연 파괴를 일으켜 반에 지락하여 벌브 등에서 출화한 경우

나) 특별 고압 교류 부하 개폐기(LBS)

옥상 설치의 큐비클 내에 인입 케이블 관통부의 틈새로 침입한 쥐가 고압 교류 부하 개폐기 1차측의 상간을 걸쳐서 쥐 몸을 개입하여 상간에서 단락하여 출화하였다.

다) 고압 컷아웃 스위치

옥상 큐비클 내의 전등용 변압기(단상 100 kVA) 내의 절연유가 열화하여 변압기 1차측

이 단락 상태가 되어 1차측 고압 컷아웃에 과전류가 흘러 전력 퓨즈가 용단하였다. 정전 상태가 되어 작업원이 유입 차단기(OCB)를 차단하지 않고 전력 퓨즈를 교환하고 재투입하자 아크를 일으켜 케이블에 착화하여 출화한 경우

● **관찰 및 조사 포인트**

㉮ 큐비클 내에 빗물 침입 흔적이나 소동물의 침입 장소가 있는가 확인

㉯ 각 기기의 열화 정도를 조사한다.

㉰ 설치 위치(건물과의 이격 거리) 및 부착 상태 확인

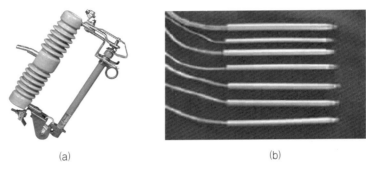

(a)   (b)

<그림 13-6> COS(a)와 퓨즈링크(b)

(a)   (b)

<그림 13-7> 한류형 퓨즈링크(a)와 비한류형 퓨즈링크(b)

3. 변압기

가) 감식 사례

① 배전용 변압기의 2차측 리드선과 이격 지지 금구가 접촉, 리드선 피복이 손상되어 변압기 외장(外裝)·접지선을 개재하여 지락하여 출화

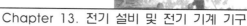

② 배전용 변압기의 1차측 배선의 변압기 인입구 부싱이 노후화하여 누설 방전에 의해 전선 피복 등에 착화하여 출화

③ 단상 변압기의 2차측 리드선이 접속된 볼트 커넥터 부분의 접촉 저항이 증가. 발열하여 전선 피복에 착화하여 출화

④ 주상 변압기 인하용 절연 전선과 부싱 사이의 캡의 접촉부에서 과열하여 커버에 착화하여 출화

⑤ 주상 특고압 컷아웃 스위치의 본체 기기와 하부 충전부에 태풍 등의 비바람에 의해 수목이 접촉 또는 근접할 때 아크 방전하여 하부 절연 커버에 착화하여 출화

(a)　　　　　　　　　　　　　(b)

〈그림 13-8〉 폭발한 주상 변압기 외형(a)과 함 내부 상황(b)

나) 관찰 및 조사 포인트

① 부설 후 사용 경과를 조사한다.

② 빗물 등 절연 열화에 이른 요인을 조사한다.

③ 케이블 피복이나 이들 접속 부분을 상세히 조사한다.

4. 자동 기중 개폐기

지중 배선 교체 공사 준비 중에 공사 인부가 잘못하여 개폐기를 닫아서 회로로부터 기존 배선에 전류를 흘려 변전소의 전기실에 설치된 배전선용 시험 장치를 개재하여 단락하여 출화한 경우

● 관찰 및 조사 포인트

㉮ 전력 계통 파악

㉯ 공사 중이거나 인위적인 잘못에 의한 경우에 출화 시의 행동을 상세히 조사한다.

5. 수전용 개폐기

가) 개폐기 작동 상태

① 각 극이 동시에 개폐되는지 또한 개폐 상태를 쉽게 확인할 수 있는지 확인

② 개폐기가 중력 등에 의하여 자연적으로 작동될 우려는 없는 지와, 이 경우 잠금 장치 또는 이를 방지하는 장치가 있는지 확인

<그림 13-9> 수평 개폐형(LS)(a), 수직 개폐형(LS)(b), 인터럽트 스위치(c)

나) 고장 구간 자동 개폐기(Auto section switch)

① 설치 상태 : 개폐기 설치 상태에서 개폐 조작을 원활하게 할 수 있는 지와, 또한 개폐 상태를 나타내는 표시 지침을 조작자가 분명하게 식별이 가능한지 확인

② 제어 전원 : 개폐기 제어 전원이 사용 전원(110V 또는 220V)에 맞게 공급되어 있는지 확인한다.

③ 정정 상태 확인 : 최소 작동 전류 정정 확인, 개폐기의 최소 작동 전류 정정 탭이 수전 설비 용량에 맞게 정정되어 있는지 확인

<그림 13-10> ASS의 닫힘 상태(a)와 ASS의 열림 상태(b) 표시

6. 계기용 변성기(MOF)

가) 외함의 상태

외함의 균열로 인하여 내부 기름이 새는 곳은 없는지, 심하게 부식된 곳은 없는지 확인

나) 부싱의 상태

부싱은 균열되거나 파손된 곳은 없는지 확인

다) 설치 상태

변성기를 바닥면에 직접 닿지 않도록 필요한 베이스 또는 행거 등을 이용하여 설치되었는지 확인

라) 변류기의 과전류 강도

변류기의 정격 1차 전류에 따라 과전류 강도가 적정한지 확인

(a)

(b)

<그림 13-11> 유입형 MOF의 내부 구조(a)와 소손된 형태(b)

마) 계기용 변성기(MOF) 현장점검 포인트 및 정밀분석사례

단자 접속 상태, 트래킹

부싱 오염, 균열, 손상

패킹 불량, 누유, 열화

개스킷 불량, 접속함 불량

절연 불량, 절연유 불량

발청, 외함 접지, 이격 거리

<그림 13-12> 계기용 변성기(MOF) 현장 점검 포인트

외부 단자 접속부에서 캡 내부 방향으로 화염 진행된 흔적

<그림 13-13> 계기용 변성기(MOF) 캡 화재분석

7. 적산 전력계

가) 접속 단자부의 과열에 의해 출화

외벽에 설치된 적산 전력계의 접속 단자 부분에서 접속부의 느슨해짐이나 빗물 등의 영향으로 발열하여 출화하였다.

나) 전류 코일의 절연 열화에 의해 출화

외벽에 설치된 적산 전력계(동력용)를 정격 이상의 용량으로 장시간 사용하여서 전류 코일이 절연 열화하여 철심에 접하여 누설 전류가 전력량계 케이스 → 본체 고정 나사 → 외벽 함석 → 건물 철골 → 대지로 흘러 본체 고정 나사와 외벽 함석의 접촉부에서 발열하여 외벽 보드에 착화하여 출화하였다.

<그림 13-14> 적산 전력계 전류 코일의 출화

● 관찰 및 조사 포인트

㉮ 주로 옥외에 설치되어 있으므로 출화 시 기후 등 환경을 조사한다.

㉯ 전등용·동력용, 1차·2차측 등의 구분을 하여 사용 전압을 조사한다.

13.3 전기 용접기

용접은 고밀도 열원을 이용하여 접합하고자 하는 두 물체의 접합부를 국부적으로 용융한 후 다시 응고시켜 하나로 만드는 야금학적인 접합 방법이다.

용접에는 가압(加壓)하는 단접(forge welding : 2개의 접합 재료를 녹는점 부근까지 가열하여 가압 접합법), 서미트 용접(thermit welding : 테르밋 용접), 가스 용접(gas welding), 전기 용접(electric welding) 등이 있다.

용접을 하기 위해서는 용융을 할 수 있는 높은 에너지 열원이 필요하며, 이 중에서 전기 에너지를 이용한 용접법이 가장 많이 사용되고 있다. 전기 용접이란 전기적으로 접합부를 가열하는 방식을 말하는데 가열하는 방식에 따라 아크(Arc) 용접, 저항 용접(맞대기 용접·점용접·심용접), 유도 용접 3가지로 나눌 수 있다. 아크 용접이 큰 비중을 차지하고 있어 여기에서는 아크 용접에 대해 언급한다.

1. 원리와 구조

아크 용접은 아크를 발생시켜 그 열로 용접 모재와 용접봉을 용융하여 용접하는 것으로 아크 발생 방법에 따라 탄소 아크 용접과 금속 아크 용접이 있다. 전기 용접기 중에서 아크 용접에 대하여 설명한다.

2. 교류 아크 변압기의 특성

현장에서 사용하는 교류 아크 용접기는 변압기는 누설 자속을 변화시켜 전류의 양을 조절하는 누설 변압기로 1차 코일과 2차 코일을 떼어 놓았으며, 부하가 단락 상태로 되어도 과대한 전류는 흐르지 않고 정전류성(定電流性)을 가지며, 전류의 급격한 증가와 함께 전압은 감소하는 수하 특성을 갖고 있다.

3. 자동 전격 방지 장치를 설치한 교류 아크 용접기의 작동 원리

<그림 13-15>에서 전원측에 220V의 전원을 인가하면 주전원 변압기는 스위치 2에 의하여 전원이 Off된 상태이며, 보조 변압기측은 스위치 1이 ON되어 주변압기 2차측에는 25V의 전압이 인가됨을 알 수 있다.

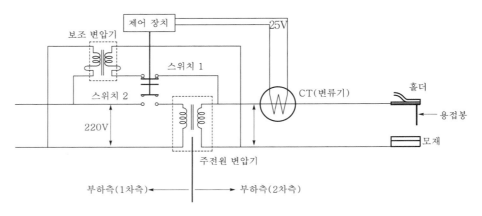

<그림 13-15> 자동 전격 방지 장치를 설치한 아크 용접기(무부하 상태)

<그림 13-16>은 용접봉을 모재에 접속시킨 후 변화로 용접봉을 모재에 접속시키므로 폐회로가 구성되어 전류가 흐르게 되면 CT에서 이를 감지하고 제어 장치를 통해 스위치 1 Off, 스위치 2가 On이 되어 보조 변압기는 개방되고 주전원 변압기가 작동됨을 알 수 있다.

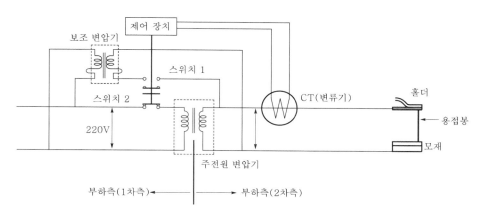

<그림 13-16> 자동 전격 방지 장치를 설치한 아크 용접기(부하 상태)

<그림 13-17>은 전격 방지 장치의 특성을 나타낸 것으로 용접봉을 모재에 접속시킨 후부터 용접 중 전압의 변동과 용접 후 자동 전격 장치가 작동 시까지의 상태를 알 수 있다.

4. 전격 위험

용접기 2차 무부하 전압을 최고 전압 95V로 볼 때 인체에 흐를 수 있는 전류는 다음 식에 의해 구해진다.

$$I = \frac{V}{R_1 + R_2 + R_3} \, (\text{A})$$

단, I : 인체의 통전 전류

R_1 : 10,000Ω(공구를 가지고 작업을 하는 근로자 손의 피부 저항)

R_2 : 2,200Ω(발과 대지 사이의 저항)

R_3 : 300Ω(인체 내부 조직 저항)

$I = \dfrac{95}{12,500} = 7.6 \, (\text{mA})$가 되어 인체 생명에는 위험이 없다.

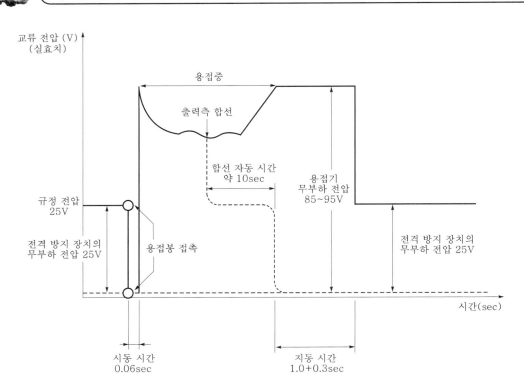

<그림 13-17> 전격 방지 장치의 작동 특성

특히 자동 전격 방지 장치를 설치 시 용접기의 2차 무부하 전압은 25V 이하(전압 변동 시 30V)가 되기 때문에 이때 인체에 흐르는 전류는 2 mA로 인체가 그 전류를 느끼기 어렵다. 그러나 손, 발에 땀이 나거나 몸이 젖은 경우에는 인체저항이 급격히 감소하여 전류가 증가하게 되므로 위험하다.

또한 남녀 노소, 인종, 환경에 따라 사람이 느끼는 전류의 범위가 틀리므로 학술적으로 나타나는 전류의 크기를 놓고 감전의 유무를 속단하여서는 안 된다.

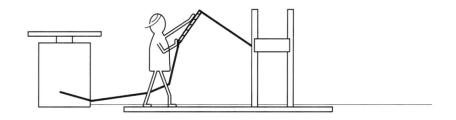

<그림 13-18> 전격 방지 장치의 작동 특성

5. 위험 요소와 안전 작업

아크 용접기를 사용할 때 유의해야 할 사항으로는 감전에 의한 전격 위험, 아크 시 발생하는 광선으로 인한 시각 신경의 장애, 용접 시 발생하는 가스나 중금속의 비산으로 인한 중독, 스패터링 및 슬래그에 의한 피부 자극이나 화상 및 주변 가연성 물질에 발화나 폭발 등이 있을 수 있다.

가) 다음과 같은 원인에 의하여 전기 재해가 발생하게 된다.

① 용접기의 사용을 위한 전원의 연결 중 발생하는 사고
② 용접 작업 장소와 배·분전반의 거리가 멀어 전선의 관리가 소홀하여 발생하는 사고
③ 용접 작업 전·후, 전원을 개방하지 않고 전원선 및 홀더선의 정리 중 발생하는 사고
④ 2인 이상 작업 중 모재를 피용접제에 충분히 접촉시키지 않고 용접 중 발생하는 사고
⑤ 전원선 및 홀더(holder)선의 충전부가 노출되어 발생하는 사고
⑥ 기타 등과 같이 작업장의 환경 조건과 작업자의 부주의에 의하여 발생하게 됨.

최근 널리 사용되고 있는 교류 아크 용접기의 전원 전압은 220V(110~440V)이나 2차측 전압은 용접 시 안정된 아크를 발생시키기 위해 저전압(약 25~40V 정도)의 상태에서 대전류가 소비되도록 되어 있다.

한국산업규격(KS C)에서는 2차측 전류가 400A 이하의 용량일 때 무부하 전압을 85V, 500A 이상의 용량일 경우 무부하 전압을 95V 이하로 규정하고 있으며, 또한 산업안전보건법에서는 무부하 시 2차측 전압을 안전 전압 25V(전압 변동 시 30V) 이하로 낮출 수 있는 자동 전격 방지 장치의 설치를 의무화하고 있다.

<표 13-3> 용접기의 정격 및 특성(KSC-9602)(교류 아크 용접기)

종류	정격 2차 전류(A)	정격 사용률(%)	정격 부하 전압		최고 2차 무부하 전압(V)	2차 전류		사용되는 용접봉의 지름(mm)
			저항 강하(V)	리액턴스 강하(V)		최대치 (A)	최소치 (A)	
AW180	180	40	29	0	85V 이하	180~200	35 이하	3.8 이하
AW240	240	40	32	0	85V 이하	240~270	50 이하	2~3.2
AW300	300	40	35	0	85V 이하	300~330	60 이하	2.5~5
AW400	400	40	40	0	85V 이하	400~440	80 이하	3~6
AW500	500	60	40	0	95V 이하	500~550	100 이하	4~8

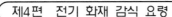
아크의 온도는 다른 열원에 비해 높고 아크 주(柱)는 5,000~6,000℃ 된다. 또한 아크 용접에 의해 용융된 금속의 온도는 금속의 종류에 따라 다르지만, 일반적으로 동(銅)의 경우에는 2,000℃ 전후(융점은 1,400~1,500℃), 주철의 경우에는 약 1,800℃(융점은 1,150℃)로 알려져 있다.

나) 화재 감시인의 배치

다음과 같은 장소에서 용접·용단 작업을 실시할 경우에는 화재 감시인을 배치하여야 한다.

① 작업 현장에서 반경 10 m 이내에 다량의 가연성 물질이 있을 때
② 가연성 물질이 작업 현장에서 반경 10 m 이상 떨어져 있지만 불티에 의해 쉽게 발화될 수 있을 때
③ 작업 현장에서 반경 10 m 이내에 위치한 벽 또는 바닥 개구부를 통하여 인접 지역의 가연성 물질에 발화될 수 있을 때
④ 가연성 물질이 금속 칸막이, 벽, 천장 또는 지붕의 반대쪽 면에 인접하여 열전도 또는 열복사에 의해 발화될 수 있을 때
⑤ 밀폐된 공간에서 작업할 때
⑥ 기타 화재 발생의 우려가 있는 장소에서 작업할 때

6. 감식 사례

용접 작업 시 발생되는 불티는 약 3,000℃ 정도로 일반적인 용접에서는 금속의 융점보다 수백도(℃) 높게 가열하면 용융된다. 슬러지와 금속 입자 상태로 발생하는 용융된 금속의 덩어리가 용적(熔適, 불티)으로 되어 낙하하기 때문에 용접 중의 금속 온도도 그 융점에 의해 다르다.

또 전기 용접 중의 불티 발생 현상은 녹은 금속 중 포함되어 있던 가스가 방출되면서 나오는 것과 녹은 금속 중에 들어 있던 프락스(용접봉의 외측에 도포된 피복)에서 급격히 발생한 가스에 의해 뿜어지는 것 또는 용접 중에 녹은 금속이 용접봉과 피용접물과의 사이에서 쇼트하여 거기에 큰 전류가 흘러 그 금속을 비산시키는 것에 의한다.

용접 불티는 10 m 이상 멀리까지 비산(飛散)하며 불티의 온도가 1,600℃ 이상의 고온으로 착화되기 용이하다. 그러므로 용접, 절단하고자 하는 물건이 이동 가능하면 안전한 장소로 이동시켜 작업을 실시한다. 이동이 불가능한 경우에는 작업장 부근(10 m 이상)의 가연물을 제거하고 소화기를 비치하여야 한다.

불티에 의한 출화 부위는 당연히 작업 현장이며, 출화 전에 불티를 발생하는 작업이 행해졌던 것을 확인하는 것 외에 불티 입자(粒子)의 채취 작업을 행한다. 물론 담뱃불, 기타의 출화 원인 존재 가능성의 부정이 되어져야 한다.

● **관찰 및 조사 포인트**

㉮ 출화 시의 작업 상황이나 용접기의 취급 상황 및 용접 작업장 주변의 가연물 상황 등을 관계자에게 확인한다.

㉯ 용접 작업장으로부터 출화 개소까지의 불꽃(火花)의 비산 거리를 확인한다.

㉰ 탄소봉이나 용접봉이 두꺼워지면 발생하는 아크의 양도 많아진다. 또한 용접 작업보다 절단 작업쪽이 스퍼터의 양도 상당히 발생한다.

㉱ 가연물 위에 낙하한 불꽃(火花)에 의해 무염 연소를 한참 계속하다가 출화하는 경우가 있다.

㉲ 불티 입자를 채취하기 위해서는 다음 사항에 유의하여야 한다.

㉠ 금속 입자는 용이하게 형상(形狀)이 파괴되기 쉽고 녹슬기 쉽기 때문에 빨리 채취해야 하며,

㉡ 채취 시 잔사물(남은 찌꺼기)의 여과는 자석(磁石)을 이용하여 행하고 채취 위치의 측정과 사진 촬영 등을 행한 후 불티의 입자를 선별한다.

㉢ 불티 입자는 구상(球狀)으로 작기 때문에 대단히 구르기 쉽고 작은 틈에도 들어가기 때문에 생각지도 못하는 곳으로부터 채취되는 경우가 있다.

MEMO

Chapter 14

용용흔의 판정 방법

　전기 배선(銅線)이나 금속 부분에 생기는 녹은 흔적을 용흔이라 하며 용흔의 감정은 전기 화재의 원인을 입증하는 데 매우 중요하다.

　전선 등의 용흔은 1차 용흔, 2차 용흔, 열용흔으로 분류하며, 1차 용흔은 화재가 발생하기 전에 생긴 용흔 또는 화재의 원인으로 된 용흔을 말하고, 절연 재료가 어떤 원인으로 파손된 후 단락(短絡)되어 생기는 용흔을 전기적 용흔(電氣的溶痕) 또는 1차 용흔이라 한다.

　화재가 발생된 후에 화재의 열에 의해 절연 피복이 소실된 후 동선이 연화된 상태에서 단락된 흔적을 2차 용흔이라 한다. 전기가 통전되지 않는 상태에서 외부의 화재열에 의하여 전선 등이 용융된 경우를 열용흔이라 한다.

　전기 배선 또는 코드가 물리적 외력에 의해 피복이 파괴되어 심선이 서로 접촉 또는 다른 금속물(도체)과 접촉하여 단락 상태에 이르게 되면 스파크가 생겨 그 개소에는 용흔이 생기게 된다.

　그것은 도체의 접촉에 의하여 과대 전류가 흘러 접촉저항이 생기기 때문에 그 부분에 줄열이 발생하여 급격(急激)한 발열 현상이 일어나고 그 때 발생한 열이 도체 금속을 용해하여 그 일부는 비산(飛散)되고 일부는 그 자리에 남게 되어 용흔이 생기는 것이다.

　1차 용흔의 경우 단락 전에는 상온 상태이나 단락 순간에 약 2,000~6,000℃에 이르는 고온에서 순식간에 금속의 표면이 용융됨과 동시에 단락 부위가 비산되어 떨어지든가 또는 전원이 차단되면 용융 부위는 짧은 시간 내에 응고하므로 기둥 모양의 주상 조직이 냉각면에서 수직으로 생성되고, 또한 최초에 정출하는 부분과 뒤에 정출하는 부분은 조성이 다르게 되어 수지상 조직이 나타나므로 1차 용흔과 2차 용흔 및 열용흔은 현미경 관찰로 식별할 수 있으며, 육안으로는 전선 등의 금속 표면에 나타나는 형상에 따라 개략적으로 식별할 수 있으나 과학적인 감정을 위해서는 실체·금속·전자 현미경 등을 이용하여 감정하여야 한다.

14.1 1차·2차 용흔(溶痕) 및 열용흔(熱溶痕)의 식별

1. 1차 용흔(溶痕)

1차 용흔은 단락되기 전의 환경은 상온 상태이나 단락 순간의 온도는 수천 도에 이르는 고온에서 순식간에 금속의 표면이 용융됨과 동시에 단락 부위는 전자력에 의해 비산되어 떨어지든가 또는 전원이 차단되면 용융 부위는 짧은 시간 내에 응고하므로 용융부의 조직은 치밀(緻密)하여 동 또는 금속체 본연의 광택을 띠고 있는 것이 보통이다.

표면은 비교적 구형에 가까운 것이 많고 연선의 경우에도 국부적인 발열 관계로 인하여 소선의 선단에만 용착(溶着)이 생기고, 단락 시에는 주위의 가연물(피복 등)은 탄화되어 있지 않는 것이 많기 때문에 용흔 중에 탄화물을 포함하고 있는 것은 거의 없다. 즉, 동일 전선에 수 개소의 단락에 의한 단선이 있는 경우에는 당연히 부하측의 것이 1차흔(痕)일 가능성이 가장 높다.

또, 꼬임선의 경우도 같은 상태로 국부적으로 발열하기 때문에 소선의 선단에 용착(溶着)이 생기고 반대측의 소선에는 용착 등의 변화가 없는 것이 일반적이다. 1차흔이 발생한 후에 화재열로서 그 표면이 융해(融解)한 경우가 있고 마치 2차적인 융해 상태인 것 같은 경우가 있으므로 주의하지 않으면 안 된다. 또한 용융 부위가 짧은 시간 내에 응고하면 기둥 모양의 주상 조직이 냉각면에서 수직으로 생성되고, 최초에 정출하는 부분과 뒤에 정출하는 부분은 조성이 다르게 되어 수지상 조직이 나타나므로 1차 용흔과 2차 용흔 및 3차 용흔은 현미경 관찰로 식별할 수 있다.

2. 2차 용흔(溶痕)

통전(전압 인가) 상태에 있는 전선 등이 화염(火焰)에 의해 절연 피복이 소실(燒失)되어 다른 선과 접촉하였을 때 생기는 용융흔을 말하며, 이와 같은 2차 용흔은 화재 발생(火災發生) 후(後)에 생기는 용융흔이므로 불이 타오르는 기세의 영향을 많이 받는다. 또한 전선 등이 접촉할 당시의 온도는 절연 재료가 불에 타서 금속이 연화(軟化)되어 있는 상태에서 단락하기 때문에 용흔에는 동(銅) 본연의 광택이 없고 동이 녹아서 망울이 된 상태로 아래로 늘어지는 양상을 나타내거나 또는 그와 비슷한 형상을 나타내는 것이 보통이다.

연선(꼬임선)의 경우는 소선이 용착 되어서 용해의 범위가 크며 조직이 거칠어지는 특징이 있으므로 잘 살펴보고 판단해야 한다.

3. 열용흔(熱溶痕 또는 3次 溶痕, 其他 溶痕)

전압이 인가되지 않는 상태 즉, 전기가 흐르고 있지 않는 상태에서 전기와는 전혀 관계없이 전선이 화재열에 의해 녹은 것으로 3차 용흔이라고도 한다. 1차(一次) 및 2차흔(二次痕)은 용융된 범위가 국부적으로 한정되고 용단된 선단(先端)에는 동 고유의 색상과 윤이 나며, 동그란 형상이나 또는 패인 모양을 이루는데 반하여 기타의 용흔은 전체적으로 융해 범위가 넓으며 절단면은 가늘고 거칠며 광택이 없다.

또한 전선 등이 녹아서 군데군데 망울이 생겨 밑으로 늘어지기도 하고 눌러 붙은 경우도 있어, 굵기가 균일하지 않고 그 형상은 분화구처럼 표면이 거칠고 전성(展性)을 잃어 뚝-뚝 끊어지기도 하며 금속 표면에 불순물이 혼입된 형상도 많이 나타나서, 1차(一次) 및 2차 용흔(二次 溶痕)과 비교할 때 외관적으로 판별이 용이하다.

4. 분석

전기 용융흔이 전선이나 코드에 발생하더라도 배선용 차단기 등이 차단되지 않으면 이 코드 위에서 전원측을 향해 전기 용융흔이 여러 개소(복수)에서 발생하는 경우가 있다.

14.2 금속 조직 관찰에 의한 전기 용융흔 판정 방법

1. 1차 용융흔(1次溶融痕)

전기 배선의 피복은 염화비닐이나 고무 등으로 되어 있는데, 이 피복이 오래 되거나 손상되거나 하면 절연성이 나빠져 심선(芯線)이 접촉하여 단락하는 경우가 있다. 특히 굽힘이나 당김의 빈도가 많은 기구부(器具付) 코드는 내부가 매우 가는 동선을 꼬아 만들어져 있으며 그 소선이 끊어지면 반단선(半斷線)이 되어 저항이 증가하여 발열하면 피복의 절연이 열화되어 단락에 이른다.

전선 피복의 절연 열화에 의한 단락시의 스파크(火花)로 주위의 가연물에 착화하여 화재가 된 전기 용융흔을 "1차 용융흔(一次溶融痕 이하 1차 용흔이라 한다)"이라 한다. 다음은 1차 용흔의 대표적인 형태이다.

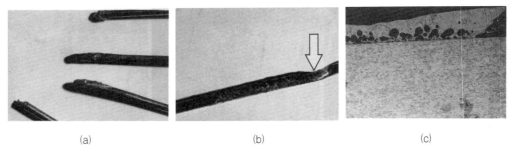

(a)   (b)   (c)

<그림 14-1> 1차 용흔의 외형(a, b)과 1차 용흔의 금속 조직(c)

2. 2차 용융흔(2次溶融痕)

어떤 원인에 의해 화재가 발생하여 전선의 피복이 소손하면 심선(芯線)이 단락한다. 이 때 발생한 전기 용융흔을 "2차 용융흔"이라 하며, 절연 피복이 소실된 후에 생긴 용융흔이기 때문에 화재의 직접 원인이 될 수 없다.

다음은 2차 용흔의 대표적인 형태이다.

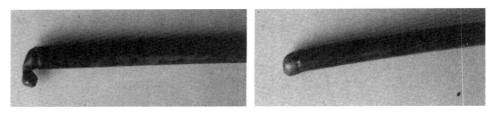

<그림 14-2> 외부 화염에 의해 발생한 2차 용흔

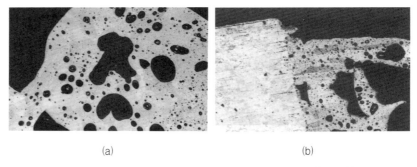

(a)   (b)

<그림 14-3> 2차 용흔 금속 조직(a)과 좌측 확대 사진(b)

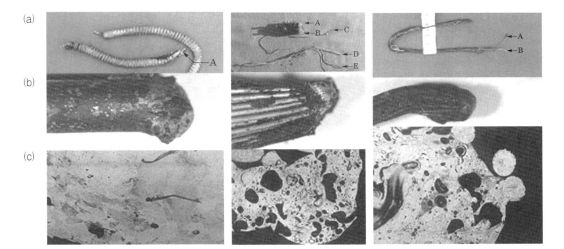

<그림 14-4> 2차 용흔 외형(a), 실체 현미경 확대 사진(b), 용흔 금속 조직(c)

3. 열용흔(熱溶痕, 3次溶融痕, 其他 溶痕)

전원이 차단된 상태에서 어떤 원인으로 화재가 발생하여 화재열에 의해 전선 등의 금속이 용융된 흔적으로 화재와는 아무런 상관 관계가 없다. 다음은 열용흔의 대표적인 형태이다.

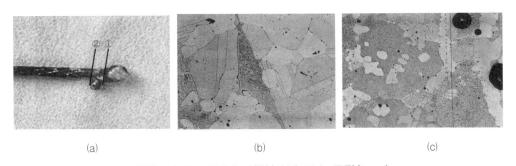

<그림 14-5> 열용흔 외형(a)과 금속 조직(b, c)

4. 금속 조직 관찰에 의한 전기 용융흔 판정 방법

전선이 단락할 때에 1차 용흔과 2차 용흔에서는 분위기 조건이 다르다. 특히 단락 시의 열영향이 크게 다르며, 이 영향이 전기 용흔의 금속 조직과 깊은 관계를 갖게 된다. 따라서 전기 용흔의 금속 단면 조직을 관찰하기 위해 정밀하게 전기 용흔을 연마한 후 금속 조직을

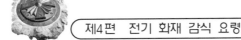
에칭에 의해 명확히 하여 금속 현미경으로 관찰 평가하는 것이다.

가) 외관 관찰

옥내 배선 등의 전기 설비는 화인과 발화 지점을 확인하기 위해 조사하는데, 전선에 나타난 구슬 형태의 용융흔으로부터 화재 당시의 온도를 추정할 수 있다. 화재 시 용융 및 화학적 효과는 전기적 아크 지점을 일부 변화시킬 수 있지만 이러한 효과는 화재 조사 중 고려할 수 있는 대상이며, 아크에 의한 손상은 용흔이라고 하며 다음과 같은 경우에 발생한다.

(1) 3상 설비에서 전선 상호간의 단락

(2) 상전선과 중선선의 단락

(3) 전압측 전선이 접지측에 지락

화재 현장에서 채취(採取)한 전기 용융흔에 대하여 금속 단면 조직 관찰과 동시에 외관 관찰도 행하여 전기 용융흔을 평가하여 간다.
　① 광택 : 전기 용융흔의 표면은 동(銅) 고유의 색깔이 나와 있는 부분(동색)과 산화동이 되어 있는 부분(회색)이 혼재되어 있다. 이를 1차 용흔과 2차 용흔으로 구분하여 관찰하면 1차 용흔 쪽이 광택이 있는 것이 많다.
　② 평활도(平滑度) : 표면의 상태를 움푹 패인 수(數)와 평활도로 구분하면 1차 용융흔 쪽이 평활하며, 2차 용융흔은 표면이 거친 것이 많다.
　③ 형상(形狀) : 전기 용융흔의 형상을 구형(球形), 반구형(半球形), 루상(淚狀 : 눈물, 촛농) 등의 불정형(不定形) 3개로 분류하면 1차 용융흔은 반구형(半球形)의 것이 많다.

(4) 금속에 생긴 용흔의 육안 감식 방법

<그림 14-6> 고무 코드에 생긴 1차 용흔

① 1차 용흔

㉮ 코드나 여러 가닥의 소선으로 구성된 전선의 경우에는 단락 부위가 하나의 덩어리로 뭉쳐 있으며, 망울이 반구형으로 둥글고 광택이 난다.

㉯ 전선의 굵기가 굵은 것은 단락되는 각도에 따라 단락 부위가 바늘처럼 가늘고 뾰족한 모양을 하고 있는 경우도 있다.

㉰ 전선의 굵기가 굵으면 단락 부분의 일부가 비산 또는 용융 침식되어 무딘 송곳같이 둥그스름한 형태, 또는 대각선으로 잘려나간 모양이 형성되며 동(금속) 고유의 색을 나타내고 윤(潤)이 나며, 용융 비산된 작은 망울이 단락부 옆에 붙어 있는 경우가 많다.

㉱ 용융 망울의 끝 부분이 대부분 둥글고 매끄러우며, 광택이 난다.

㉲ 과전류(정격 전류의 약 4~5배)가 흘러 용단된 경우의 용융 망울은 코드의 경우에는 거의 조성되지 않고 일직선 형태로 용단되고 끝 부분만 뭉쳐있고, 굵은 동선의 경우에는 타원형의 망울이 생기고 아래로 흘러내리는 형태로 망울에만 광택이 나고 나머지 부분은 산화되어 검은 회색을 나타낸다.

㉳ 화재 발생 이전에 생긴 합선에 의한 용흔이 또 다시 화재열에 의해 표면이 녹은 경우에는 화재 발생 이후에 생긴 합선에 의한 용흔과 비슷한 모양을 나타내므로 세밀하게 관찰하여야 한다. 이때에는 망울 끝 부분에 작은 구멍이 생성된 경우가 많다.

㉴ 전선 등이 용단되기 전에 목재와 같은 가연물과 접촉된 경우에는 닿는 부분이 빨리 용융되어 촛농 같은 망울이 생긴다.

<그림 14-7> 화재 현장에서 수거한 2차 용흔

② 2차 용흔

㉮ 전선 또는 코드의 끝에 생긴 용융 망울이 타원형으로 형성되고, 망울에 작은 구멍이 있으며 색상은 검은 회색을 띤 적갈색이다.

㉯ 코드나 여러 가닥의 소선으로된 연선의 경우에는 끝 부분에서 달걀 모양의 용융점이 형성되고 용흔에는 약간의 광택이 있다

㉰ 화재 발생 후 며칠이 지나면 용융 망울은 물론 용융되지 않았던 동선도 산화되어 검푸른 빛으로 변화한다.

㉱ 전선 또는 코드의 중간 부분에 생긴 용융 망울은 끝 부분이 둥글고 용융되지 않는 부분의 전선과 전반적으로 비슷한 색상을 가지고 있으며, 소선 사이에 탄화된 불순물이 붙어 있다.

㉲ 여러 가닥의 소선으로 구성된 굵은 전선의 경우에는 끝 부분의 일부 또는 중간 부분에 탁구공 형상의 용융 망울이 생기며, 윤이 난다.

㉳ 전선의 중간 부분에서 절연 피복이 소실되어 합선된 경우의 용융 망울는 고드름 형상으로 생기고 부분적으로 전선 피복이 탄화되어 시꺼멓게 눌어붙어 있고 일부분에서 윤이 난다.

㉴ 소형 전동기의 전원 코드에서 단락된 경우에는 단락 부위가 하나의 덩어리로 뭉쳐있으며, 망울의 표면이 울퉁불퉁한 모양의 둥근 형태를 이루고 있다.

③ 열용흔

㉮ 전반적으로 금속의 융해 범위가 넓고 표면에 요철(凹凸)이 있어 거칠며 광택이 없다.

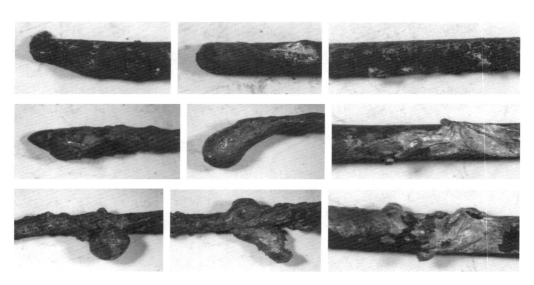

〈그림 14-8〉 화재 현장에서 수거한 열용흔

㉯ 전선의 중간에서 녹아 흘러내리는 형태의 결정체가 덮여 있으며, 전선의 끝 부분은 물망울이 떨어지기 직전의 모양이다.

㉰ 전선의 일부가 외부 화염에 연화되어 녹으면 장력을 받는 쪽(보통 아래방향)으로 길게 늘어나며, 끝 부분은 가늘고 절단된 자리의 표면은 거칠고 여러 형상이 나타난다.

(5) 금속 단면 관찰

① 전기 용흔 내부 관찰에서는 공극(空隙), 이물의 혼입 상태를 관찰한다. 전기 용흔 내부에 생긴 공극이 외기와 연결되는 "블로우 홀(blow hole)"과 외기와 연결되어 있지 않은 "보이드(void)" 2타입의 공극이 있다.

② 보이드(void)와 블로우 홀(blow hole)은 1차 용융흔의 쪽이 발생률이 높다.

③ 2차 용융흔은 내부에 이물을 많이 혼입하고 있다.

<그림 14-9> 외부 화염에 의해 용융된 화재 현장에 떨어진 전선

(6) 금속 단면 조직 관찰

관상(管狀)의 노(爐) 중에 10 cm 정도의 길이로 직경이 가는 전선을 넣고 과전류를 흘려 단락시켜 전기 용융흔을 만든다. 그 때의 관내 상태를 1차 용융흔을 가상하여 보통의 대기 조건과, 2차 용융흔을 가정하여 고온에서 저산소하의 조건에서 행한 결과

① 1차 용융흔 : 대체적으로 보이드(void)가 작으며 용융흔 전체에 퍼져 있고 금속 조직은 미세한 공정 조직이 되어 있다.

② 2차 용융흔 : 분위기 온도가 높아서 냉각이 완만하여 중심부의 보이드(void)가 커져 있으며 구리(Cu)와 산화구리(Cu_2O)의 초기 결정이 많고 대기 중의 그을음을 혼입하는 경향이 있다.

이러한 사실로부터 전기 용융흔 내부의 현미경 관찰에 의해 보이드(void)의 상태와 금속 결정 상태로부터 전기 용융흔 발생 시의 분위기 상태를 미루어서 살필(推察) 수 있어 1차 용융흔과 2차 용융흔의 판별이 어느 정도 가능하게 되었다.

15.1 과전류에 의한 전선 피복의 상태 변화 소손흔의 특징

1. 개요

일반적으로 가정이나 사무실 등에서 사용되는 전선은 염화비닐수지(PVC)를 주체로 한 콤파운드(compound)로 절연된 것을 사용하며, 모든 전선은 최대 허용 전류와 최고 허용 온도를 가지고 있다. 규정 이상의 과부하의 사용이나 규격 미달의 전선 굵기의 것을 사용하게 되면, 전선 절연물의 최고 허용 온도를 초과하게 되고, 과열 현상이 발생하게 된다.

전선에 과전류가 흐르게 되면, 전류의 크기와 인가 시간에 따라 다소 차이가 있으나 전선 절연물의 열화 진행 과정은 다음과 같다.

전선에 과전류가 흐를 경우, 피복 절연물의 표면이 뜨거워지고, 그 후 전선 피복에서 전체적으로 연기와 가스가 발생하며, 시간이 경과하면 절연물이 팽창하고, 피복이 용융하게 되어 아래 방향으로 절연물이 처지고, 윗 부분에서는 탄화가 진행된다. 더욱 과열되면 전선 도체가 발열하여 피복이 탄화하거나 용융하여 전선 도체로부터 탈락 또는 녹아서 흘러내리게 된다.

과열된 전선 도체가 외부에 노출되면, 이로 인하여 주위의 도체와 전선 도체가 접촉하게 되어, 아크에 의한 화재가 발생할 우려가 있으며, 선간 단락 등에 의해 주위의 가연물에 착화되어 화재로 이어질 수 있다. 또한 전선에 가연물이 닿아 있으면 착화(着火)하게 되고, 전류가 더욱 많이 흐르면 전선 도체는 용단하게 된다.

(1) 200% 과전류

과전류(200%)를 흐르게 하면 초기에는 전선 피복에서 연기가 발생하는 현상(약 110℃)이 나타나고 전선 피복의 외부 표면에는 뚜렷한 변화가 없으며 전선 도체와 접촉하는 피복 절연물의 내부에 작은 구멍이 생기는 탈염화 현상이 나타난다.

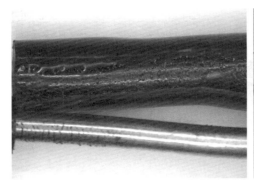

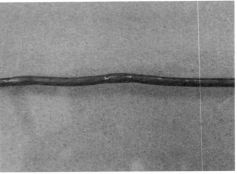

(a) IV 2.0 mm 전선 내측(주변 온도 28℃) (b) IV 2.0 mm 전선 외측

<그림 15-1> 500% 과전류 약 1분간 통전되었을 때 동선과 절연 피복 상태

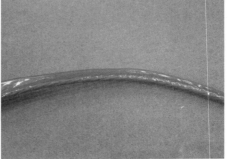

(a) IV 5.5 mm² 전선(주변 온도 28℃) (b) IV 5.5 mm² 전선 외측

<그림 15-2> 500% 과전류 약 1분간 통전되었을 때 동선과 절연 피복 상태

(2) 300% 과전류에서 2분

300% 과전류가 2분 이상 지속적으로 흐르면 온도가 약 165℃ 이상으로 되어 전선이 부풀어오르고 연기가 발생하며, 전선 피복은 2개의 층으로 나누어져 전선과 접촉하는 피복 절연물이 그물 모양을 변화한다. 이어서 피복이 내부에서부터 용융되며, 심한 연기가 발생하는 현상으로 진행된다. 약 3분이 경과하면 210℃ 이상으로 온도가 상승하여 피복의 탄화가 확대된다.

(3) 300% 과전류에서 5분

300%의 과전류에서 약 5분 이상 지속되면 온도는 약 230℃ 이상으로 상승하여 피복이 흘러내리는 열화 단계를 지나 피복이 전선 도체에서 탈락하기 시작하며 도체와 닿은 부분은 연녹색으로 변색된다.

(4) 과전류에 의해 전선 피복이 소손되거나 손상될 때에는 해당되는 전선은 전반적으로 비슷한 양상을 나타낸다.

(5) 손상된 부분과 손상되지 않은 부분의 경계선이 명확하지 않다.

(6) 전선절연 피복의 내부에서 외부로 탄화가 진행된 것을 식별할 수 있다. 위와 같은 현상이 나타날 때는 과전류에 의해 전선 등의 절연 피복 재료가 소손된 후 전기적인 원인으로 합선이 진행된 현상으로 판단한다.

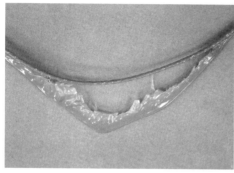 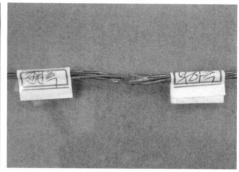

(a) 5.5 mm² IV 전선　　　　(b) 5배 과전류 용단흔 전원측과 부하측

<그림 15-3> 과전류가 지속적으로 흘렀을 때 절연 피복(a)과 용단된 전선 상태(b)

15.2 과전류에 의한 전선 용단흔의 특징

1. 개요

전선에 허용 전류 이상의 전류가 흐를 때 전선은 용단하게 되는데 이때 전선의 선단에는 용융 망울이 생성되게 된다. 이 용흔은 일반적인 외부 화염에 의해 녹은 용흔과는 다른 특징을 가진다.

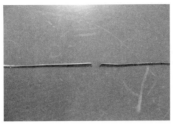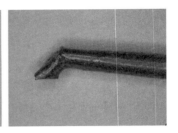

<그림 15-4> 1.6mm 전선 5배 과전류 용단흔 전원측과 부하측

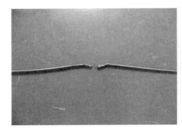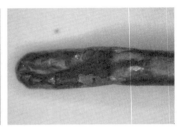

<그림 15-5> 1.6mm 전선 5배 과전류 용단흔 전원측과 부하측

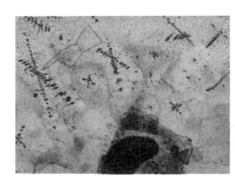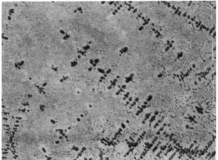

<그림 15-6> 과전류 용단 금속 현미경

(1) 외부 화염에 의한 용융 형태는 광범위한데 반하여 과전류에 의해 용융된 망울은 국부적으로 정상적인 전선의 표면을 감싸고 있는 형태가 많다.

(2) 용융되지 않은 전선의 표면은 산화 작용에 의해 변색·산화되어 있으며, 구부리면 표면의 일부가 박리되어 떨어진다.

(3) 과전류에 의한 용단은 통전 전류가 클수록 짧은 시간에 용단된다.

(a)   (b)

<그림 15-7> 생(生)전선(a)과 높은 열에 의해 용단된 전선(b)

15.3 외부 화염에 의한 전선 피복과 동전선의 표면 형태 식별

1. 외부 화염에 의한 전선 피복 소손흔

절연 전선의 피복 재질은 대부분 열가소성 수지인 염화비닐 수지를 주원료로 하여 만들어지고 있으며, 내열성을 높이기 위하여 첨가제를 넣는다. 이 절연 전선은 주위의 온도와 태양 광선 등에 의해 피복이 열화되어 변색하게 되며, 열화가 가속되면 수축·팽창을 한다.

또한 화재가 발생하여 높은 열에 노출되면 절연물의 특성에 따른 변화가 발생하는데 그중 충전제의 배합에 따라 난연 재료나 불연 재료를 사용하면 스스로 자연 소화될 수 있도록 제조되어 있다. 일반적으로 저압에서 사용되고 있는 절연 전선의 대부분은 폴리염화 비닐 수지(polyvinyl chloride resin, PVC)를 주원료로 하여 사용하고 있으며 이 수지의 성분 중에는 염소(Cl)를 많이 함유하고 있기 때문에 자기소화성(自己消火性)을 가지고 있다.

보통 230~280℃부터 급격한 분해가 일어나며 400℃ 정도에서 인화(引火)한다. 발화하기 전에 탄화하여 스폰지상(狀)으로 팽창(膨脹)하며 연소 시 짙은 연기(濃煙)가 발생하고 열분해 진행 상황은 색변화에 의해 처음 엷은 황색(淡黃)에서 황등(黃橙), 등(橙), 적등(赤橙), 적갈(赤葛), 흑갈(黑褐)의 순으로 변하고 연속 사용에 견딜 수 있는 온도한계는 55~75℃이다. 250℃ 정도에서 탈염화수소 반응이 가장 강하게 일어나고 수증기와 작용하여 주위 금속을 부식(腐蝕)시킨다. 한냉 시(寒冷時)의 경화(硬化)를 방지하기 위하여 초산 비닐과 공중합시키거나 가소제를 혼합함으로써 원래의 내열성(耐熱性)이나 난연성(難燃性)이 떨어지게 된다. 다음은 외부 화염에 노출된 2.0 mm, 5.5 mm² IV 전선의 피복 상태 변화

우측 사진 절개 부분

<그림 15-8> 외부 화염에 의해 소손된 전선 피복 상황

(1) 외부 화염에 노출되어 불에 탄 부분과 타지 않은 부분의 경계선이 명확하다.

(2) 화염이 직접 노출된 전선의 외부 피복에서 내부로 탄화가 진행된 것을 식별할 수 있다.

위와 같은 현상이 나타날 때는 외부 화염에 의해 전선 등의 절연 피복 재료가 소손된 후 2차적으로 합선이 진행된 현상으로 판단한다.

2. 외부 화염에 의한 동(銅)전선의 표면 형태 변화와 주변 온도 식별

동(銅)으로 된 전선이나 케이블 등이 외부 화염에 노출되면 전선의 표면은 온도가 상승함에 따라 절연 피복이 소실되고, 400~900℃에서는 동(銅) 전선의 표면이 산화되어 박리 현상이 일어나며, 외부에서 내부로 산화가 진행된다. 1,000℃와 1,100℃로 과열되면 구리 전선의 전체가 산화되어 성분과 형태가 변화한다.

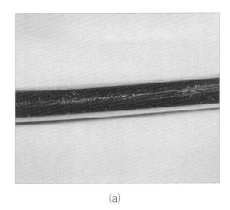
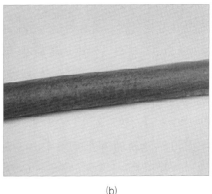

(a)   (b)

<그림 15-9> 20℃ 상온 상태 동전선(a)과 300℃ 노출된 동전선 형태(b)

(a)

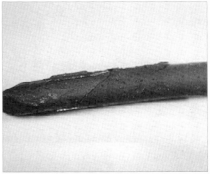

(b)

<그림 15-10> 400℃ 노출된 동전선(a)과 500℃ 노출된 동전선 형태(b)

(a)

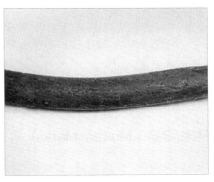

(b)

<그림 15-11> 600℃ 노출된 동전선(a)과 700℃ 노출된 동전선 형태(b)

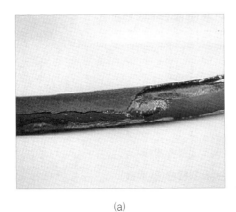

(a)

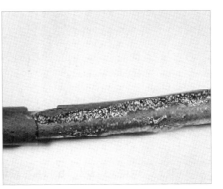

(b)

<그림 15-12> 800℃ 노출된 동전선(a)과 900℃ 노출된 동전선 형태(b)

(a)   (b)

<그림 15-13> 1,000℃ 노출된 동전선(a)과 1,100℃ 노출된 동전선 형태(b)

[비고] 15.3 외부 화염에 의한 동(銅)전선의 표면 형태 변화 사진의 출처
(참고 문헌 : "배선용 및 기기용 전선의 화재 위험성에 관한 연구"
산업자원부 2001. 12. 주관기관 : 한국전기안전공사)

3. 소화 후에 나타나는 대표적인 열적, 화학적, 기계적인 손상 형태

가) 열용흔(熱溶痕 : Molten Marks)

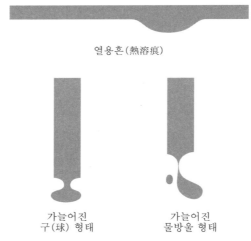

열용흔(熱溶痕)

가늘어진   가늘어진
구(球) 형태   물방울 형태

<그림 15-14> 열적 손상 열용흔(熱溶痕)

(1) 열적 손상

코드, 전선 및 케이블 등의 연소열로 인한 용융은 매우 높은 연료 하중에 의한 결과이

다. 이러한 용융은 전기적인 아크의 의해 발생한 용흔보다 도체가 늘어지거나 얇아진다. 녹은 동선이 흐름에 따라 날카로운 경계선은 거의 나타나지 않지만 일부 구형 구슬 형태는 기공(Gas Pocket)에 형성될 수 있다.

(2) 화학적 손상

알루미늄 전선이나 아연 합금 전선은 은색이나 황동색으로 변색된다. 화재 조사관은 전선에 나타난 변색이 아크에 의한 것이 아니라 합금 금속의 용융 온도가 감소된 결과일 수도 있다는 것을 인식하여야 한다. 이러한 합금 전선은 자체 손상이 나타나거나 아크를 은폐시킬 수도 있다. 따라서 합금 전선은 아크사고 용흔 판정법이 거의 적용되지 않는다.

(3) 기계적 손상

화재 현장이 어지럽혀짐에 따른 전선의 부서짐, 구축물의 도괴에 따른 배선이 늘어나서 끊어지거나 긁힘 현상, 또는 화재 조사관에 의한 절단은 용흔에 의한 흔적으로 혼동될 수 있다.

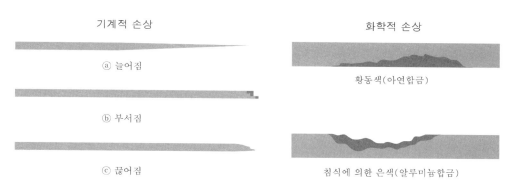

<그림 15-15> 열적, 화학적, 기계적 손상

MEMO

전기화재감식공학

제 5 편

사고 사례

[Chapter 16. 누전에 의한 가스 폭발 사고 원인 규명]

Chapter 16
누전에 의한 가스 폭발 사고 원인 규명

1. 옥내 배선의 누전에 의한 가스 폭발 사고 개요

가) 주   소 : 서울특별시 ○○구 ○○동 ○○번지 ○○빌라
나) 발생 일시 : 2004. ○. ○. (일요일)

상기 장소의 1층 공용 보일러실에서 가스보일러와 가스 금속 배관 사이를 연결한 금속 플렉시블 호스(표준 길이 1,500 mm) 양측 접속부에서 전기 아크가 발생하여 패킹 등의 부품이 탄화 소실되고, 너트 체결부에서 금속 플렉시블 호스의 일부가 용융되어 도시 가스가 누출·폭발한 사고임.

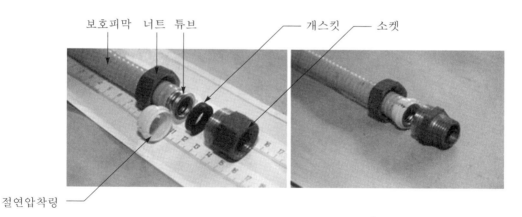

〈그림 16-1〉 사고 제품과 동일한 금속 플렉시블 호스의 이음쇠 부품과 명칭

2. 피해 상황

① 1층 공용 가스보일러실과 공용 화장실 천장 파손, 폭발 화재 열에 의한 눌어붙음과 그을음 현상 및 유리창 파손

② 102호 가스보일러 금속 플렉시블 호스 접속부 아크로 용융 소손

③ 2층 202호 거실 내장재와 천장, 찬장 등 내부 시설 및 유리창 파손

④ 엘리베이터 출입문 크게 변형되고 가동 불능 상태로 파손

⑤ 104호와 105호 공용 출입문 파손, 현관문 변형 등

⑥ 3층 302호와 4층 401호의 가스보일러 금속 플렉시블 호스 접속부에서도 전기 아크가
   발생하여 과열 변형됨.

(a)   (b)

<그림 16-2> 2층 202호 가스 폭발 후 임시 조치된 현장(a)
1층 공용 화장실 폭발사고로 천장 파손(b)

<그림 16-3> 1층 공용 보일러실과
출입문 파손

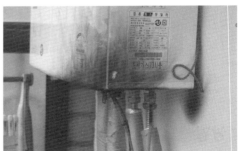

<그림 16-4> 보일러 접속부 아크 용융

3. 빌라 시설 현황

(1) 건물 층수와 세대 수 : 지하1층, 지상 5층 건축물

① 지하 1층과 지상 5층에 총 14세대가 거주할 수 있는 건물로 2003년 12월 준공 검사를 필하였음.

② 세대 수 : 지하(1세대), 1층(5), 2층(2), 3층(2), 4층(2), 5층(1), 옥탑

(2) 전기 시설 : 인입선, 계량기함, 세대 분전반, 전열, 조명 등

① 인입선 : 3상 4선식 CV(가교 폴리에틸렌 절연 비닐 외장 케이블) 14 mm²

② 계량기함 : 3상 4선식 계량기 1대와 1상 2선식 계량기 9대

③ 각 세대 분전반 : 공용 계량기에 연결된 IV 22 mm²에 각 상별로 5.5 mm² 3가닥씩 연결한 후 각 세대 계량기로 분기함.

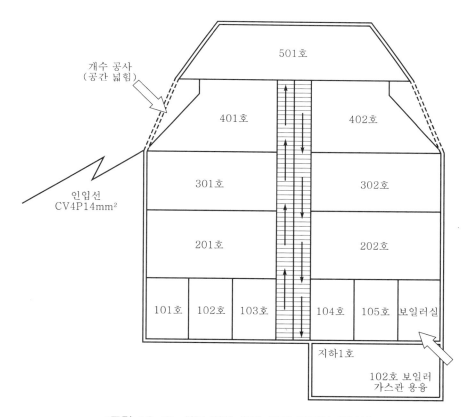

<그림 16-5> 사고 발생 빌라 건물 구조와 인입선

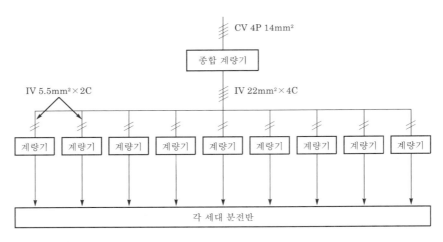

<그림 16-6> 사고 발생 빌라 전력 계량기와 단선 결선도

④ 세대 분전반 : 주 차단기 2극 30(A) 누전 차단기에서 분기하여 2극 20(A) 배선용 차
단기 3개로 부하에 전원 공급

⑤ 옥내 콘센트 배선은 600V 비닐 절연 전선(IV) 3선(가닥)으로 시설되어 있으나 보일러
용 전원 콘센트는 접지선이 없는 2선(가닥)으로 설치됨.

<그림 16-7> 사고 발생 빌라 전체 계량기함

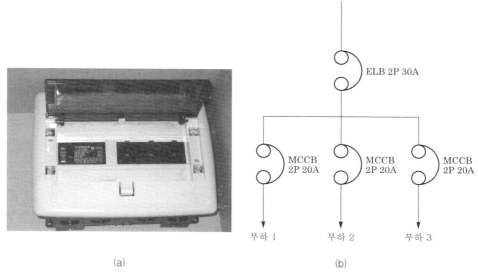

<그림 16-8> 각 세대에 설치된 분전반(a)과 분전반 내부 단선 결선도(b)

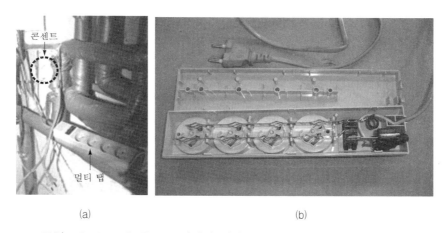

<그림 16-9> 1층 공용 보일러실 접지극 없는 멀티 탭(a)과 분해도(b)

⑥ 1층 공용 가스보일러실에는 가스보일러가 5대 설치되어 있으나 벽에 시설된 콘센트 수구 수는 4개(2구 콘센트×2개)로 4구용 멀티 탭을 꼽아 보일러 2대를 연결 사용하고 있으며, 접지극은 없음.

⑦ 302호, 401호. 501호의 베란다 전기 배선은 건물 준공 후 재시공함.

⑧ 지하 1층에 주차장과 전기 계량기함 및 가스계량기 등 설치되어 있고,

⑨ 1층에는 5세대와 공용 가스보일러실·화장실 및 엘리베이터 실(elevator room)이 있음.

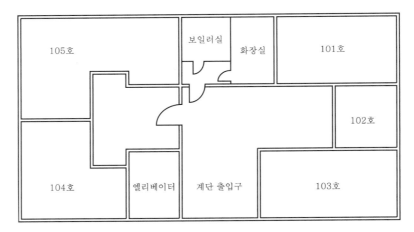

<그림 16-10> 1층 공동 가스보일러실 평면도

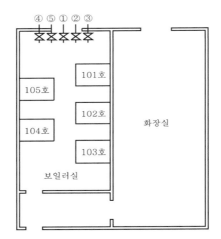

<그림 16-11> 1층 공동 가스보일러실 가스보일러 설치도

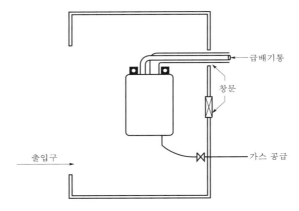

<그림 16-12> 1층 공동 가스보일러실 가스보일러 배기통

(3) 가스 시설 : 배관 및 가스보일러, 가스레인지

가스 배관의 재질은 노출 입상부터 가스계량기 및 실내 중간 밸브까지 금속 배관 (KS D 3631), 중간 밸브부터 가스보일러까지는 염화비닐 금속 플렉시블 호스(모델 명 : SSFJ-13A-1500L)를 사용함.

<표 16-1> 가스보일러

제조사	제조 년도	급·배기 방식	가스 소비량	시공일
가스보일러	2003. 11.	강제 급배기(FF)	13,000 kcal/h	2003. 11.

4. 현장 조사

(1) 현장 조사 당시 건물 및 전기·가스 시설 등 시설 상태

① 지하 1층 주차장 옆 벽에 공용 및 전체 세대의 전력 계량기함이 설치되어 있고, 계량 기함 내부 계량기 지지대는 합판을 사용하여 그 위에 적산 전력계(watt-hour meter) 총 10대를 설치함.

· 건물 전체 및 각 세대별 분기 차단기는 설치되어 있지 않음.

② 전체 세대의 전력 계량기함은 접지선이 연결되어 있지 않은 상태로 사용하고 있음.

· 최초 설치 공사 시 시공된 것으로 추정되는 접지선(GV 5.5 mm^2)은 인출되어 있으 나 계량기함과 연결하지 않고 접지선 끝 부분의 절연 피복이 벗겨지지 않는 상태로 방치됨.(접지 저항 측정 결과 2.5Ω 양호)

③ 사고가 발생한 1층 5개 세대 공용 가스보일러실의 전원 콘센트 및 가스보일러는 접지 선이 연결되어 있지 않았음.

④ 각 세대의 분전함은 주차단기인 30암페어용 누전 차단기 1개와 분기 차단기인 20암페 어용 배선용 차단기 3개로 구성되어 있음.

⑤ 가스보일러는 벽에 앵커 볼트(anchor bolt)로 지지하여 설치하였으며 접지 시설은 별 도로 시공하지 않았음.

⑥ 1층 공용 가스보일러실과 각 세대 베란다에 부착된 가스보일러용 콘센트 시설에 접지 선이 배관되어 있지 않아 접지선은 연결되어 있지 않는 상태임.

⑦ 3~5층 가스보일러실 베란다는 유리창 새시(sash) 공사 후 실내로 바뀜.

⑧ 1층 공용 가스보일러실에 설치된 가스보일러(5대)는 강제 급·배기 형식임.

⑨ 2~5층까지 각 세대(총 7대)에 가스보일러가 베란다에 강제 급·배기 형식(FF)으로 설치되어 있음.

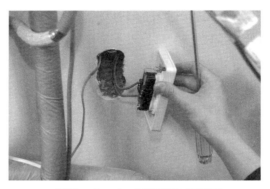

<그림 16-13> 보일러용 콘센트

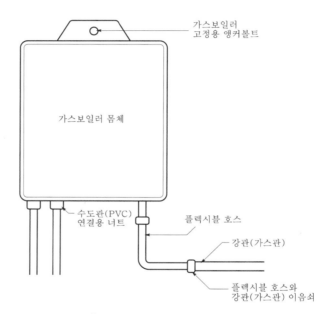

가스보일러
고정용 앵커볼트

가스보일러 몸체

수도관(PVC)
연결용 너트

플렉시블 호스

강관(가스관)

플렉시블 호스와
강관(가스관) 이음쇠

<그림 16-14> 가스보일러 몸체 구조

<그림 16-15> 1층 공동 가스보일러실

(2) 누전에 의한 가스 폭발 사고의 원인 규명

① 2004. 5. 17. 현장 조사 당시 1층 공용 보일러실은 물론 각 세대의 가스보일러, 가스 배관, 알루미늄 창틀 새시 및 수도 배관 등 건물과 연결된 모든 금속 도체 등에서는 누전 현상이 나타났으며,

② 최초 누전 사고를 일으킨 302호의 분전함은 주차단기인 30암페어용 누전 차단기 1개와 분기 차단기인 20암페어용 배선용 차단기 3개 외에 별도로 배선용 차단기 1대를 추가로 설치하여 그 전원을 누전 차단기 1차측에 연결하여 사용하고 있었음.(<그림 16-16>, <그림 16-17> 참조)

- 주방과 베란다의 전등(電燈)을 켜면 누전 차단기가 작동하여 302호 전체가 정전되므로

- 누전된 분기 1번(베란다 전등) 회로를 누전 차단기 2차측에서 분리하여 별도의 배선용 차단기에 연결한 후 그 전원은 누전 차단기를 경유하지 않도록 누전 차단기 1차측(전원측)에 연결하여 사용하였으며,

- 기존의 다른 배선은 누전 차단기를 통하여 정상적으로 사용하고 있었음.

추가로 설치한 배선용 차단기

<그림 16-16> 사고 당시 302호 분전반

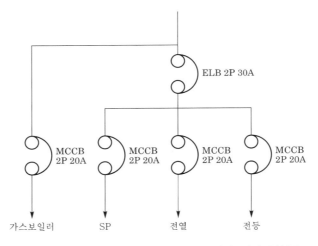

ELB 2P 30A

MCCB
2P 20A

MCCB
2P 20A

MCCB
2P 20A

MCCB
2P 20A

가스보일러   SP   전열   전등

<그림 16-17> 사고 당시 302호 분전반 단선 결선도

(3) 누전 원인

① 건축물 준공 검사를 필한 후 베란다를 가스보일러실과 다용도실 등으로 활용하기 위해 302호 베란다에 알루미늄 새시 창문을 설치하고, 베란다 천장에는 보온을 하기 위해 샌드위치 패널을 사용하였음.(<그림 16-18> 참조)

- 가스보일러실과 다용도실로 사용하고자 베란다 중간 부분의 천장에 조명용 전등(電燈)을 설치하기 위해

- 주방 외측 벽과 천장 모서리 부분에 전선관을 사용하지 않고 불법으로 600볼트 비닐 전선(IV)을 강철재의 샌드위치 패널과 벽·천장 틈새로 포설한 후 무리하게 힘을 주어 뽑다가,

- IV전선 중 파랑색 전선이 샌드위치 패널 강판에 걸려 절연 피복이 벗겨지면서 눌려 누전 통로가 형성됨.(<그림 16-18> 참조)

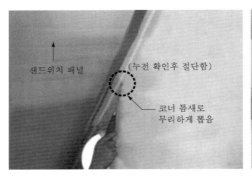
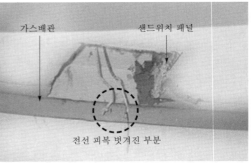

<그림 16-18> 302호 베란다 천장 조명 배선 누전점

<표 16-2> 접지 저항 측정 결과

측정 대상 호실	분전함 외함	수도관 연결 부위	보일러 고정 앵커	가스관 (강관)	플렉시블 (가스관)	보일러 외함	비 고 단위(Ω)
101호	2.5	1.5	1.5	150.0	∞	1.5	
102호	2.5	1.5	1.5	5.0	∞	1.5	
103호	2.5	1.5	1.5	150.0	∞	1.5	
104호	2.5	1.5	1.5	150.0	∞	1.5	
105호	2.5	1.5	1.5	150.0	∞	1.5	
201호	2.5	20.0	20.0	140.0	∞	20.0	
202호	2.5	20.0	20.0	120.0	∞	20.0	
301호	2.5	20.0	1.0	150.0	∞	1.0	
302호	2.5	20.0	20.0	150.0	∞	20.0	
401호	2.5	2.0	2.0	100.0	∞	2.0	
402호	2.5	20.0	20.0	150.0	∞	20.0	
501호	2.5	2.0	2.0	140.0	∞	2.0	

② 일반적인 누설 전류의 회로 구성
- 저압 전로의 배전 방식에서는 일반적으로 고압 또는 특별 고압 전로와 저압 전로를 결합하는 변압기의 저압측의 중성점에는 혼촉(混觸)에 대한 위험을 방지하기 위한 시설로 제2종 접지 공사를 실시함에 따라 저압의 전압측 전선과 대지(大地) 사이에는 변압기 2차 결선 방식에 따라 220(V) 등의 전압이 걸리므로 절연 피복이 벗겨진 부분이 건물의 금속체에 접촉된 경우, 접촉 부분에서 저항이 가장 낮은 도체 등의 표면을 따라 최단 거리로 저항이 영(零)인 땅(大地)을 경유하여 변압기 제2종 접지선으로 누설 전류의 귀로가 형성된다.
- 여기에서 누전이란 전기 공학적으로는 지락 현상을 표현하는 것으로 지락 사고에 의해 대지에 전기가 전로 이외의 개소로 누설되고 있는 상태를 나타내는 것이며, 법규나 규격에서 그 현상을 나타낼 때에는 지락이라는 용어를 사용하고, 누전이란 용어는 "누전 차단기"와 같이 제품명을 나타낼 때의 고유 명사로 사용하고 있다.

③ 저항이 가장 낮은 곳을 따라 흐르는 누설 전류의 경로 파악을 위한 접지 저항 측정
- 빌라 각 세대의 도체 부분인 분전함 외함, 수도관, 가스보일러 고정 앵커, 인입 가스관, 금속 플렉시블 호스(가스관) 및 가스보일러 외함과 대지 사이의 접지 저항을 정확하게 측정함으로써 누설 전류의 경로를 추정하여 누설 전류를 계산하는데 이용

④ 사고 현장의 누설 전류 예상 흐름도
- 302호 베란다 천장 전등 배선 절연 전선 피복 벗겨진 부분 → 샌드위치 패널 → 알루

미늄 금속 창틀 또는 건물 철근 등 금속류 → 가스보일러 지지용 앵커 → 가스보일러 → 밸브 이음쇠 → 가스보일러 금속 플렉시블 호스 → 중간 밸브 이음쇠 → 가스 금속 배관 → 대지(大地) → 주상 변압기 2종 접지선(<그림 16-19> 참조)

<표 16-3> 범례

기 호	내 용	비 고
← →	정상적인 전류 경로	변압기 2차에서 수용가 분전함을 거쳐 부하 설비까지
- - - ▶	누설 전류 귀로 경로	철골 및 새시 등을 통해 대지로 흐른 전류가 변압기로 귀로
·········▶	제3종 접지 누설 전류 경로	기기 등에 접지가 된 경우 기기에 누전되는 전류가 흐르는 경로
⏚ E2	2종 접지	변압기 1차 및 2차 권선의 혼촉 사고 시 2차측을 보호하기 위한 접지
⏚ E3	3종 접지	400V 미만 저압 기기의 누전 시 감전 및 화재 방지를 위한 접지

(4) 가스보일러의 금속 플렉시블 호스는 누설 전류가 귀로하는 통로 역할

① 사고 발생 후 1차 조사 시까지 각 세대 분전함의 접지 저항치는 200Ω이었으나, 조사 후 계량기함 접지선을 연결함으로써 2.5Ω으로 됨.

② 가스보일러의 외함에 접지 공사를 하였거나 전원용 콘센트에 접지선이 연결되어 있었을 경우, 누설 전류는 접지 저항이 낮은 접지선으로 대부분 흐르게 됨으로 사고를 미연에 예방할 수 있으나 두 가지 모두 시공하지 않았음.(<그림 16-13, 14> 참조)

③ 따라서 누설 전류는 건축물의 철근 등과 기계적으로 연결된 경로를 따라 땅(大地)을 통해 변압기 2종 접지선으로 흐르므로 저항이 가장 낮은 예상 주(主) 누설 전류의 통로는 다음과 같다.

• 302호 베란다(보일러실) 천장 전등 배선(누전점) → 샌드위치 패널(접지점) → 건물 철근 등 금속류 → 가스보일러 지지용 앵커 → 가스보일러 → 중간 밸브 이음쇠(접지점) → 가스보일러 금속 플렉시블 호스(접지점, 발화점) → 중간 밸브 이음쇠(접지점) → 가스 금속 배관 → 주상 변압기 2종 접지선(<그림 16-19> 참조)

④ 누설 전류 통로의 예상 저항과 누설 전류 약식 계산

• 102호 가스보일러 금속 플렉시블 호스에 흐르는 누설 전류

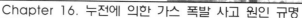

- 302호 베란다 천장 전등 배선 누전점과 샌드위치 패널 접촉부 저항 1Ω＋건물 철근 등 금속류 저항 2Ω＋가스보일러 지지용 앵커 및 보일러 저항 3(1.5＋1.5)Ω＋중간 밸브 이음쇠와 금속 플렉시블 호스 저항 3Ω＋중간 밸브 이음쇠와 가스 금속 배관 저항 3Ω＋가스 강관 대지 접촉 저항 5Ω와 주상 변압기 2종 접지 저항 5Ω ≒22Ω

⑤ 예상 누설 전류 : 220/22＝10A

- 따라서 정격 전류 20A용인 배선용 차단기에 10A 누설 전류와 보일러실의 전등 사용에 따른 부하 전류가 흘러도 배선용 차단기는 작동하지 않고 누설 전류는 지속적으로 흐른다.

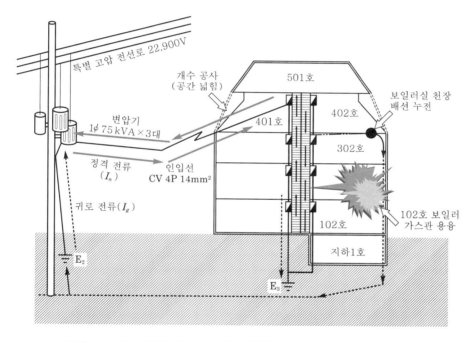

<그림 16-19> 폭발 사고 유발한 빌라의 정상 및 누설 전류 흐름도

㉮ 202호 가스보일러 금속 플렉시블 호스에 흐르는 누설 전류
  - 저항 합계 : 1Ω＋2Ω＋40(20＋20)Ω＋3Ω＋120Ω＋5Ω＝171Ω
  - 예상 누설 전류 : 220/171 ≒1.28A

㉯ 302호 가스보일러 금속 플렉시블 호스에 흐르는 누설 전류
  - 저항 합계 : 1Ω＋2Ω＋40(20＋20)Ω＋3Ω＋150Ω＋5Ω＝171Ω
  - 예상 누설 전류 : 220/201 ≒1.1A

ⓓ 401호 가스보일러 금속 플렉시블 호스에 흐르는 누설 전류
- 저항 합계 : $1\Omega + 2\Omega + 4(2+2)\Omega + 3\Omega + 100\Omega + 5\Omega = 115\Omega$
- 예상 누설 전류 : $220/115 = 1.91A$

ⓔ 배선용 차단기에 흐르는 전류 약식 계산
- 합계 $10 + 1.28 + 1.1 + 1.91 + 기타 2 + 부하 전류 2 = 18.29A$

(5) 누전 경로 중의 가스보일러 금속 플렉시블 호스 접속부에서 발생된 아크 열속(熱束) 현상이 가스 폭발 점화원으로 작용

① 전기 아크(electric arc)에 이르는 폭발 조건(exposure condition)을 결정할 때 고려할 요소는 아크 거리와 공극 및 아크가 일어나는 장소의 물질도 포함된다.(총 복사 전력= $V \cdot I \cdot$ 주파수함수 $\cdot \omega t$)

② 아크 현상 발생시 열 유동 계산(熱 流動 計算 : Heat Flux Calculation)
- 아크 반경=방출 전력(kW)/[64.16×10^6(W/m^2) 또는 $41,393$(W/inch^2)]
- 교류 아크에 대한 총 복사 전력은 64.16×10^6(W/m^2) 또는 $41,393$W/inch^{2}이며, 1W $=0.2389$ cal/sec으로 환산
- 프로그램으로 계산하면

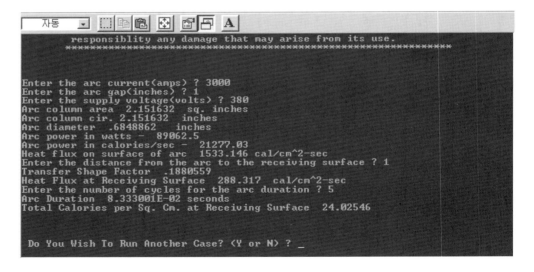

```
                responsiblity any damage that may arise from its use.
                ***************************************************************

Enter the arc current(amps) ? 3000
Enter the arc gap(inches) ? 1
Enter the supply voltage(volts) ? 380
Arc column area  2.151632  sq. inches
Arc column cir. 2.151632  inches
Arc diameter  .6848862   inches
Arc power in watts -  89062.5
Arc power in calories/sec -  21277.03
Heat flux on surface of arc  1533.146 cal/cm^2-sec
Enter the distance from the arc to the receiving surface ? 1
Transfer Shape Factor  .1880559
Heat Flux at Receiving Surface  288.317  cal/cm^2-sec
Enter the number of cycles for the arc duration ? 5
Arc Duration  8.333001E-02 seconds
Total Calories per Sq. Cm. at Receiving Surface  24.02546


Do You Wish To Run Another Case? <Y or N> ? _
```

- 아크 전류 3,000A, 아크 간극 0.1 inches, 전압 220V, 전달 형상률 0.7 아크 지속 사이클 수 60으로 적용할 경우 금속 플렉시블 가스 호스 표면에서 받은 총 칼로리는 92.155 cal/cm^{2}임.

(6) 아크 및 스파크에 의한 금속 플렉시블 호스와 중간 밸브 이음쇠 용융

① 1층 공용 보일러실에서 가스 배관과 가스보일러를 연결한 금속 플렉시블 호스 접속부
에서 전기 아크가 발생하여

- 가스 배관과 금속 플렉시블 호스를 연결시키는 부품 중 고무 개스킷과 절연 압착 링,
튜브, 보호 피복이 아크열에 의해 일부 소손되고, 소켓과 금속 플렉시블 호스의 일부
가 용융됨.(<그림 16-20> 참조)

- 가스보일러와 금속 플렉시블 호스를 연결시키는 체결 너트 부분에서 길이 8 mm×
폭 2 mm로 용융됨.(<그림 16-20>, <그림 16-21>, <그림 16-22>, <그림 16-23>
참조)

- 가스 배관과 금속 플렉시블 호스를 연결시키는 체결 너트 부분에서 길이 17 mm×
최대 폭 4 mm 금속 플렉시블 호스를 용융시켜 도시 가스가 누출·폭발 사고를 유발
시킴.

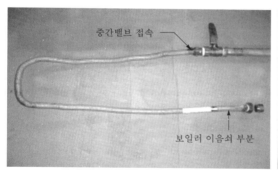

<그림 16-20> 102호 금속 플렉시블 호스 가스보일러 이음쇠 부분 용융

<그림 16-21> 102호 금속 플렉시블 호스 가스보일러 이음쇠 부분 용융

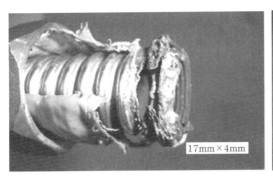

17mm×4mm

<그림 16-22> 102호 금속 플렉시블 호스 중간 밸브 접속부 이음쇠 부분 용융

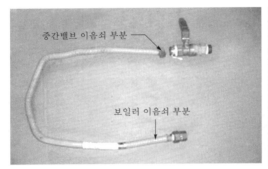

중간밸브 이음쇠 부분

보일러 이음쇠 부분

<그림 16-23> 302호 금속 플렉시블 호스와 중간 밸브 이음쇠 부분 용융

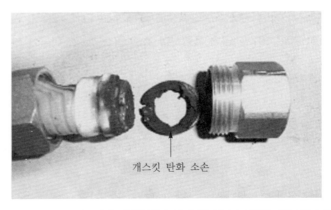

개스킷 탄화 소손

<그림 16-24> 302호 금속 플렉시블 호스와 가스보일러 이음쇠 부분 용융

<그림 16-25> 401호 금속 플렉시블 호스와 가스보일러 이음쇠 부분 소손

<그림 16-26> 401호 금속 플렉시블 호스와 중간 밸브 이음쇠 부분 소손

② 누전으로 인한 폭발 사고를 입증하기 위한 누전점(전류의 유출점), 발화점(점화원, 발화 장소), 접지점(확실한 접지의 존재, 적당한 접지 저항치 등)의 3요건이 형성되어 있음.(<그림 16-18>, <그림 16-20>, <그림 16-21>, <그림 16-24> 등 참조)

5. 결론

① 302호 베란다를 가스보일러실과 다용도실 등으로 활용하기 위해 알루미늄 새시 창문을 설치하고 천장에는 보온을 할 수 있도록 샌드위치 패널로 시공 한 후 중간 부분의 천장에 조명용 전등을 설치하고자

㉮ 베란다 안쪽 벽과 샌드위치 패널로 마감한 천장 모서리 부분에 전선관을 사용하지 않고 불법으로 600볼트 비닐 전선(IV)을 강철재의 샌드위치 패널과 벽·천장 틈새로 임의로 포설한 후 무리하게 힘을 주어 배선을 당길 때,

㉯ IV 전선 2가닥 중 파랑색 전선이 샌드위치 패널 강판에 접촉되어 절연 피복이 벗겨

지면서 눌려 누전점이 형성된 것으로,

② 상기 장소에서 발생한 누설 전류가 건축물의 각종 금속체(창문 새시, 가스 배관 및 보일러 설치 앵커 볼트 등)를 따라 1층 공용 보일러실 102호 가스보일러에 연결된 금속 플렉시블 호스를 통해 누설 전류가 흐를 때 가스 금속 배관과 금속 플렉시블 호스를 연결시키는 이음쇠 부품 중 고무 개스킷과 절연 압착 링, 튜브, 황동 소켓 및 금속 플렉시블 호스로 연결된 접촉 저항이 큰 부분에서 아크 및 스파크가 발생되어,

㉮ 금속 플렉시블 호스의 양단에 열이 축적되면서 개스킷과 보호 피복 등이 녹아 흘러내리고,

㉯ 가스보일러와 금속 플렉시블 호스 및 가스 배관과 금속 플렉시블 호스를 연결시키는 체결 너트 부분에서 아크 현상이 지속되면서 금속 플렉시블 호스를 용융시켜 도시 가스가 누출시켰고, 아크 현상이 일어날 때 발생하는 수천도의 열이 점화원으로 작용하여 폭발 사고를 일으킨 것으로 판단됨.

6. 예방 대책

(1) 전기설비기술기준 준용 철저 및 미준수 시 행정 조치 병행

① 전로의 절연 저항 유지 : 항상 다음 표에서 정한 값 이상 유지할 것

전로의 사용 전압 구분		절연 저항
400V 미만	대지 전압(접지식 전로는 전선과 대지 사이의 전압, 비접지식 전로는 전선 간의 전압)이 150V 이하인 경우	0.1 MΩ
	대지 전압이 150V를 넘고 300V 이하인 경우	0.2 MΩ
	사용 전압이 300V를 넘고 400V 미만인 경우	0.3 MΩ
400V 이상		0.4 MΩ

② 전로에 시설하는 기계기구의 철대 및 금속제 외함 접지공사(전기설비기술기준의 판단기준 제33조)

기계기구의 구분	접지공사의 종류
400V 미만인 저압용의 것	제3종 접지공사
400V 이상인 저압용의 것	특별 제3종 접지공사
고압용 또는 특고압용의 것	제1종 접지공사

㉮ 반드시 접지극이 있는 멀티 탭이나 콘센트 사용

㉯ 용량이 큰 전기 기계 기구는 전용의 콘센트 사용

㉰ 전기 기계 기구 설치 후 접지선 및 접지 저항 확인 철저

③ IV 천장 은폐 배선은 전선관 공사로 시공

④ 건물 전체 주차단기 및 분기 차단기 설치

⑤ 각 세대의 모든 분기 회로는 누전 차단기 2차측에서 분기하여 안전하게 사용

⑥ 인입용 CV 케이블의 옥외 노출 단말 처리 철저

⑦ 전기 배선 포설 후 절연 저항 측정 및 안전 점검 철저

(2) 무자격자 전기 시설 공사 근절(전기공사업법 준용)

① 소규모 설치 공사 및 업종 변경에 따른 옥내 인테리어 공사 등 무자격자의 전기 시설 임의 시공 일소

② 규격 미달 전선 사용 시 내장된 전기 설비는 확인 불가

(3) 부적합 전기 설비 방치로 화재 유발한 점유자 및 소유자 제재(制裁)

부적합 전기 설비를 적기에 개·보수하지 않고 방치함으로써 화재 사고를 유발시킨 점유자 및 소유자에게 행정 제재(行政制裁)

MEMO

전기화재감식공학

제 6 편

부 록

[Chapter 17. 국제단위계와 옛 감정 문헌 고찰]

Chapter 17

국제단위계와 옛 감정 문헌 고찰

17.1 국제단위계(SI units ; The International System of Units)

1. 개요

정부는 공정한 상거래 질서 확립과 소비자 보호 및 국제 신뢰도 제고를 위해 세계 각국이 공통으로 사용하고 있는 국제단위계(SI단위 ; 미터법)를 법정 계량 단위로 채택하고 법정 계량 단위 사용 실천 운동을 범국가적으로 적극 실행하고 있다.

법정 계량 단위를 반드시 사용해야 하는 당위성은 아파트의 평(坪)이나 귀금속 판매에서 사용하는 돈은 주로 공급자 위주의 단위로 소비자가 직접 정확히 계량하는 데 한계가 있기 때문이다. 예를 들면 85 m²인 아파트는 평으로 환산하면 25.7평인데 부동산거래에서는 30평, 32평, 33평, 34평형 등으로 거래되고 있다. 또한 금 반돈이 1.875 g인 것을 아는 소비자도 적으며, 1.875 g인 반돈 금반지를 잴 수 있는 저울을 가진 귀금속 판매점도 많지 않다.

국내에서는 연간 300조 원의 거래가 계량에 의해 이뤄지고 있는데, 만약 1 %의 계량 오차만 발생한다 해도 연간 약 3조 원의 부정확한 거래가 발생하는 셈이다.

전통 단위로 잘못 알고 사용하는 돈과 평은 일제 강점기 시대에 일본에 의해 보급된 단위로, 현재 일본에서는 평(坪) 단위를 사용하고 있지 않으며, 또한 유럽연합(EU) 지침에서는 2010년부터 유럽연합 내로 수입되는 모든 제품에 대해서는 미터법 사용을 의무화함에 따라 수출업체의 경우 사전에 대비해야 함은 물론, 글로벌 무역의 활성화를 위해서도 법정 계량 단위의 정착이 꼭 필요한 시점이라 하겠다.

2. SI단위의 탄생과 사용

(1) SI의 시초는 1790년경 프랑스에서 발명된 "십진미터법"이라 할 수 있다. 이 미터법으로
부터 분야에 따라 여러 개의 하부 단위계가 생기기 시작하여 많은 단위들이 나타나게
되는데, 일례로 1874년 과학분야에서 사용하기 위해 도입한 CGS계는 센티미터(cm)-
그램(g)-초(s)에 바탕을 두고 있다.

(2) 1875년 17개국이 미터협약에 조인함으로써 이 미터법이 국제적인 단위 체계로 발전하
게 되는 계기가 되었으며, 1900년경에는 실용적인 측정이 미터(m)-킬로그램(kg)-초(s)
MKS계에 바탕을 두고 행하여지게 된다.

(3) 1935년에는 국제전기기술위원회(IEC)가 전기 단위로 암페어(ampere), 쿨롱(coulomb),
옴(ohm), 볼트(volt) 중 하나를 채택하여 역학의 MKS계와 통합할 것을 추천하였고,
1939년 전기자문위원회가 이들 중 암페어를 선정하여 MKSA계의 채택을 제안, 1945년
국제도량형위원회에 의해 승인되었다.

① 국제전기기술위원회(IEC)의 목적은 모든 전기 공학적 표준화 문제와 기타 관련 문제
에 대해 국제적 협력을 증진하고 세계 시장의 요구에 효율적으로 대처하는 것이며, 모
든 전기 전자 또는 기술 관련 국제 표준을 준비하고 발간한다. 또, ISO(국제표준화기
구)와 ITU(국제통신연합), WTO(국제무역기구) 등 국제 기관뿐만 아니라 CENELEC
(유럽전자공학표준화위원회) 등 지역 단체들과도 협력한다.

② 국제도량형위원회 18개의 회원국에서 1명씩 선출한 18명의 위원으로 구성하며, 총회
는 2년에 한 번씩 모이게 되어 있으나 현재는 매년 열리고 있다. 여러 가지 물리상수와
계량의 기준을 제정하고, 그 개선과 보급 등을 목적으로 하고 있다. 1960년 길이의 기
준으로 크립톤(krypton)의 주황색 스펙트럼선(線)의 파장을 선택하고, 그 165만 763.73배
를 1 m로 하기로 결정하였다.

(4) 1954년 제10차 국제도량형총회에서 MKSA계의 4개의 기본단위와 온도의 단위 '켈빈
도', 그리고 광도의 단위 '칸델라' 모두 6개의 단위에 바탕을 둔 일관성 있는 단위계를
채택하였으며, 1960년 제11차 국제도량형총회에서 이 실용 단위계의 공칭 명칭을 '국제
단위계'라 하고 그 국제적 약칭을 'SI'로 정하였으며 유도단위 및 보충단위와 그 밖의
다른 사항들에 대한 규칙을 정하여 측정단위에 대한 전반적인 세부사항을 마련하였다.

(5) 1957년에는 온도의 단위가 켈빈도(°K)에서 켈빈(K)으로 바뀌고, 1971년 7번째 기본단
위인 몰(mol)이 추가되어 현재의 SI가 완성되었다.

3. SI 기본단위 및 유도단위

가) 단위의 정의와 기호

(1) 길이의 단위(미터 : m)

백금-이리듐의 국제원기에 기초를 둔 1889년 미터(meter)의 정의는 제11차 국제도량형총회(1960년)에서 크립톤 86 원자(^{86}Kr)의 복사선 파장에 근거를 둔 정의로 대체되었다. 이 정의는 미터 현시의 정확도를 향상시키기 위하여 1983년의 제17차 국제도량형총회에서 다시 다음과 같이 대체되었다.

- 1미터는 빛이 진공에서 1/299 792 458 초 동안 진행한 경로의 길이이다.

(2) 질량의 단위(킬로그램 : kg)

백금-이리듐으로 만들어진 국제원기는 1889년 제1차 국제도량형총회에서 지정한 상태하에 국제도량형국에 보관되어 있으며 당시 국제도량형총회는 국제원기를 인가하고 다음과 같이 선언하였다.

- 1킬로그램(kilogram)은 질량의 단위이며 국제킬로그램원기의 질량과 같으며, 그 기호는 "kg"으로 한다.

(3) 시간의 단위(초 : s)

예전에는 시간의 단위인 초(second)를 평균 태양일의 1/86 400로 정의했었다. 1968년 국제도량형총회에서 초의 정의를 다음과 같이 바꾸었다.

- 1초는 세슘-133 원자(^{133}Cs)의 바닥 상태에 있는 두 초미세 준위 사이의 전이에 대응하는 복사선의 9 192 631 770 주기의 지속 시간이며, 그 기호는 "s"로 한다.

(4) 전류의 단위(암페어 : A)

전류와 저항에 대한 소위 "국제" 전기단위는 1893년 국제전기협의회에서 최초로 도입되었고, 1948년 전류의 단위인 암페어를 다음과 같이 정의하였다.

- 1암페어는 무한히 길고 무시할 수 있을 만큼 작은 원형 단면적을 가진 두 개의 평행한 직선 도체가 진공 중에서 1미터의 간격으로 유지될 때, 두 도체 사이의 길이 미터마다 2×10^{-7}뉴턴(N)의 힘을 생기게 하는 일정한 전류이다.

(5) 열역학적 온도의 단위(켈빈 : K)

열역학적 온도의 단위는 실질적으로 1954년 제10차 국제도량형총회에서 정해졌는데,

여기서 물의 삼중점을 기본 고정점으로 선정하고 이 고정점의 온도를 정의에 의해서 273.16 K로 정했다. 이후 1968년 제13차 국제도량형총회에서 "켈빈도"(기호 °K) 대신 켈빈(기호 K)이라는 명칭을 사용하기로 채택하였고, 열역학적 온도의 단위를 다음과 같이 정의하였다.

- 1켈빈(kelvin)은 물의 삼중점에 해당하는 열역학적 온도의 1/273.16이며, 그 기호는 "K"로 한다. 온도를 다음과 같이 섭씨온도로 표시할 수 있다.

① 섭씨온도의 기호는 t로 표시하고, $t = T - T_0$ 식으로 정의된다.

② 섭씨온도는 기호 T로 표시하는 열역학적 온도와 물의 어는점인 기준온도 $T_0 = 273.15$ K와의 차이로 나타낸다.

(6) 물질량의 단위(몰 : mol)

국제순수응용물리학연맹, 국제순수응용화학연맹, ISO의 제안에 따라 국제도량형총회에서는 1971년에 "물질량"이란 양의 단위의 명칭은 몰(기호 mol)로 정하고 몰(mole)의 정의를 다음과 같이 채택하였다.

① 1몰은 탄소 12의 0.012킬로그램에 있는 원자의 개수와 같은 수의 구성요소를 포함한 어떤 계의 물질량이다. 그 기호는 "mol"이다.

② 몰을 사용할 때에는 구성 요소를 반드시 명시해야 하며, 이 구성 요소는 원자, 분자, 이온, 전자, 기타 입자 또는 이 입자들의 특정한 집합체가 될 수 있다.

(7) 광도의 단위(칸델라 : cd)

1948년 이전에는 광도의 단위를 불꽃이나 백열 필라멘트 표준에 기초를 두고 사용하였으나 이후 백금 응고점에 유지된 플랑크 복사체의 광휘도에 기초를 둔 "신촉광"으로 대치되었다. 그러나 고온에서 플랑크 복사체를 현시하기에 어려움이 많아 1979년 국제도량형총회에서 새로운 정의를 채택하였다.

- 칸델라(candela)는 진동수 540×10^{12} 헤르츠인 단색광을 방출하는 광원의 복사도가 어떤 주어진 방향으로 매 스테라디안당 1/683 와트일 때 이 방향에 대한 광도(빛의 세기)이다.

나) 기본단위의 기호

국제도량형총회에서 채택한 기본단위의 명칭과 기호를 정리하면 <표 17-1>과 같다.

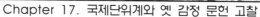
<표 17-1> SI 기본단위의 기호

기본량	SI 기본단위	
	명 칭	기 호
길 이	미터(meter)	m
질 량	킬로그램(kilogram)	kg
시 간	초(second)	s
전 류	암페어(ampere)	A
열역학적 온도	켈빈(kelvin)	K
물질량	몰(mole)	mol
광 도	칸델라(candela)	cd

다) SI 유도단위

(1) 유도단위의 분류

유도단위는 기본단위들을 곱하기와 나누기의 수학적 기호로 연결하여 표현되는 단위이다. 어떤 유도단위에는 특별한 명칭과 기호가 주어져 있고, 이 특별한 명칭과 기호는 또한 그 자체가 기본단위나 다른 유도단위와 조합하여 다른 양의 단위를 표시하는 데 사용되기도 한다.

<표 17-2> 기본단위로 표시된 SI 유도단위의 예와 읽는 법

유도량	SI 유도단위	
	명 칭	기 호
넓이	제곱미터	m^2
부피	세제곱미터	m^3
속력, 속도	미터 매 초	m/s
가속도	미터 매 초 제곱	m/s^2
파동수	역 미터	m^{-1}
밀도, 질량밀도	킬로그램 매 세제곱미터	kg/m^3
비(比) 부피	세제곱미터 매 킬로그램	m^3/kg
전류밀도	암페어 매 제곱미터	A/m^2
자기장의 세기	암페어 매 미터	A/m
(물질량의) 농도	몰 매 세제곱미터	mol/m^3
광휘도	칸델라 매 제곱미터	cd/m^2
굴절률	하나(숫자)	$1^{(가)}$

* (가) 기호 "1"은 숫자와 조합될 때에는 일반적으로 생략된다.

<표 17-3>에 열거되어 있는 어떤 유도단위들은 편의상 특별한 명칭과 기호가 주어져 있다. <표 17-4>에 몇 가지 그러한 예를 보이고 있다. 이 특별한 명칭과 기호는 자주 사용되는 단위를 표시하기 위하여 간략한 형태로 되어 있다. 이러한 명칭과 기호 중에서 <표 17-3>의 마지막 3개의 단위는 특별히 인간의 보건을 위하여 국제도량형총회에서 승인된 양이다.

① 라디안과 스테라디안은 서로 다른 성질을 가지나 같은 차원을 가진 양들을 구별하기 위하여 유도단위를 표시하는 데 유용하게 쓰일 수 있다. 유도단위를 구성하는 데 이들을 사용한 몇 가지 예가 <표 17-4>에 있다.

② 실제로 기호 rad와 sr은 필요한 곳에 쓰이나 유도단위 "1"은 일반적으로 숫자와 조합하여 쓰일 때 생략된다.

③ 광도측정에서는 보통 스테라디안(기호 sr)이 단위의 표시에 사용된다.

④ 이 단위는 SI 접두어와 조합하여 쓰이고 있다. 그 한 예가 밀리섭씨도, m℃이다.

⑤ 하나의 SI 단위가 몇 개의 다른 물리량에 대응할 수 있다. 그에 대한 여러 가지 보기가 <표 17-4>에 나와 있는데 여기 나와 있는 양들이 전부는 아니다. 줄 매 켈빈(J/K)은 엔트로피뿐만 아니라 열용량의 SI 단위이며, 또한 암페어(A)는 유도 물리량인 기자력뿐만 아니라 기본량인 전류의 SI 단위이기도 하다. 그러므로 어떤 양을 명시하기 위하여 그 단위만을 사용해서는 안 된다. 이러한 규칙은 비단 과학기술서적뿐만 아니라 측정 장비에도 적용된다(측정 장비는 단위와 측정된 물리량을 모두 표시해야 한다).

<표 17-3> 특별한 명칭과 기호를 가진 SI 유도단위

유도량	SI 유도단위			
	명 칭	기 호	다른 SI단위로 표시	SI 기본단위로 표시
평면각	라디안	rad		$m \cdot m^{-1} = 1$
입체각	스테라디안	sr		$m^2 \cdot m^{-2} = 1$
주파수	헤르츠	Hz		s^{-1}
힘	뉴턴	N		$m \cdot kg \cdot s^{-2}$
압력, 응력	파스칼	Pa	N/m^2	$m^{-1} \cdot kg \cdot s^{-2}$
에너지, 일, 열량	줄	J	$N \cdot m$	$m^2 \cdot kg \cdot s^{-2}$
일률, 전력	와트	W	J/s	$m^2 \cdot kg \cdot s^{-3}$
전하량, 전기량	쿨롬	C		$s \cdot A$
전위차, 기전력	볼트	V	W/A	$m^2 \cdot kg \cdot s^{-3} \cdot A^{-1}$
전기용량	패럿	F	C/V	$m^{-2} \cdot kg^{-1} \cdot s^4 \cdot A^2$
전기저항	옴	Ω	V/A	$m^2 \cdot kg \cdot s^{-3} \cdot A^{-2}$

유도량	SI 유도단위			
	명 칭	기 호	다른 SI단위로 표시	SI 기본단위로 표시
전기전도도	지멘스	S	A/V	$m^{-2} \cdot kg^{-1} \cdot s^{3} \cdot A^{2}$
자기선속	웨버	Wb	$V \cdot s$	$m^{2} \cdot kg \cdot s^{-2} \cdot A^{-1}$
자기선속밀도	테슬라	T	Wb/m^{2}	$kg \cdot s^{-2} \cdot A^{-1}$
인덕턴스	헨리	H	Wb/A	$m^{2} \cdot kg \cdot s^{-2} \cdot A^{-2}$
섭씨온도	섭씨도	℃		K
광선속	루멘	lm	$cd \cdot sr$	$m^{2} \cdot m^{-2} \cdot cd = cd$
조명도	럭스	lx	lm/m^{2}	$m^{2} \cdot m^{-4} \cdot cd = m^{-2} \cdot cd$
방사능(방사능핵종의)	베크렐	Bq		s^{-1}
흡수선량, 비(부여)에너지, 커마선량당량, 환경선량당량, 방향선량당량, 개인선량당량, 조직당량선량	그레이 시버트	Gy Sv	J/kg J/kg	$m^{2} \cdot s^{-2}$ $m^{2} \cdot s^{-2}$
촉매활성도	캐탈	Kat		$mol \cdot s^{-1}$

〈표 17-4〉 명칭과 기호에 특별한 명칭과 기호를 가진 SI 유도단위가 포함되어 있는 SI 유도단위의 예

유도량	SI 유도단위		
	명 칭	기 호	SI 기본단위로 표시
점성도	파스칼 초	$Pa \cdot s$	$m^{-1} \cdot kg \cdot s^{-1}$
힘의 모멘트	뉴턴 미터	$N \cdot m$	$m^{2} \cdot kg \cdot s^{-2}$
표면장력	뉴턴 매 미터	N/m	$kg \cdot s^{-2}$
각속도	라디안 매 초	rad/s	$m \cdot m^{-1} \cdot s^{-1} = s^{-1}$
각가속도	라디안 매 초 제곱	rad/s^{2}	$m \cdot m^{-1} \cdot s^{-2} = s^{-2}$
열속밀도, 복사조도	와트 매 제곱미터	W/m^{2}	$kg \cdot s^{-3}$
열용량, 엔트로피	줄 매 켈빈	J/K	$m^{2} \cdot kg \cdot s^{-2} \cdot K^{-1}$
비열용량, 비엔드로피	줄 매 킬로그램 켈빈	$J/(kg \cdot K)$	$m^{2} \cdot s^{-2} \cdot K^{-1}$
비에너지	줄 매 킬로그램	J/kg	$m^{2} \cdot s^{-2}$
열전도도	와트 매 미터 켈빈	$W/(m \cdot K)$	$m \cdot kg \cdot s^{-3} \cdot K^{-1}$
에너지밀도	줄 매 세제곱미터	J/m^{3}	$m^{-1} \cdot kg \cdot s^{-2}$
전기장의 세기	볼트 매 미터	V/m	$m \cdot kg \cdot s^{-3} \cdot A^{-1}$
전하밀도	쿨롬 매 세제곱미터	C/m^{3}	$m^{-3} \cdot s \cdot A$
전기선속밀도	쿨롬 매 제곱미터	C/m^{2}	$m^{-2} \cdot s \cdot A$
유전율	패럿 매 미터	F/m	$m^{3} \cdot kg^{-1} \cdot s^{4} \cdot A^{2}$
투자율	헨리 매 미터	H/m	$m \cdot kg \cdot s^{-2} \cdot A^{-2}$
몰 에너지	줄 매 몰	J/mol	$m^{2} \cdot kg \cdot s^{-2} \cdot mol^{-1}$
몰엔트로피, 물열용량	줄 매 몰 켈빈	$J/(mol \cdot K)$	$m^{2} \cdot kg \cdot s^{-2} \cdot K^{-1} \cdot mol^{-1}$
(X선 및 γ선)조사선량	쿨롬 매 킬로그램	C/kg	$kg^{-1} \cdot s \cdot A$
흡수선량률	그레이 매 초	Gy/s	$m^{2} \cdot s^{-3}$
복사도	와트 매 스테라디안	W/sr	$m^{4} \cdot m^{-2} \cdot kg \cdot s^{-3} = m^{2} \cdot kg \cdot s^{-3}$
복사휘도	와트 매 제곱미터 스테라디안	$W/(m^{2} \cdot sr)$	$m^{2} \cdot m^{-2} \cdot kg \cdot s^{-3} = kg \cdot s^{-3}$

⑥ 유도단위는 기본단위의 명칭과 유도단위의 특별한 명칭을 조합하여 여러 가지 다른 방법으로 표현될 수 있다. 예를 들면 줄(J) 대신에 뉴턴 미터(N·m) 혹은 킬로그램미터 제곱 매 초 제곱(kg·m² ·s⁻²)이 사용될 수도 있다. 실제로는 같은 단위를 갖는 양들의 구별을 용이하게 하기 위하여, 어떤 양들에 대해서는 어떤 특별한 단위명 혹은 단위의 조합을 선호하여 사용한다.

• 예를 들면, 주파수의 SI 단위로 역초(s^{-1}) 대신에 헤르츠(Hz)가 명칭으로 지정되어 있고, 각속도의 SI 단위도 역초보다는 라디안 매 초(rad/s)가 지정되어 있다. 이 경우 라디안이란 단어를 그대로 사용하는 이유는 각속도가 2π와 회전 주파수의 곱이라는 것을 강조하기 위함이다. 이와 유사하게, 힘의 모멘트에 대한 SI 단위로는 줄(J) 대신에 뉴턴 미터(N·m)가 지정되어 있다.

⑦ 전리방사선분야에서도 이와 비슷하게 방사능의 SI 단위로 역초보다는 베크렐(Bq)을, 흡수선량과 선량당량의 SI 단위로 줄 매 킬로그램(J/kg)보다는 각각 그레이(Gy)나 시버트(Sv)가 사용된다. 특별한 명칭인 베크렐, 그레이, 시버트는 역초나 줄 매 킬로그램의 단위를 사용함으로써 일어날 수 있는 과오로 인한 사람의 건강에 대한 위험도 때문에 특별히 도입된 양들이다.

(2) 무차원 또는 차원 1을 가지는 양

일부 물리량은 같은 종류의 두 물리량의 비로써 정의되며 따라서 숫자 1로 표현되는 차원을 가지게 된다. 이러한 물리량의 단위는 필연적으로 다른 SI 단위들과 일관성을 갖는 유도단위가 된다. 따라서 차원적으로 곱한 결과가 1로 주어지는 모든 물리량의 SI 단위는 숫자 1이다. 굴절률, 상대 투자율, 마찰계수 등이 이러한 물리량의 예이다. 단위 1을 가지는 다른 물리량에는 프랜틀(Prandtl) 숫자 $\eta c_p/\lambda$ 같은 "특성숫자"와 분자수나 축퇴(에너지 준위의 수), 통계역학의 분배함수와 같이 계수를 나타내는 숫자 등이 있다.

이런 모든 물리량은 무차원 또는 차원 1인 것으로 기술되며 SI 단위는 1이다. 이런 물리량들의 값은 단지 숫자로 주어지며 일반적으로 단위 1은 구체적으로 표시되지 않는다. 그러나 몇 가지의 경우에는 이런 단위에 특별한 명칭이 주어지는데 이는 주로 일부의 복합유도단위 사이의 혼란을 피하기 위해서이다. 이에 해당되는 예로 라디안, 스테라디안, 네퍼 등이 있다.

라) SI 단위의 십진 배수 및 분수

(1) SI 접두어

국제도량형총회는 SI 단위의 십진 배수 및 십진 분수에 대한 명칭과 기호를 구성하기 위하여 10^{24}부터 10^{-24}범위에 대하여 일련의 접두어와 그 기호들을 채택하였다. 이 접두어의 집합을 SI 접두어라고 명명하였다. 현재까지 승인된 모든 접두어와 기호는 <표 17-5>와 같다.

① 국제적으로 공인된 접두어로 분량(나누기)을 나타내는 말에는 데시(d · 10분의 1), 센티(c · 100분의 1), 밀리(m · 1000분의 1), 마이크로(μ · 100만분의 1), 나노(n · 10억분의 1), 피코(p · 1조분의 1), 펨토(f · 1000조분의 1) 등이 있다.

② 배량(곱하기)을 가리키는 접두어는 데카(da · 10), 헥토(h · 100), 킬로(k · 1000), 메가(M · 100만), 기가(G · 10억), 테라(T · 1조), 페타(P · 1000조) 식으로 올라간다.

이들은 승수를 나타내는 접두어이므로 계량단위와 구별해야 한다.

<표 17-5> 국제단위계(SI)의 접두어(단위의 배수)

인 자	접두어	기 호	인 자	접두어	기 호
10	데카 ; deca-meters	da	10^{-1}	데시 ; deci-meters	d
10^2	헥토 ; hecto-meters	h	10^{-2}	센티 ; centi-meters	c
10^3	킬로 ; kilo-meters	k	10^{-3}	밀리 ; milli-meters	m
10^6	메가 ; mega-meters	M	10^{-6}	마이크로 ; micro-me	μ
10^9	기가 ; giga-meters	G	10^{-9}	나노 ; nano-meters	n
10^{12}	테라 ; tera-meters	T	10^{-12}	피코 ; pico-meters	p
10^{15}	페타 ; peta-meters	P	10^{-15}	펨토 ; femto-meters	f
10^{18}	엑사 ; exa-meters	E	10^{-18}	아토 ; atto-meters	a
10^{21}	제타 ; zetta-meters	Z	10^{-21}	젭토 ; jepto-meters	z
10^{24}	요타 ; yotta-meters	Y	10^{-24}	욕토 ; yocto-meters	y

(2) 킬로그램

국제단위계의 기본단위 가운데 질량의 단위(킬로그램)만이 역사적인 이유로 그 명칭이 접두어를 포함하고 있다. 질량 단위의 십진 배수 및 분수에 대한 명칭 및 기호는 단위 명칭 "그램"에 접두어 명칭을 붙이고 단위 기호 "g"에 접두어 기호를 붙여서 사용한다.

예시 $10^{-6}\,\mathrm{kg} = 1\,\mathrm{mg}$(1밀리그램).

4. SI 단위 일반원칙과 사용실태 및 사용법

가) 일반원칙

(1) 일반적으로 로마체(직립체) 소문자를 단위의 기호로 사용하지만 기호가 고유명사로부터 유래된 것이면 로마체 대문자를 사용한다.

(2) 숫자에서 정수 부분과 소수 부분을 나누는 기호로 프랑스식은 반점(,)을, 영국식은 온점(.)을 사용하는데 우리나라에서는 온점(.)을 사용하고 있다. 문장 끝의 마침표를 제외하고는 단위기호 뒤에 온점을 찍지 않는다.

(3) 긴(큰 자리) 숫자를 표기할 때는 판독을 쉽게 하기 위하여 소수점을 중심으로 3자리씩 묶어서 띄어 쓴다.

※ 현재 우리나라에서 3자리마다 반점(,)을 사용하는데 이것은 부적절한 표현이다.

나) SI단위 사용실태

SI 단위는 크게 기본단위와 유도단위로 분류된다. 기본단위는 관례상 독립된 차원을 가지는 것으로 간주되는 명확하게 정의된 단위들을 선택하여 SI의 바탕을 형성하는 것으로 미터, 킬로그램, 초, 암페어, 켈빈, 몰, 칸델라의 7개 단위가 그것이다.

유도단위는 관련된 양들을 연결시키는 대수적 관계에 따라서 기본단위들의 조합 또는 기본단위와 다른 유도단위들의 조합으로 이루어지며, 평면각과 입체각을 나타내는 라디안과 스테라디안도 이에 포함된다.

과학적인 관점에서 볼 때 이와 같이 두 부류로 나누는 것은 어느 정도 임의적이고, 국제관계, 교육 및 과학적 연구활동 등에 있어서 실용적이며, 범세계적인 단일체계의 이점을 고려한 것이다.

(1) 미국은 1998년 모든 문서에 SI단위를 사용하고 비SI단위는 SI단위와 반드시 병기하도록 관련법을 규정하였다.

(2) 영국은 1994년에 2001년부터 SI단위를 사용하는 법안을 확정하여 SI단위를 도입하였다.

(3) 일본은 1993년 계량법을 개정하여 1999년부터 kgf, mmH₂O, cal 등 비SI단위 사용을 폐지하고 SI단위만을 사용하도록 규정하고, 비 SI단위를 사용한 검정·검사성적서 등을 발급할 수 없도록 하였다.

(4) 우리나라는 1999년 국가표준기본법을 제정하여 SI단위를 법정계량단위로 사용하도록 규정하였다.

다) SI 단위기호의 사용법

SI 단위기호는 언어에 따라 단위의 명칭은 나라마다 다를지라도, 단위기호는 국제적으로 공통이며 같은 방법으로 사용하여야 한다.

(1) 양의기호는 이탤릭체(사체)로 쓰며, 단위기호는 로마체(직립체)로 쓴다. 일반적으로 단위기호는 소문자로 표기하지만 단위의 명칭이 사람의 이름에서 유래하였으면 그 기호의 첫 글자는 대문자이다.

  예시 • 양의기호 : m(질량), t(시간) 등
　　　　• 단위기호 : kg, s, K, Pa, kHz 등

(2) 단위기호는 복수의 경우에도 변하지 않으며, 단위기호 뒤에 마침표 등 다른 기호나 다른 문자를 첨가해서는 안 된다(다만, 구두법상 문장의 끝에 오는 마침표는 예외)

  예시 • kg이며, Kg이 아님(비록 문장의 시작이라도)
　　　　• 5s이며, 5 sec. 나 5 sec 또는 5 secs가 아님
　　　　• gauge 압력을 표시할 때 600kPa(gauge)이며, 600 kPag가 아님

(3) 어떤 양을 수치와 단위기호로 나타낼 때 그 사이를 한 칸 띄어야 한다. 다만, 평면각의 도(°), 분(′), 초(″)에 한해서 그 기호와 수치 사이는 띄지 않는다.

  예시 • 35 mm이며, 35mm가 아님
　　　　• 32 ℃이며, 32℃ 또는 32° C가 아님(℃도 SI 단위임에 유의)
　　　　• 2.37 lm이며 2.37lm(2.37 lumens)가 아님
　　　　• 25°, 25°23′, 25°23′27″ 등은 옳음
　　※ %(백분율, 퍼센트)도 한 칸 띄는 것이 옳음(25 %이며 25%가 아님)

(4) 숫자의 표시는 일반적으로 로마체(직립체)로 한다. 여러 자리 숫자를 표시할 때는 읽기 쉽도록 소수점을 중심으로 세 자리씩 묶어서 약간 사이를 띄어서 쓴다. 표시하여야 하는 양이 합이나 차이일 경우는 수치 부분을 괄호로 묶고 공통되는 단위기호는 뒤에 쓴다.

  예시 • c = 299 792 458 m/s (빛의 속력)
　　　　• eV = 1.602 177 33 (49) 10^{-19}J(괄호 내 값은 불확도 표시)
　　　　• t = 28.4 ℃ ± 0.2 ℃ = (28.4 ± 0.2) ℃(틀림 ; 28.4 ± 0.2 ℃)

(5) 단위의 곱하기와 나누기

다음에 설명하는 규칙은 원래 SI 단위에 해당되는 것인데 SI 단위가 아닌 단위도 SI 단위와 함께 쓰기로 인정한 것이므로 이에 따른다.

① 두 개 이상의 단위의 곱으로 표시되는 유도단위는 가운뎃점을 찍거나 한 칸을 띄어 쓴다.

예시 N · m 또는 N m

주의) 위의 보기 'N m'에서 그 사이를 한 칸 띄지 않는 것도 허용되나, 사용하는 단위
의 기호가 접두어의 기호와 같을 때는(meter와 milli의 경우), 혼동을 주지 않도
록 한다. 예를 들면 Nm이나 m · N으로 써서 mN(milli newton)과 구별한다.

② 두 개 이상 단위의 나누기로 표시되는 유도단위를 나타내기 위하여 사선(비스듬히 그
은 선, /), 횡선 또는 음의 지수를 사용한다.

예시 $\dfrac{m}{s}$, m/s 또는 m · s^{-1}

③ 괄호로 모호함을 없애지 않는 한, 사선은 곱하기 기호나 나누기 기호와 같은 줄에 사
용할 수 없다. 복잡한 경우에는 혼동을 피하기 위하여 음의 지수나 괄호를 사용한다.

예시 옳음 : joules per kilogram 또는 J · kg^{-1}

틀림 : joules/kilogram 또는 joules/kg 또는 joules · kg^{-1}

(6) SI 접두어의 사용

① 일반적으로 접두어는 크기 정도(orders of magnitude)를 나타내는 데 적합하도록 선
정하여야 한다. 따라서 유효숫자가 아닌 영(0)들을 없애고, 10의 멱수(冪數)로 나타내
어 계산하던 방법대신에 이 접두어를 적절하게 사용할 수 있다.

예시 • 12 300 mm는 12.3 m가 됨

• 12.3×10^3 m는 12.3 km가 됨

• 0.00123 μA는 1.23 nA가 됨

② 어떤 양을 한 단위와 수치로 나타낼 때 보통 수치가 0.1과 1 000 사이에 오도록 접두
어를 선택한다. 다만, 다음의 경우는 예외로 한다.

㉮ 넓이나 부피를 나타낼 때 헥토, 데카, 데시, 센티가 필요할 수 있다.

예시 제곱헥토미터(hm^2), 세제곱센티미터(cm^3)

㉯ 같은 종류의 양의 값이 실린 표에서나 주어진 문맥에서 그 값을 비교하거나 논의할
때에는 0.1에서 1000의 범위를 벗어나도 같은 단위를 사용하는 것이 좋다.

㉰ 어떤 양은 특정한 분야에서 쓸 때 관례적으로 특정한 배수가 사용된다.

예시 기계공학도면에서는 그 값이 0.1 mm~1000 mm의 범위를 많이 벗어나도 mm
가 사용된다.

③ 복합단위의 배수를 형성할 때 1개의 접두어를 사용하여야 한다. 이때 접두어는 통상적으로
분자에 있는 단위에 붙여야 되는데 다만 한 가지 예외의 경우는 kg이 분모에 올 경우이다.

예시 • V/m이며 mV/mm가 아님

• MJ/kg이며 kj/g가 아님

④ 두 개 이상의 접두어를 나란히 붙여 쓰는 복합 접두어는 사용할 수 없다.

> 예시 • 1 nm이며 1 mμm가 아님
> • 1 pF이며 1 $\mu\mu$F가 아님

※ 만일 현재 사용하는 접두어의 범위를 벗어나는 값이 있으면, 이때는 10의 멱수와 기본단위로 표시하여야 한다.

⑤ 접두어를 가진 단위에 붙는 지수는 그 단위의 배수나 분수 전체에 적용되는 것이다.

> 예시 • 1 cm^3 = $(10^{-2}$ m$)^3$ = 10^{-6} m^3
> • 1 ns^{-1} = $(10^{-9}$s$)^{-1}$ = 10^9s^{-1}
> • 1 mm^2/s = $(10^{-3}$ m$)^2$/s = 10^{-6} m^2/s
> • V/cm = (1 V) / $(10^{-2}$ m) = 10^2 V/m

⑥ 접두어는 반드시 단위의 기호와 결합하여 사용하며(이때는 하나의 새로운 기호가 형성되는 것임), 접두어만 따로 떼어서 독립적으로 사용할 수 없다.

> 예시 10^6/m^{3}이며, M/m^{3}은 아님

(7) 국제적으로 통용되는 단위의 표기 방법

세계 대부분의 국가에서는 국제단위계(SI)를 채택하여 과학, 기술, 상업 등 모든 분야에서 사용하고 있다. 단위도 SI 단위가 국제적으로 통용되고 있으며, 종래에 사용해오던 Torr(torr)나 μ(micron), γ(gamma) 같은 단위들은 사용하지 말고, 그대신 SI 단위인 Pa(pascal)이나 μm(micrometer), nT(nanotesla) 등으로 바꿔주어야 한다. 국제단위계(SI)는 7개의 기본단위를 바탕으로 형성되어 있으며, 필요한 모든 유도단위가 이들의 곱이나 비로만 이루어지는 일관성 있는 단위 체계이다.

(8) 단위 '하나'의 십진 배수와 분수는 10의 멱수로 나타낸다.

단위 '하나'의 십진 배수와 분수는 10의 멱수로 나타내야 하며, 단위 기호 '1'과 접두어의 결합으로 나타내서는 안 된다(앞에서 설명한 접두어만 따로 떼어서 독립적으로 사용할 수 없다는 것과 결과적으로 같음에 유의). 어떤 경우에는 기호 %(퍼센트)를 숫자 0.01 대신에 사용하기도 한다. 그러나 ppm, ppb 등은 특정 언어에서 온 약어로 간주되므로 사용하지 말고 10^{-6}, 10^{-9} 등을 사용해야 한다.

(9) SI 단위 영어 명칭의 사용법

영문으로 논문을 작성할 경우 등 단위의 영어 명칭을 사용할 필요가 있을 때는 다음 몇 가지 유의하여야 할 점이 있다.

① 단위 명칭은 보통명사와 같이 취급하여 소문자로 쓴다. 다만, 문장의 시작이나 제목 등 문법상 필요한 경우는 대문자를 쓴다.

> 예시 3 newtons이며 3 Newtons가 아님

② 일반적으로 영어 문법에 따라 복수 형태가 사용되며, lux, hertz siemens는 불규칙 복수 형태로 단수와 복수가 같다.

[예시] henry의 복수는 henries로 씀

③ 접두어와 단위 명칭 사이는 한 칸 띄지도 않고 연자부호(hyphen)를 넣지도 않는다.

[예시] kilometer이며 kilo-meter가 아님

④ "megohm", "kilohm", "hectare"의 세 가지 경우는 접두어 끝에 있는 모음이 생략된다. 이 외의 모든 단위 명칭은 모음으로 시작되어도 두 모음을 모두 써야 하며 발음도 모두 해야 한다.

5. SI 이외의 단위

가) 비법정계량단위 사용 실태

SI 단위는 과학, 기술, 상업 등의 전반에 걸쳐 사용이 권고되고 있다. 이 단위는 국제도량형총회에 의하여 국제적으로 인정되었으며 현재 이를 기준으로 그 밖의 모든 단위들이 정의되고 있다. SI 기본단위와 특별한 명칭을 가진 것들을 포함한 SI 유도단위는 물리량 항을 갖는 방정식에서 그 항에 특정 값을 대입할 때 단위 환산이 필요치 않은 일관된 틀을 형성한다는 중요한 장점을 가지고 있다.

그럼에도 불구하고 몇몇 SI 이외의 비법정계량단위들이 아직도 과학, 기술, 상업관련 문헌에서 광범위하게 나타나고 있고 그 몇 가지는 아마 여러 해 동안 계속 사용될 것으로 생각된다. 시간의 단위와 같은 몇몇 국제단위계 이외의 단위들은 일상생활에서 매우 넓게 사용되고 있고, 인류의 역사와 문화에 아주 깊이 새겨져 있어서 이들은 당분간 계속 사용될 것 같다. 따라서 SI 이외의 단위 가운데 중요한 몇 가지 단위들을 다음의 표에 열거하였다.

여기서 SI 이외의 단위의 표를 싣는 것이 SI 이외의 단위를 사용하는 것을 권장한다는 뜻은 아니다. 다음에 검토되는 몇 개의 예외는 있지만 SI 단위는 SI 이외의 단위보다 항상 우선되어야 한다. SI 단위와 SI 이외의 단위를 결합하는 것은 피하는 것이 바람직하다. 특히 복합 단위를 형성하기 위하여 SI 단위와 SI 이외의 단위를 결합한 것은 SI 단위의 사용으로 얻을 수 있는 일관성의 장점이 보전되도록 특별한 경우에만 제한하여 사용되어야 한다.

나) SI와 함께 사용이 용인된 단위

국제도량형총회에서는 SI의 사용자들이 SI에 속하지는 않지만 중요하고 널리 사용되는 몇 가지의 단위를 쓰고 싶어 한다는 것을 인정하여 SI 이외의 단위를 3가지로 분류하여 열거하였다.

① 유지되어야 할 단위

② 잠정적으로 묵인되어야 할 단위

③ 취소하여야 할 단위

이 분류를 재검토하면서 1996년 국제도량형총회에서는 SI 이외의 단위를 새로운 항목으로 분류하는 데 동의하였다. 이들은 SI와 함께 사용되는 것이 용인된 <표 17-6>의 단위, 그 값이 실험적으로 얻어지며 SI와 함께 사용되는 것이 용인된 <표 17-7>의 단위, 특별한 용도의 필요성을 만족시키기 위하여 SI와 함께 사용되는 것이 현재 용인된 <표 17-8>의 단위들이다.

<표 17-6> 국제단위계와 함께 사용되는 것이 용인된 SI 이외의 단위

명 칭	기 호	SI 단위로 나타낸 값
분	min	$1\ \text{min} = 60\ \text{s}$
시간	h	$1\ \text{h} = 60\ \text{min} = 3600\ \text{s}$
일	d	$1\ \text{d} = 24\ \text{h} = 86\ 400\ \text{s}$
도	°	$1° = (\pi / 180)\ \text{rad}$
분	′	$1\ ′ = (1 / 60)° = (\pi / 10\ 800)\ \text{rad}$
초	″	$1\ ″ = (1 / 60)\ ′ = (\pi / 648\ 000)\ \text{rad}$
리터	l, L	$1\ \text{L} = 1\ \text{dm}^3 = 10^{-3}\ \text{m}^3$
톤	t	$1\ \text{t} = 10^3\ \text{kg}$
네퍼	Np	$1\ \text{Np} = 1$
벨	B	$1\ \text{B} = (1/2)\ \ln 10\ (\text{Np})$

① 이 단위의 기호는 제 9 차 국제도량형총회(1948 ; CR, 70)의 결의사항 7에 있다.

② ISO 31은 분과 초를 사용하는 대신에 도를 십진분수의 형태로 사용할 것을 권고한다.

<표 17-7>에는 SI와 함께 사용되는 것이 용인된 SI 이외의 단위 3개를 열거하였으며, SI 단위로 표현된 그 값들은 실험적으로 얻어져야 하므로 정확히 알려져 있지 않다. 그 값들은 합성표준불확도(포함인자 $k=1$)와 함께 주어지는데, 그 불확도는 마지막 두 자릿수에 적용되며 괄호 속에 나타내었다. 이 단위들은 어떤 특정한 분야에서 흔히 사용된다.

SI 단위로 표현된 그 값들은 실험적으로 얻어진다.

<표 17-7> 국제단위계와 함께 사용되는 것이 용인된 SI 이외의 단위

명 칭	기 호	SI 단위로 나타낸 값
전자볼트	eV	$1\ \text{eV} = 1.602\ 177\ 33\ (49) \times 10^{-19}\ \text{J}$
통일원자질량단위	u	$1\ \text{u} = 1.660\ 540\ 2\ (10) \times 10^{-27}\ \text{kg}$
천문단위	ua	$1\ \text{ua} = 1.495\ 978\ 706\ 91\ (30) \times 10^{11}\ \text{m}$

① 전자볼트와 통일원자질량단위에 대한 값은 CODATA Bulletin, 1986, No. 63에서 인용되었다.

② 전자볼트는 하나의 전자가 진공 중에서 1볼트의 전위차를 지날 때 얻게 되는 운동에너지이다.

<표 17-8>에는 상업, 법률 및 전문 과학적 용도에서의 필요성을 만족시키기 위하여 SI와 함께 사용되는 것이 현재 용인된 SI 이외의 단위 가운데 몇 개가 열거되어 있다. 이 단위들이 사용되는 모든 문서에는 SI와 관련하여 그 단위가 정의되어야 하며, 이들의 사용을 권장하지는 아니한다.

<표 17-8> 국제단위계와 함께 사용되는 것이 현재 용인된 그 밖의 SI 이외의 단위

명 칭	기 호	SI 단위로 나타낸 값
해리		1 해리 = 1852 m
놋트		1 해리 매 시간 = (1852/3600) m/s
아르	a	$1 \text{ a} = 1 \text{ dam}^2 = 10^2 \text{ m}^2$
헥타아르	ha	$1 \text{ ha} = 1 \text{ hm}^2 = 10^4 \text{ m}^2$
바아	bar	$1 \text{ bar} = 0.1 \text{ MPa} = 100 \text{ kPa} = 1000 \text{ hPa} = 10^5 \text{ Pa}$
옹스트롬	Å	$1 \text{ Å} = 0.1 \text{ nm} = 10^{-10} \text{ m}$
바안	b	$1 \text{ b} = 100 \text{ fm}^2 = 10^{-28} \text{ m}^2$

① 해리는 항해나 항공의 거리를 나타내는 데 쓰이는 특수 단위이다. 위에 주어진 관례적인 값은 1929년 모나코의 제1차 국제특수수로학회에서 "국제 해리"라는 이름 아래 채택되었다. 아직 국제적으로 합의된 기호는 없다. 이 단위가 원래 선택된 이유는 지구 표면의 1해리는 대략 지구 중심에서 각도 1분에 상응하는 거리이기 때문이다.

② 바아와 그 기호는 제9차 국제도량형총회(1948 ; CR, 70)의 결의사항 7에 있다.

③ 바안은 핵물리학에서 유효 단면적을 나타내기 위하여 사용되는 특수단위이다.

6. 결론

측정은 국가경제발전의 필수적 요소로서 시험, 적합성 평가 및 국제교역의 토대를 구축하는 데 기본이 되며, 국제 및 국가측정표준과의 소급성 유지는 국가 간 또는 다자간 교정성적서 상호인정을 위한 필수 조건이다.

또한 인증기관이나 시험소 등에서 상호인정협정을 체결하기 위해서는 국내교정제도를 국제기준에 따라 운영하고 제도운영의 투명성과 공정성을 유지하는 것이 반드시 필요한 요소이다.

이러한 이유 때문에 19세기 후반부터 측정단위를 국제미터협약으로 통일하고 국가별로 국가측정표준체계를 유지하고 있으며, 세계 각국은 무역상 기술장벽을 해소하고 수출상품에 대한 이중검사를 방지하기 위하여 국가 간 또는 다자간 상호인정협정의 체결 및 적합성 평가 활동이 국제적으로 활발히 전개되고 있다.

이에 따라 기술표준원은 국가표준기본법에 따라 국가교정제도를 국제기준에 부합화시키고 제도운영의 투명성과 공정성을 제고하기 위하여 각종 기준 및 절차를 개선하고 있으며, 교정기관의 APLAC 상호인정 가입을 위한 동등성 평가에 대비하고 있다.

7. 참고사항

가) 사용하는 단위와 사용하지 말아야 할 단위

(1) 평(坪) 단위는 6진법을 근거로 한 것

현재는 평(6자×6자)을 잴 수 있는 도구조차 쉽게 구할 수 없을 뿐만 아니라 "비법정 계량단위는 품목과 지역에 따라 기준이 다르다는 것도 문제"이다.

<표 17-9> 계량 단위표

구 분	사용하는 단위 (법정계량단위)	사용하지 말아야 할 단위 (비법정계량단위)	주 사용처 및 제품
길이	• 미터(m) • 센티미터(cm) • 킬로미터(km)	• 자(尺 ; 30.303 cm), 마(91.4 cm), 리(里 ; 400 m) • 피트(30.48 cm), 인치(2.54 cm) • 마일(1.609 km), 야드(91.4 cm)	건축공사, 포목점, 의류, 골프장 등
넓이	• 제곱미터(m²) • 제곱센티미터(cm²) • 헥타아르(ha)	• 평(坪 ; 3.3058 m²), 마지기 • 정보(9917 m²) 및 단보 • 에이커(4046 m²)	논, 밭, 토지 건축공사 아파트 등
부피	• 세제곱미터(m³) • 세제곱센티미터(cm³) • 리터(L 또는 l)	• 홉, 되(1.8 L), 말(18 L) • 석(=섬, 180 L = l), 가마 • 갈론(3.78 L)	곡물, 주류, 유류, 음료, 윤활유 등
무게	• 그램(g) • 킬로그램(kg) • 톤(t) • 카라트(귀금속 ct)	• 근(斤 600 g), 관(貫 3750 g) • 파운드(453 g), 온스(28.34 g) • 돈(3.75 g, 1냥 = 10돈)	농산물, 정육점 식품점 귀금속 등

"예를 들어 1근은 관습에 따라 과자는 150 g, 채소는 200 g, 과일은 400 g, 고추와 고기는 600 g으로 제각기 다르다. 1마지기 역시 경기지역은 495 m², 충청지역 660 m²,

강원지역 990 m²로 각각 다르고 똑같은 한 평이라도 토지는 3.3 m²지만 유리는 0.09 m²로 다르다." 따라서 그는 "이 같은 기준차 등으로 인해 발생되는 시민 피해를 최소화하고 거래의 정확성과 공정성 확보를 위해 올바른 법정계량단위를 사용해 줄 것"을 당부했다.

(2) 비법정단위의 실거래단위

분 야	비법정단위	실거래단위
질량	1근	소고기 600 g, 포도·딸기 400 g, 채소 375 g
부피	1되	옥수수 750 g, 들깨 450 g, 팥 800 g
넓이	1평	토지 3.3 m², 유리 0.09 m²
	1마지기	경기 150평, 충청 200평, 강원 300/150평

① 길이는 자, 마, 리가 아닌 미터(m), 센티미터(cm), 킬로미터(km)로, 넓이는 평, 마지기가 아닌 제곱미터(m²), 헥타아르(ha), 부피는 홉, 되, 말이 아닌 세제곱미터(m³), 리터(L)로, 무게는 근, 돈, 냥이 아닌 그램(g), 킬로그램(kg), 톤(t) 등 법정계량단위로 바꿔 사용해야 한다.

② 비법정계량단위로 표시된 계량기를 사용하거나 사용할 목적으로 소지한 자는 2년 이하의 징역, 700만 원 이하의 벌금, 비법정계량단위로 표시된 계량기나 상품을 제작 또는 수입한 자는 1년 이하의 징역, 500만 원 이하의 벌금, 비법정계량단위를 계량 또는 광고한 자는 50만 원 이하의 과태료가 부과된다.

(3) '미터'를 '평'으로 쉽게 계산하는 약식 계산 방법

제곱미터로 표기되어 있는 숫자를 3으로 나누고 그 결과에서 맨 앞자리 숫자를 빼면 된다.

[예시] •120 m² ÷ 3 = 40 → 40 − 4 = 36평
   •85 m² ÷ 3 = 약 28 → 28 − 2 = 26평
   •60 m² ÷ 3 = 약 20 → 20 − 2 = 18평

(4) 우리나라의 고유단위인 결부속파법(結負束把法)

기록에 따르면 우리나라는 길이 "한 자", 부피 "한 되"는 고조선 시대부터, 무게 "한 근"은 신라 중엽 이후부터 사용되었다. 세종대왕에 이르러 한 되와 한 근이 통일되고, 척이 개정되어 조선 말까지 사용되었다.

이후 1875년 국제미터협약이 체결되자 우리나라도 1902년(광무 6년)에 도량형규칙을 제정하고 평식원을 설립하여 미터법을 도입하였다. 이 도량형규칙에서는 주척을 0.2 m

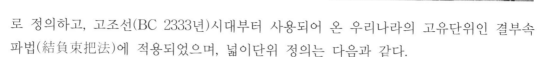

로 정의하고, 고조선(BC 2333년)시대부터 사용되어 온 우리나라의 고유단위인 결부속 파법(結負束把法)에 적용되었으며, 넓이단위 정의는 다음과 같다.

[예시] • 1 줌(把) = 周尺方 5 尺 = $(0.2 \text{ m} \times 5)^2$ = 1 m^2

• 1 뭇 또는 단(束)은 10 줌(把) = 10 m^2

• 1 짐(負)은 10 뭇(束) = 100 m^2 = 1 a(아르)

• 1 목 또는 먹(結)은 100 짐(負) = 10,000 m^2 = 1 ha(헥타아르)

이 규칙과 거의 같은 도량형법이 1905년(광무 9년) 3월 대한제국 법률 제1호로 제정되어 11월 1일부터 시행되었으나, 그 후 1909년(융희 3년) 9월에 이 도량형법이 개정되면서(법률 제26호) 일본식 척관법으로 바뀌었다.

(5) 단위 사용의 혼용으로 초래된 사고

① 1986년 1월 챌린저호 폭발사고 : 미국 챌린저호 외벽 이음새에 이상이 생겨 틈새가 벌어졌고 이 틈새로 흘러나온 액체수소 연료에 불이 붙어 발사 73초만에 폭발하는 사고가 발생하였는데 원인으로는 이음새 설계를 미터가 아닌 인치로 설계하여 사고가 난 것으로 밝혀짐

② 1999년 화성 탐사선 폭발 : 미국 화성 탐사선이 화성궤도에 안착하지 못하고 진입하는 순간 과도하게 점화되어 화성대기에서 타버렸는데 원인으로는 엔지니어가 로켓추진력 계산을 미터법이 아닌 야드-파운드법으로 잘못 계산한 것으로 밝혀짐

③ 2001년 6월 국내 K 항공사의 화물기 추락 : K항공사의 화물기가 중국 공항에 착륙을 시도하다 추락한 사고가 발생했는데, 원인으로는 부조종사가 중국의 고도단위는 미터인데 피트로 순간적으로 착각하여 무리하게 하강을 시도하다 사고가 발생함

17.2 옛 감정 문헌 고찰

1. 무원록(無寃錄)

중국 원나라 왕여(王與)가 송나라의 형사사건 지침서들을 바탕으로 편찬한 법의학서로 조선왕조 초기부터 이용되었다. 세종은 제도와 법률을 정비하는 작업의 하나로서 최치운(崔致雲)에게 주해하도록 하여 1440년(세종 22) 신주무원록(新註無寃錄)을 간행하고 실제

검시(檢屍) 등에 이용하게 하였다. 그러나 원서 자체에 이해하기 힘들거나, 조선의 실정에 맞지 않는 점이 많았기 때문에 영조는 구택규(具宅奎)에게 명하여 옛 주해본의 잘못된 곳을 바로잡고 빠진 곳을 보충하게 하였으나 완성하지 못하다가, 그 아들인 구윤명(具允明)이 이어받아 빠진 내용을 보태고 잘못된 것을 바로잡았다.

정조는 그것을 검토한 후 형조판서 서유린(徐有麟)으로 하여금 율학별제(律學別提) 한종호(韓宗祜) 등 당시의 법률 전문가들과 함께 내용을 더욱 보완하여 한글로 번역하게 하였다. 1792년(정조 16) 교서관에서 3권 2책의 증수무원록언해(增修無寃錄諺解)가 간행되었으며, 구윤명이 보완한 책도 1796년(정조 20) 교서관에서 1책의 증수무원록대전이라는 제목으로 간행되었다. 증수무원록대전을 통해 내용을 보면 다음과 같다.

앞머리에 편찬 경위와 참여자·범례 등을 두었으며, 상편에는 살인사건 조사에 대한 총설, 검시의 도구 및 절차와 방법, 보고서 작성 방식 등이 실려 있다. 하편에는 검시의 기준이 되는 사망 내용을 실었는데, 익사·구타·중독·병환 등 22가지의 원인별로 구분하였으며 필요한 경우 그 각각을 다시 구체적인 원인에 의해 자세히 나누어 설명하였다.

예를 들어 중독사는 생전에 중독된 경우, 사후에 중독된 것처럼 가장된 경우, 벌레의 독에 의한 것 등 10여 개 이상으로 구분되어 있다. 말미에는 사람의 골격을 논한 글 등 참고 사항이 추가되어 있다. 조선 후기에 재정리된 책은 곳곳에서 여러 차례 간행되면서 광무 연간까지 계속 이용되었으며, 그 방법에 따른 구체적 검시 보고서인 검안(檢案)도 많이 전해지고 있다. 특히 언해본은 18세기 말의 국어와 그 표기법을 연구하는 데 중요한 자료가 된다.

2. 증수무원록(增修無寃錄)

백성을 다스릴 때 원통한 일이 없도록 법률을 잘 적용하라는 취지에서 원(元)나라 왕여(王與)가 지은 무원록을 증수한 법의학서(法醫學書)로 세종 때 최치운(崔致雲)에게 명하여 주(註)를 가하게 한 활자본으로 2권 1책으로 되어 있다. 그 뒤 영조 때 구택규(具宅奎)가 왕명으로 다시 첨삭(添削)·훈석(訓釋)을 가하고, 정조 때 그의 아들 윤명(允明)이 율학교수(律學敎授) 김취하(金就夏)와 더불어 다시 보충하여 1796년(정조 20) 간행한 것이다. 상편은 검복(儉覆), 하편은 조례(條例)와 잡록(雜錄)으로 대 분류하고 재차 세분하여 서술하였다.

인천의 가천(嘉泉)박물관에 소장된 '충남 아산 지역 이 소사(李召史) 여인 변사체에 관한 복검시형도(覆檢屍刑圖) 및 복검제사(覆檢題辭)'는 이 책의 내용이 실제로 이용된 사실을 입증하는 것으로, 앞면 54 부위와 뒷면 26 부위, 합 80 부위로 나누어 검시하였음을 보여

준다. 책머리에 증수무원록범례(增修無寃錄凡例)·증수무원록자훈(增修無寃錄字訓) 등이 있고, 책 끝에는 서윤명(徐允明)의 발문이 있다. 서유린(徐有隣)이 국역한 증수무원록언해(增修無寃錄諺解)가 있다.

3. 검험(檢驗)

조선시대의 검시(檢屍) 제도로 살인·치사(致死)사건과 변사자가 발생하거나 죄인이 사망하였을 경우에 해당 관리가 사망 현장을 찾아가서 시체를 검증하고 사망 원인을 밝혀 검안서(檢案書)를 작성하던 일을 검험(檢驗)이라 하며, 1차 검험을 초검, 2차 검험을 복검(覆檢)이라 하고, 초검과 복검의 내용이 일치하지 않으면 삼검·사검·오검까지도 일치할 때까지 철저하게 검험(檢驗)을 행하였다.

그 당시 검험관(檢驗官)이 표준검험서로 이용하던 신주무원록(新註無寃錄 : 1440년)과 증수무원록언해(增修無寃錄諺解 : 1792년)는 원(元)나라 왕여(王與)가 지은 무원록(無寃錄)을 주해(註解)하거나 증수(增修)한 법의학서(法醫學書)로, 주요 내용은 앞머리에 편찬 경위와 참여자·범례 등을 두고, 상편에 살인사건 조사에 대한 총설, 검시의 도구 및 절차와 방법, 보고서 작성 방식 등이 실려 있으며, 하편에는 검시의 기준이 되는 사망 내용을 실었다.

검험을 시행하는데 응용되는 중요 내용은 타살·자살·구타·익사·중독·병환 등 22가지를 원인별로 구분하고, 필요한 경우 원인에 따라 구체적으로 자세히 나누어 설명하였다. 예컨대, 중독사는 생전에 중독된 경우, 사후에 중독된 것처럼 가장된 경우, 벌레의 독에 의한 것 등 10여 가지 이상으로 구분되어 있다. 즉, 죽은 자의 몸에서 사망 원인을 찾을 수 있는 여러 방법이 수록된 책으로 초검일 경우, 중앙에서는 한성부 관하의 오부(五部)관원, 지방에서는 지방 수령이 직접 검험관이 되어 사고 현장에서 시행하였으며, 검험관은 서리·의원(醫員)·율관(律官)·오작인(作人: 시체사역인), 시체가 여자일 경우에는 수생파(收生婆)를 동원하여 범인 신문, 증언 청취, 시체 해부 등에 의한 사인(死因)을 규명하고, 검험 내용을 주변 환경에서부터 사건과 관련이 되는 모든 것을 자세하고 세밀하게 그림을 곁들여 조사 내용을 기록하며, 검험에 차여한 모든 사람이 이름을 서명하였다.

검험이 끝나면 해부한 자리를 꿰매고, 시장식(屍帳式)에 따라 시장(屍帳 : 검안서)을 작성하여, 중앙에서는 한성부에, 지방에서는 관찰사에 보고하였다. 복검은, 중앙에서는 한성부의 당하관(堂下官 : 정3품 이하)이, 지방에서는 사건이 발생한 인접 지방관이 검험관이 되어 초검과 똑같은 방법으로 검험하고 그 결과를 한성부와 관찰사에 각각 보고하면, 한성부와 관찰사는 이를 형조에 보고하였다. 보고를 받은 형조에서는 초·복검의 검안서를 검

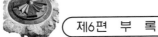

토하여 내용이 일치하면 입안(立案 : 사망증명서)을 발급하여 매장을 허락하고, 내용이 일치하지 않으면 일치할 때까지 삼검·사검·오검을 행하여 사망 원인을 규명함으로써 억울한 인명 피해를 최소화하였다.

검시 사안은 자신이 목맨 것인가? 남이 교살한 것인가? 익사체인가? 살해 후 익사를 가장한 것인가? 질식 살해인가? 교살 살해인가 등이었으며, 미혼녀가 살해되었거나 변사체가 발생하였을 때는 처녀인가 여부를 가렸다. 이 경우에는 수생파(收生婆)가 가운뎃 손가락을 산문(産門 : 자궁) 속에 넣어 검은 피가 묻어 나오면 처녀, 아니면 처녀가 아닌 것으로 판단하였다.

또 친자의 확인에는 나름의 혈액 검사도 하였는데, 대접에 맑은 물을 떠놓고 형제·자매의 손가락 피를 그릇 가장자리에 떨어뜨리고 다른 형제의 손가락 피를 그와 반대되는 곳에 떨어뜨려 이 피가 퍼져서 화합하고 같은 색이 되면 같은 어머니의 소생이라 판단하였다.

사람의 생체 반응에 따른 특징과 죽은 후에 인위적으로 조작한 상처를 과학적이고 합리적으로 검사하기 위하여 1483년(성종 14) 동제 검시 관척(銅製檢屍官尺 : 검시 표준용 자)을 만들어 형조·한성부 및 각 도에 보내어 검험에 사용하는 도구를 통일하였고, 독살 여부를 가리는 데 살아있는 닭이나 순도가 높은 은비녀 등을 사용하였다.

또한 사건 관계자의 증언과 혐의자의 자백을 강요하기 위하여 고문을 실시하는 고신 제도(拷訊制度)를 인정하였다.

찾아보기

ㅈ

전기화재감식공학

2006. 9. 15. 초 판 1쇄 발행
2022. 1. 5. 1차 개정증보 1판 2쇄 발행

지은이 | 김만건 · 김진표
펴낸이 | 이종춘
펴낸곳 | **BM** (주)도서출판 **성안당**

주소 | 04032 서울시 마포구 양화로 127 첨단빌딩 3층(출판기획 R&D 센터)
　　　 10881 경기도 파주시 문발로 112 파주 출판 문화도시(제작 및 물류)

전화 | 02) 3142-0036
　　　 031) 950-6300

팩스 | 031) 955-0510
등록 | 1973. 2. 1. 제406-2005-000046호
출판사 홈페이지 | **www.cyber.co.kr**
ISBN | 978-89-315-2683-7 (13530)
정가 | 23,000원

이 책을 만든 사람들
기획 | 최옥현
진행 | 박경희
교정 · 교열 | 김혜린
전산편집 | 이다혜
표지 디자인 | 박원석
홍보 | 김계향, 유미나, 서세원
국제부 | 이선민, 조혜란, 권수경
마케팅 | 구본철, 차정욱, 나진호, 이동후, 강호묵
마케팅 지원 | 장상범, 박지연
제작 | 김유석